“十三五”国家重点图书重大出版工程规划项目
中国农业科学院科技创新工程资助出版

中国沼气
——工程与技术

China Biogas—Engineering and Technology

王登山 ◎ 主编

中国农业科学技术出版社

图书在版编目（CIP）数据

中国沼气．工程与技术／王登山主编．—北京：中国农业科学技术出版社，2019.10
ISBN 978-7-5116-4359-9

Ⅰ.①中… Ⅱ.①王… Ⅲ.①沼气工程-研究-中国 Ⅳ.①S216.4

中国版本图书馆 CIP 数据核字（2019）第 183295 号

责任编辑 闫庆健 王思文 马维玲
文字加工 李功伟
责任校对 贾海霞

出 版 者 中国农业科学技术出版社
北京市中关村南大街 12 号 邮编：100081
电 话 (010)82106632(编辑室) (010)82109702(发行部)
(010)82109709(读者服务部)
传 真 (010) 82106625
网 址 http://www.castp.cn
经 销 者 各地新华书店
印 刷 者 北京科信印刷有限公司
开 本 787 mm×1 092 mm 1/16
印 张 12.75
字 数 242 千字
版 次 2019 年 10 月第 1 版 2019 年 10 月第 1 次印刷
定 价 60.00 元

《中国沼气——工程与技术》

编　委　会

前　言

沼气发酵技术在废弃物处理与循环利用、可再生能源开发和温室气体减排等方面发挥着重要作用，得到了世界上许多国家的高度重视。我国从20世纪20年代就开始商业化利用沼气。经过上百年的技术开发与推广应用，我国在沼气发酵基础理论、工艺技术、材料结构、装置装备等方面的研究取得了长足进步与发展。沼气发酵微生物研究已从产甲烷菌的分离鉴定发展到产甲烷菌生理生化、生态功能、代谢途径与系统分类的研究以及功能微生物强化技术的研发；沼气发酵工艺从传统消化池的示范推广发展到了各类高效厌氧消化工艺的研发应用；建池材料与结构从防渗土、砖混结构发展到钢筋混凝土、玻璃钢、高分子膜和钢结构；沼气利用从传统的煮饭点灯发展到了沼气发电、沼气提纯生物天然气用作车用燃气；沼气发酵技术的应用领域也从单一的农村户用沼气池拓展到了处理生活污水的净化沼气池和处理规模畜禽场粪污的沼气工程。

为了总结我国沼气发酵技术研发与应用的经验与教训，作者对我国沼气发酵基础理论、工艺技术、材料结构、装置装备进行了系统梳理和认真总结，编著成本书，作为《中国沼气系列丛书》的组成部分出版发行。本书主要包括基础与理论、工艺与技术、材料与装置、储存与净化、设备与控制等几个部分。

本书作者均为多年从事沼气发酵微生物、工艺技术、材料结构及装置装备研发、工程设计和调试运行的专业人员，具有比较扎实的沼气发酵基础理论与工程技术研究积淀和丰富的户用沼气池、生活污水净化沼气池和沼气工程设计、调试和运行经验。同时也参考、引用了国内外专家学者、工程技术和管理人员卓著的成果。本书的完成得益于作者所在单位以及国内外沼气领域科技工作者和工程技术人员长期科研积累和工程经验的总结，谨向前辈们和相关著作者的贡献表示敬意与感谢。

由于作者水平有限，难免存在一些疏漏、不妥甚至错误之处，希望读者给予谅解并提出宝贵意见。

《中国沼气——工程与技术》编写组

2019年6月于成都

目　　录

第一章　基础与理论

第一节　沼气发酵

沼气发酵又称厌氧消化或甲烷形成作用，是一种自然界中普遍存在的现象。在淡水及海底沉积物、稻田土壤、湿地、沼泽、部分动物瘤胃和昆虫肠道等环境中都有沼气产生，在有机废弃物、废水厌氧处理装置等人工反应器中也有沼气产生。沼气的产生是多种厌氧或兼性厌氧微生物通过互营代谢等协同作用，将复杂有机质转化为 CH_4 和 CO_2 及少量其他气体的生物化学过程。

厌氧微生物是整个微生物界的重要组成部分，在自然界各种厌氧环境及人工厌氧反应器中都存在大量的、多种多样的厌氧微生物。微生物作用产生的甲烷是全球碳循环的重要组成部分，目前，全球每年排放到大气中的甲烷量为 5 亿~6 亿吨，其中约有 69% 是微生物产生的。实际上，地球上产生的甲烷可能比释放到大气中的要多得多，有大量的甲烷（约 7 亿吨）在进入大气之前被好氧和厌氧甲烷氧化菌利用掉。生物甲烷中的碳含量约占每年全球植物和藻类光合作用碳固定量的 1.6%，这显示出甲烷生成作用在碳循环中的生物地球化学意义。

然而由于厌氧微生物对氧敏感，并且缺少有效分离、培养厌氧微生物的技术和方法，很长一段时间以来厌氧微生物的研究进展缓慢。随着对厌氧微生物作用的了解、厌氧操作技术的不断改进和研究方法的不断完善，厌氧微生物学研究取得很大进步。新的研究成果不断丰富人们对厌氧微生物的认识，其重要性也更加凸显。

一、沼气发酵生物化学过程

沼气发酵是一个复杂的生物化学过程，参与这个代谢过程的微生物称为沼气发酵微生物，大体可分为产甲烷菌群和不产甲烷菌群两大类群。在沼气发酵中，有机质是微生物生长利用并产生沼气的基础。因此，有机质要具有可生物降解性。理论上一切含有糖类、脂类、蛋白等有机质的物质都可以作为沼气发酵的原料。碳水化合物包括糖类、淀粉、纤维素、果胶质等；脂类包括脂肪、脂肪酸、油脂、磷脂、蜡等；蛋白包括蛋白质、核蛋白、磷蛋白等。根据 Buswell（1930）的近似方程，有机质转化生成甲烷的理论值可以通过元素组成式进行推断［式（1-1）］：

$$C_cH_hO_oN_nS_s+yH_2O \rightarrow xCH_4+nNH_3+sH_2S+(c-x)CO_2 \quad (1-1)$$

$$x=1/8\cdot(4c+h-2o-3n+2s)$$

$$y=1/4\cdot(4c-h-2o+3n+2s)$$

碳水化合物、脂类、蛋白转化成甲烷的一般反应式如下：

碳水化合物： $C_6H_{12}O_6 \rightarrow 3CH_4+3CO_2$ （1-2）

脂类： $C_{12}H_{24}O_6+3H_2O \rightarrow 7.5CH_4+4.5CO_2$ （1-3）

蛋白： $C_{13}H_{25}O_7N_3S+6H_2O \rightarrow 6.5CH_4+6.5CO_2+3NH_3+H_2S$ （1-4）

通过对沼气发酵过程和微生物的研究，人们逐步清楚了这一复杂反应的生化过程。但由于对沼气发酵微生物研究的不足，以及厌氧微生物分离培养困难、技术复杂等原因，人们对沼气发酵（厌氧消化）过程的认识出现了不同的阶段和观点，如沼气发酵两阶段理论、三阶段理论及四阶段理论等。随着研究的深入，沼气发酵四阶段理论越来越被人们熟知。

（一）沼气发酵两阶段理论

20 世纪初期，Thumn 和 Reichie（1914）及 Imhoff（1916）分别在他们的研究中发现沼气发酵过程可分为酸性发酵和碱性发酵两个阶段。后来，Buswell 和 Neave（1930）验证并肯定了他们的说法。随后，人们普遍认为可以把厌氧消化过程分为以上两个阶段，也就是“两阶段理论”（图 1-1）。

第一阶段为酸性发酵阶段，主要是结构复杂的大分子有机物（如糖类、脂类、蛋白质等）在发酵性细菌的作用下，经过水解和酸化反应被分解成低分子挥发性脂肪酸（如乙酸、丙酸、丁酸等）、醇类（如乙醇等）等代谢产物，并有 H_2、CO_2、H_2O、NH_4^+、H_2S 等的产生。因为该阶段中产生并积累大量的脂肪酸，使发酵液 pH 值下降，因此称为酸性发酵阶段或产酸阶段，相应地，参与这个反应过程的微生物称为发酵性细菌或产酸细菌。

第二阶段为碱性发酵阶段，另一类微生物在此阶段将酸性发酵产生的挥发性脂肪酸、醇类等代谢产物进一步转化成 CH_4 和 CO_2，系统中的有机酸被逐渐消耗，发酵液的 pH 值升高，因此称为碱性发酵阶段或产甲烷阶段。参与这一反应过程的微生物称为产甲烷微生物。Woese 等（1977）发现产甲烷微生物与细菌和真核生物有明显不同，并将产甲烷微生物划归到“古菌域”。因此，产甲烷微生物也称为产甲烷古菌。

长期以来，厌氧消化两阶段理论被人们所熟知，在厌氧相关领域被广泛应用。

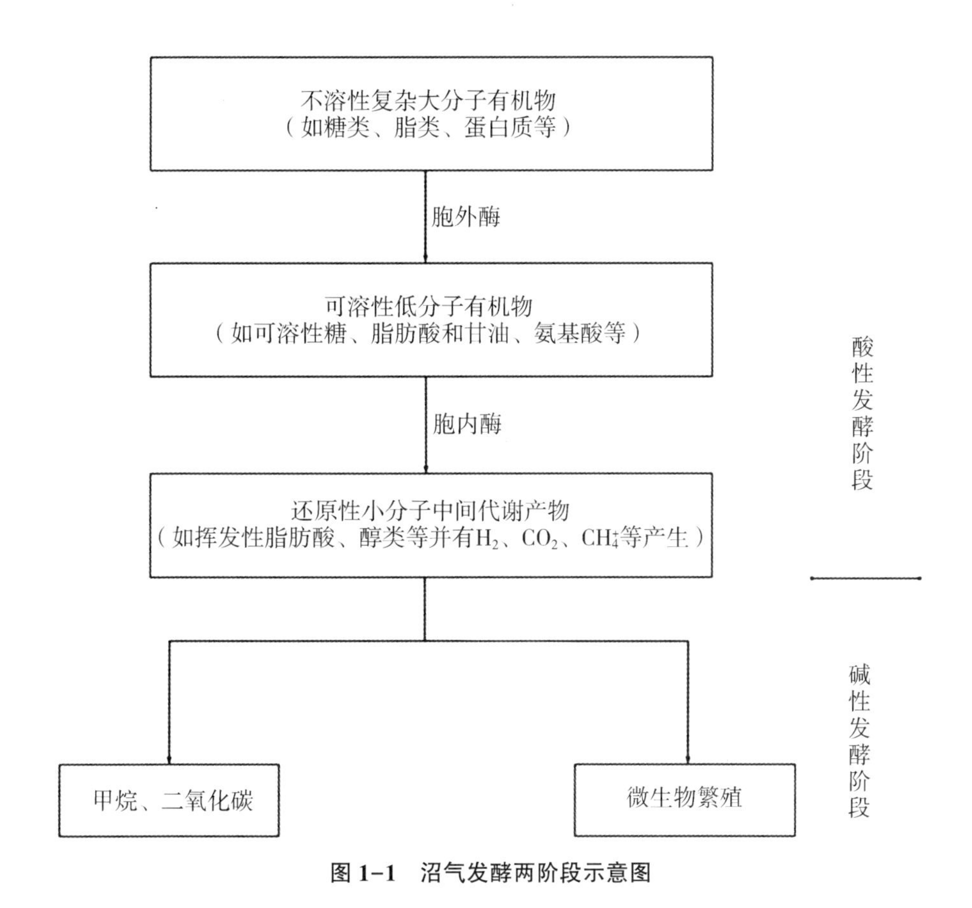

图 1-1　沼气发酵两阶段示意图

（二）沼气发酵三阶段学说

随着厌氧消化的生物学过程及生物化学反应过程研究的深入，厌氧消化理论得到不断发展完善。研究者发现产甲烷微生物只能利用一些简单的有机物如乙酸、甲酸、甲醇、甲基胺类（一甲胺、二甲胺、三甲胺）以及 H_2/CO_2 产甲烷，而不能利用含两个碳以上的脂肪酸和甲醇以外的醇类。因此，在丙酸、丁酸等含两个碳以上挥发性脂肪酸转化成 CH_4 和 CO_2 的过程中，必然还存在着其他反应过程，将两个碳以上的脂肪酸转化成乙酸、H_2/CO_2 等能被产甲烷菌利用的基质。这时，两阶段理论就不能准确完整地反映厌氧消化过程了。

Lawrence 和 McMarty（1967）、Bryant（1979）分别提出了沼气发酵“三阶段理论”。Bryant（1979）认为产甲烷微生物不能利用除乙酸、H_2/CO_2 和甲醇以外的有机酸和醇类，长链脂肪酸和醇类必须在产氢产乙酸菌的作用下转化成乙酸、H_2 和 CO_2，再被产甲烷古菌利用。三阶段理论将沼气发酵过程分为水解发酵、产氢产乙酸和产甲烷 3 个阶段（图 1-2），分别由水解发酵菌、产氢产乙酸菌和产甲烷古菌完成。在水解发酵阶段，纤维素等复杂有机物首先被水解成多糖等可溶性有机物，发酵性细菌再将产生的可溶性有机物降解成乙酸、丙酸、丁酸等短链脂肪酸和醇类等小分子，参与这个阶段的水解发酵菌主要是厌氧菌和兼性厌氧菌。第二阶段为产氢产乙酸菌阶段，产氢产乙酸菌将第一阶段产生的短链脂肪酸及醇类转化成乙酸、H_2 和 CO_2 等更小的分子。在第三阶段，产甲烷古菌将以上阶段产生的乙酸、H_2/CO_2 转化成 CH_4，完成沼气发酵过程。

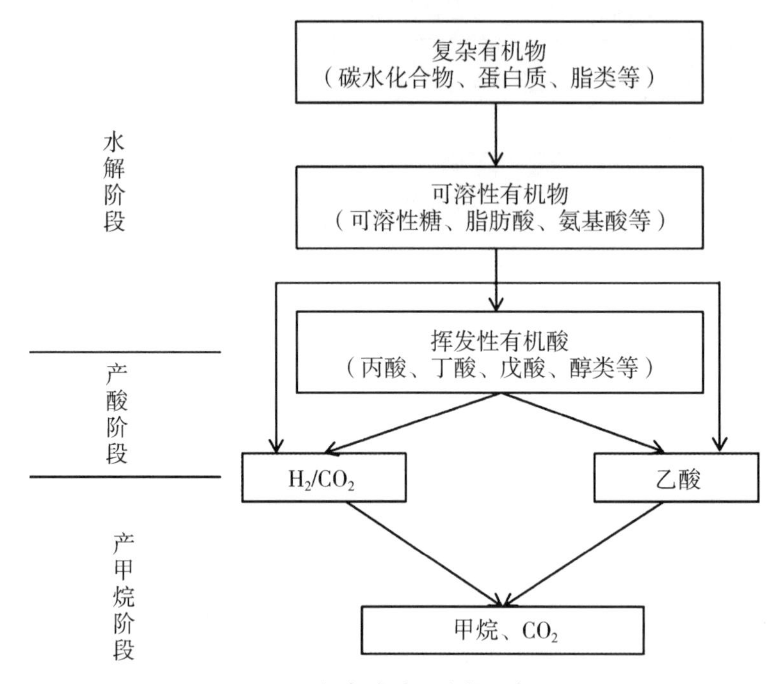

图 1-2　沼气发酵三阶段示意图

（三）沼气发酵四阶段理论

在沼气发酵三阶段理论提出的同时，Zeikus（1979）发现沼气发酵过程中还存在一类能将产生的 H_2/CO_2 横向转化成乙酸并被产甲烷古菌利用的微生物，即同型产乙酸菌，这种作用称为同型产乙酸作用（图 1-3）。由此提出了沼气发酵四阶段理论。

四阶段理论认为，根据沼气发酵过程中主要降解作用的不同，将沼气发酵分为 4 个阶段，分别是水解阶段、产酸阶段、产氢产乙酸阶段和产甲烷阶段（图 1-3），分别由不同的微生物类群完成。这些微生物类群在一定程度上存在互营共生关系，对生长环境有不同的要求。如今，沼气发酵四阶段理论越来越被人们所接受。

1. 水解阶段

水解是利用水将物质分解并形成新的物质的过程。厌氧消化过程中，有机物的水解指不溶性高分子有机物经水解反应生成可溶小分子或单体的过程。如糖类、脂类、蛋白质等无法透过细胞膜的大分子，需要在水解性细菌分泌的胞外酶的作用下被水解成可溶性糖、脂肪酸和甘油、氨基酸等被细菌吸收利用。例如，纤维素经纤维素酶水解生成葡

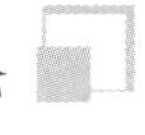

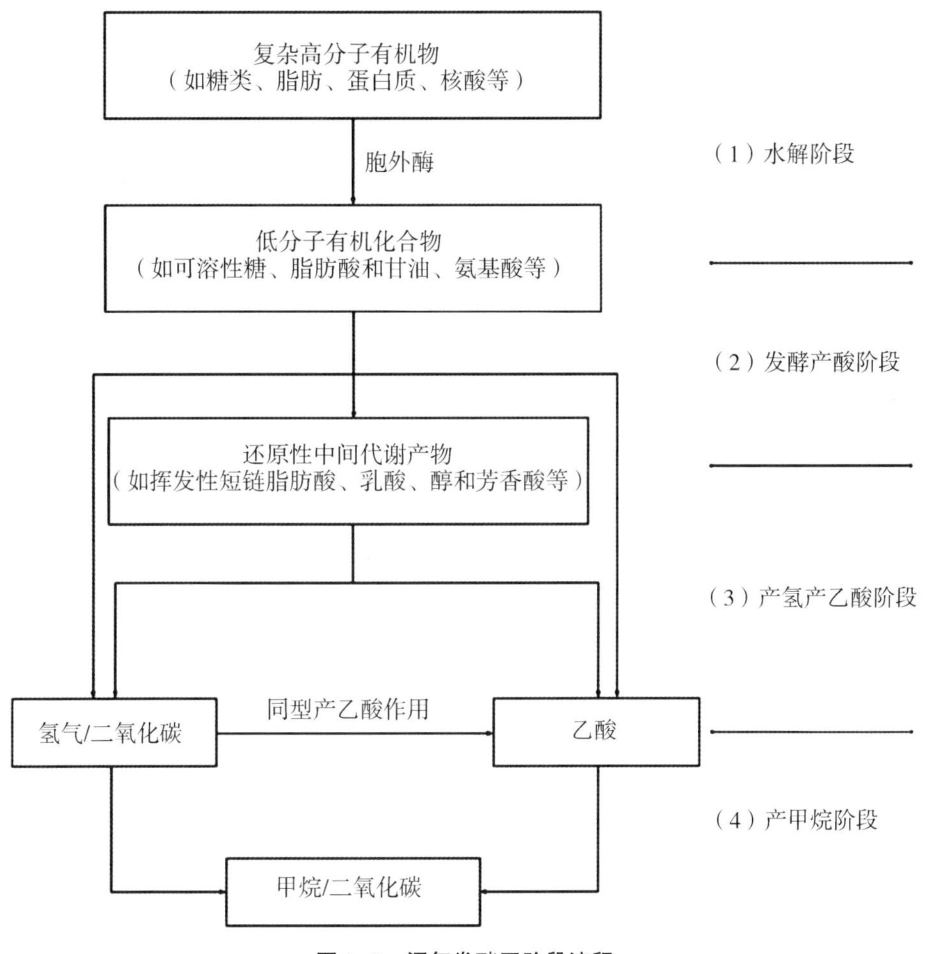

图 1-3　沼气发酵四阶段流程

萄糖和纤维二糖，淀粉经淀粉酶水解生成葡萄糖和麦芽糖，蛋白质经蛋白酶水解生成多肽和氨基酸，脂类在脂肪酶的作用下生成脂肪酸和甘油等。

水解反应中大分子物质的共价键发生了断裂。通常有机物的水解反应可用［式（1-5）］表示：

$$R-R' + H_2O \rightarrow R-OH + HR' \quad (1-5)$$

水解作用受很多因素影响，如温度、pH 值、盐浓度、底物组成、底物浓度、生成产物的浓度等。水解作用时间随原料不同而不同，糖类水解可以在几小时内完成，而蛋白质和脂类水解则需要几天时间。水解速度决定着整个沼气发酵过程的快慢，是沼气发酵的限速步骤。水解过程中兼性厌氧微生物会消耗掉溶解在水中的氧，降低发酵系统的氧化还原电位，为严格厌氧微生物提供有利的生长条件。

2. 产酸阶段

水解产生的溶解性有机物被微生物利用的途径有两种：一种是有机物本身既作为电

子供体又作为电子受体的降解过程，称为发酵；另一种是有机物被转化成挥发性脂肪酸，称为酸化。

在产酸阶段，发酵细菌利用水解产物作为生长的底物，并将它们进一步转化成乙酸、丙酸、丁酸、乳酸等短链脂肪酸及乙醇、H_2 和 CO_2 等小分子物质。产酸过程由大量的、多种多样的发酵性细菌共同完成，以梭菌属（*Clostridium*）和拟杆菌属（*Bacteroides*）最为主要。梭菌为厌氧菌，产芽孢，在恶劣的环境条件下能很好地存活。拟杆菌能分解糖、氨基酸及有机酸等，在有机质分解产酸方面有重要作用。产酸阶段的微生物主要是厌氧菌，也有少量兼性厌氧微生物。

底物种类、微生物种群以及氢离子浓度都会影响产酸阶段的产物类型。如糖类水解酸化产物主要为乙酸、丙酸、丁酸、戊酸等短链脂肪酸，蛋白质水解酸化产物除乙酸、丙酸等脂肪酸外，还有 NH_3 和 H_2S。醋杆菌通过 β-氧化途径降解脂肪酸产生乙酸，肉毒梭菌（*Clostridium botulinum*）降解氨基酸则产生乙酸、NH_3 和 CO_2。长链脂肪酸发生 β-氧化时，脂肪酸首先与辅酶 A 结合，然后被逐步氧化，每一步 β-氧化反应脱掉 2 个碳原子，以乙酸盐的形式释放出来，同时产生减少了 2 个碳原子的脂肪酸。当长链脂肪酸所含碳原子为偶数时，最终产物为乙酸；当长链脂肪酸所含碳原子为奇数时，除产生乙酸外，最终还形成 1 分子丙酸。

3. 产氢产乙酸阶段

由于产甲烷古菌不能利用含两个碳以上的脂肪酸和甲醇以外的醇类。因此，酸化阶段产生的丙酸、丁酸、乳酸等必须被进一步转化成更简单的小分子才能被产甲烷古菌利用，这个过程中会产生大量的乙酸，乙酸的生成称为产乙酸作用。发酵系统中的乙酸一部分在酸化阶段产生；一部分由产氢产乙酸菌氧化分解丙酸、丁酸等产生；另一部分则由既能利用有机质产乙酸，又能利用 H_2/CO_2 横向产乙酸的同型产乙酸菌产生，称为同型产乙酸作用（图 1-3）。表 1-1 列出了几种底物的产乙酸反应。

表 1-1　标准条件下部分底物的产乙酸反应和自由能变化[a]

底物	反应	$\Delta G^{0\prime}$（kJ/mol）
乙醇	$CH_3CH_2OH+H_2O \rightarrow CH_3COO^-+H^++2H_2$	+9.6
丙酸	$CH_3CH_2COO^-+3H_2O \rightarrow CH_3COO^-+HCO_3^-+H^++3H_2$	+76.1
丁酸	$CH_3CH_2CH_2COO^-+2H_2O \rightarrow 2CH_3COO^-+H^++2H_2$	+48.1
苯甲酸	$C_6H_5COO^-+7H_2O \rightarrow 3CH_3COO^-+3H^++HCO_3^-+3H_2$	+53.0

[a]25℃；H_2 为气态，其他为液态。

（1）发酵产乙酸。在这个过程中，产氢产乙酸菌利用产酸阶段的产物产生乙酸和氢。如产氢产乙酸菌将丙酸、丁酸、苯甲酸等短链脂肪酸和乙醇等转化成乙酸、H_2 和 CO_2（图 1-4）。产氢产乙酸菌多为厌氧或兼性厌氧微生物，如互营单孢菌（*Syntroph-*

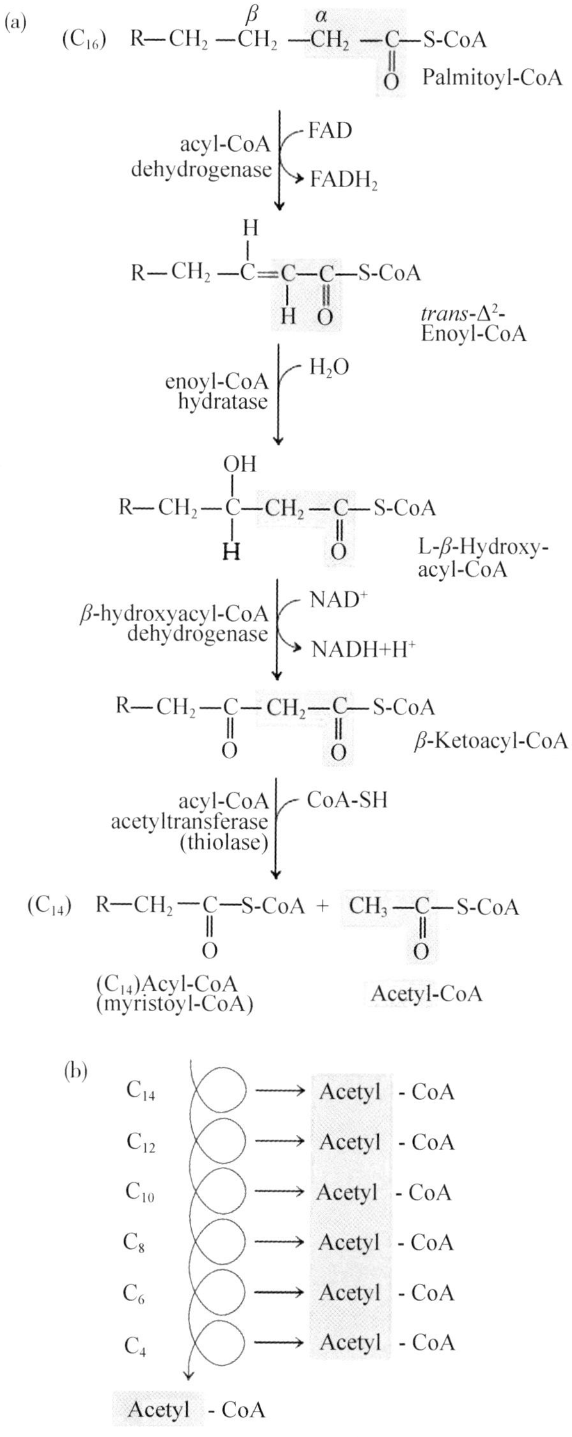

(a)

(C_{16}) R—CH_2—$\overset{\beta}{C}H_2$—$\overset{\alpha}{C}H_2$—C(=O)—S-CoA　Palmitoyl-CoA

acyl-CoA dehydrogenase　(FAD → $FADH_2$)

R—CH_2—CH=CH—C(=O)—S-CoA　*trans*-Δ^2-Enoyl-CoA

enoyl-CoA hydratase　(H_2O)

R—CH_2—CH(OH)—CH_2—C(=O)—S-CoA　L-*β*-Hydroxyacyl-CoA

β-hydroxyacyl-CoA dehydrogenase　(NAD^+ → $NADH+H^+$)

R—CH_2—C(=O)—CH_2—C(=O)—S-CoA　*β*-Ketoacyl-CoA

acyl-CoA acetyltransferase (thiolase)　(CoA-SH)

(C_{14}) R—CH_2—C(=O)—S-CoA + CH_3—C(=O)—S-CoA

(C_{14})Acyl-CoA (myristoyl-CoA)　　Acetyl-CoA

(b)

C_{14} → Acetyl - CoA

C_{12} → Acetyl - CoA

C_{10} → Acetyl - CoA

C_8 → Acetyl - CoA

C_6 → Acetyl - CoA

C_4 → Acetyl - CoA

Acetyl - CoA

图 1-4　脂肪酸的 β-氧化

omonas)、互营杆菌（*Syntrophobacter*)、梭菌（*Clostridium*）等。

产氢产乙酸反应是吸能反应，例如 1mol 丙酸氧化降解需要吸收 76.1 kJ 的能量，1mol 乙醇氧化需要吸收 9.6 kJ 的能量（表 1-1）。发酵产乙酸过程中，系统的氢分压需维持在很低的水平，否则反应无法进行。因为，只有在氢分压（P_{H2}）很低的情况下，一般不高于 10Pa，这种反应在热力学上才是能够发生的，产氢产乙酸菌才能从反应中获得生长繁殖所需的能量。同时，产生的氢如果不能被及时利用或移除，必然导致 H_2 的不断积累和氢分压升高，不利于产氢产乙酸反应和厌氧消化过程的进行。因此，产氢产乙酸菌必须和耗氢微生物（如氢营养型产甲烷古菌、同型产乙酸菌等）共生才能很好地生长。

(2) 同型产乙酸作用。在以上反应进行的同时，同型产乙酸菌能将糖酵解形成乙酸，并且还可以利用 H_2 将 CO_2 还原成乙酸［式（1-6）］，这个过程既能降低氢分压，又可以为乙酸营养型产甲烷古菌提供底物。

$$2CO_2+4H_2 \leftrightarrow CH_3COOH+2H_2O \qquad \Delta G^{0\prime} = -104.6\ (kJ/mol) \qquad (1-6)$$

沼气发酵产生的甲烷中约有 30% 是通过 H_2 还原 CO_2 产生的，但是只有 5%～6% 的甲烷由溶解在水相的 H_2 还原 CO_2 产生。这种情况可以用“种间氢转移”来解释，即产氢产乙酸菌产生的 H_2 被直接转移给产甲烷古菌利用，而不经过氢气溶解的过程。

在厌氧消化过程中，分子氢（H_2）是关键的中间体。在标准状态下，当氢分压（P_{H2}）为 1 大气压时，挥发性脂肪酸（VFAs）和醇类的产氢产乙酸反应在热力学上是难以发生的。如果反应不能发生，催化这些反应的微生物就不能获得生长所需的能量，挥发性脂肪酸也不能被降解掉，造成挥发酸积累并产生毒性。然而，如果有产甲烷古菌存在，H_2 会被迅速代谢掉，氢分压会维持在 10^{-3}～10^{-4} 大气压以下，产氢产乙酸菌反应就能顺利进行，VFAs 也会被快速代谢掉，不至于对厌氧消化产生毒性。这种产氢（H_2）微生物和耗氢（H_2）产甲烷古菌之间的相互作用是种间氢转移的一个例子。在许多厌氧环境中，种间氢转移是一个关键的调节机制。由于耗氢（H_2）产甲烷古菌在这个过程中起着关键作用，因此，人们认为产甲烷古菌推动了复杂有机物生成甲烷和二氧化碳的发酵过程。

但种间氢转移并不局限于厌氧产甲烷的食物链中。在富含硫酸盐、氧化金属或硝酸盐的环境中，厌氧菌可以氧化 H_2、挥发性脂肪酸和醇类。当存在硫酸盐时，硫酸盐还原菌催化这种反应。在氢气（H_2）氧化时，以硫酸盐为电子受体比以 CO_2 为电子受体（如产甲烷过程）在热力学上更易于发生，所以，硫酸盐还原菌对 H_2 的竞争力高于产甲烷古菌对 H_2 的竞争力。因此，在富含硫酸盐的海洋沉积物中，甲烷的生成受到很大限制。以硝酸盐、Fe^{3+} 为电子受体的 H_2 氧化也比生成甲烷在热力学上更有利，当这些

电子受体存在时，反硝化细菌、铁还原菌对 H_2 的竞争力也会胜过产甲烷古菌。所以在厌氧环境中，当只有 CO_2 作为唯一大量电子受体时，产甲烷才是占主导地位的反应。

4. 产甲烷阶段

甲烷在第四阶段产生，产甲烷古菌将乙酸、H_2/CO_2 等转化为 CH_4 和 CO_2。其实质是产甲烷古菌利用细胞内一系列特殊的酶和辅酶将乙酸、CO_2 或甲基化合物中的甲基经过一系列生化反应还原成 CH_4。产甲烷代谢途径如图 1-5 所示。

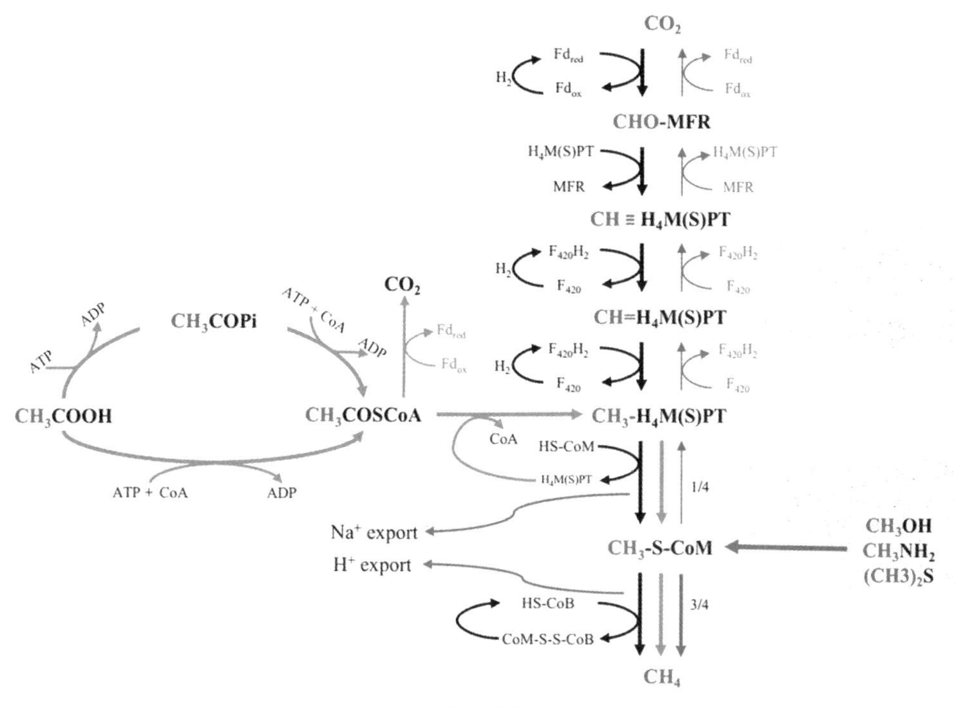

图 1-5　产甲烷代谢途径

按照产甲烷古菌利用底物的不同可以将产甲烷古菌主要分为 3 种营养类型（表 1-2）。

表 1-2　产甲烷古菌的营养类型及产甲烷反应

营养类型	产甲烷反应
氢营养型产甲烷古菌	(A) $4H_2+CO_2 \rightarrow CH_4+2H_2O$
	(B) $4HCOO^-+2H^+ \rightarrow CH_4+CO_2+2HCO_{3-}$
乙酸营养型产甲烷古菌	(C) $CH_3COO^-+H_2O \rightarrow CH_4+2HCO_{3-}$
甲基营养型产甲烷古菌	(D) $4CH_3OH \rightarrow 3CH_4+CO_2+2H_2O$
	(E) $4CH_3NH_2+2H_2O+4H^+ \rightarrow 3CH_4+CO_2+NH_4^+$
	(F) $(CH_3)_2S+H_2O \rightarrow 1.5CH_4+0.5CO_2+H_2S$

发酵乙酸产甲烷是甲烷产生的主要途径，约70%是通过乙酸发酵途径产生的，乙酸的甲基最终转化为甲烷，羧基转化为二氧化碳。此外，大多数产甲烷古菌都可以利用H_2将CO_2还原成CH_4（表1-2），这是甲烷产生的另外一条重要途径。产氢产乙酸菌与氢营养型产甲烷古菌互营共生时，产甲烷反应能顺利进行，当产氢产乙酸菌与其他利用氢的微生物共生时产甲烷过程则会受到影响。如硫酸盐还原菌会与产甲烷古菌竞争氢的利用，并减少产甲烷古菌利用的底物，影响甲烷产量。此外，硫酸盐还原菌产生的H_2S还会对产甲烷古菌产生毒害作用。

不同产甲烷途径释放的能量是不一样的，乙酸发酵产甲烷与CO_2还原产甲烷途径相比，只释放少量的能量［式（1-7）、（1-8）］。

$$CH_3COOH \leftrightarrow CH_4+CO_2 \qquad \Delta G^{0\prime}=-31\ kJ/mol \tag{1-7}$$

$$CO_2+4BADH/H^+ \leftrightarrow CH_4+2H_2O+4NAD^+ \qquad \Delta G^{0\prime}=-136\ kJ/mol \tag{1-8}$$

从热力学条件来说，H_2还原CO_2产甲烷途径虽然释放更多的能量，在热力学上更容易发生反应，但CO_2还原途径产生的甲烷却只占甲烷产生量的小部分（约30%）。

在甲烷生成中，还有一类是利用含甲基基团的化合物产甲烷，如甲醇、甲胺类（如一甲胺、二甲胺、三甲胺）和甲基硫化合物（如甲硫醇、二甲基硫）等（图1-5），其中的甲基基团被转移至甲基载体并还原成甲烷。

虽然产甲烷作用是厌氧消化的最后阶段，产甲烷古菌最常处于厌氧食物链的底端，但在一些生态系统中，它们是地球化学反应产生的H_2和CO_2的主要消费者。在海底热液喷口，有大量的H_2和H_2S，热液周围存在的嗜热产甲烷古菌会利用H_2还原CO_2产生甲烷，甲烷释放到海水里会被其他以甲烷为底物生长的微生物利用，在这个生态系统中，产甲烷古菌反而处于食物链的顶端。

在沼气发酵四阶段中，各个阶段并不是独立分开的，而是互相密切联系的。如果水解速率过快，有机酸就会积累，pH值会降低到7.0以下，不利于甲烷古菌生长。随后，产酸阶段如果进行的太快，甲烷的产量也会减少。沼气发酵各阶段由不同类群的微生物完成，这些微生物在有机物降解产甲烷的各个阶段中形成互营作用，并且有不同的空间要求。在存在生物难降解有机物的情况下，水解阶段将会限制降解的速率。

第二节　沼气发酵微生物的分类及功能

一、厌氧纤维素水解微生物

天然纤维类物质是地球上最丰富的生物质，除少部分被利用外，绝大多数以废弃物的形式存在于自然环境中。随着能源问题日趋严峻，纤维素生物转化为新能源得到国内外学者的广泛关注。一些厌氧纤维素降解微生物能产生具有纤维素酶、半纤维素酶和胶质酶活性的纤维小体，从而高效地降解纤维类物质，在秸秆沼气发酵、堆肥处理等转化过程中具有重要作用。

（一）厌氧纤维素降解微生物

厌氧纤维素降解微生物在自然界中极为丰富，包括厌氧真菌和厌氧细菌。厌氧纤维素降解真菌主要分布在 *Neocallimastix*、*Piromyces*、*Orpinomyces*、*Ruminomyces*、*Caecomyces* 和 *Anaeromyces* 6 个属中。厌氧纤维素降解细菌分布在 *Thermotogae*、*Proteobacteria*、*Firmicutes*、*Actinobacteria*、*Spirochaetes*、*Fibrobacteres* 和 *Bacteroidetes* 等门中，包含 *Clostridium*、*Acetivibrio*、 *Ruminococcus*、 *Halocella*、 *Bacteroides*、 *Eubacterium*、 *Thermoanaerobacter*、*Moorella*、*Caldicellulosiruptor*、*Anaerobranca*、*Thermotoga*、*Anaerocellum* 等 10 余属。

（二）厌氧纤维素降解微生物的纤维素酶系

纤维素的降解，实质上是微生物所产生的酶分解纤维素的过程。纤维素酶是指能够水解纤维素 β-1，4-D-葡萄糖苷键，使纤维素变成纤维二糖和葡萄糖的一组酶的总称。一般来说厌氧纤维素降解微生物存在两种类型的纤维素酶系。第一种类型主要由独立的 3 种胞外酶组成，分别为：① 外切-β-1，4 葡聚糖酶（又称 C_1 酶）。此酶作用于纤维素分子的还原端或非还原端，产生纤维二糖或葡萄糖；② 内切-β-1，4-葡聚糖酶（又称 C_x，CMC 酶）。它随机内切纤维素分子内的 β-1，4 葡萄糖苷键，产生纤维寡糖，纤维二糖和葡萄糖；③ β-1，4-葡萄糖苷酶（BG）又称纤维二糖酶（CB）。它可水解纤维二糖、纤维寡糖及其他 β-葡萄糖苷酶，产生葡萄糖。这些独立的胞外酶具有自己的结合域和催化域，协同降解纤维素。第二种类型可用一个多酶复合物即纤维小体来描述。

纤维小体主要存在于厌氧纤维素降解微生物中（表 1-3），是由支架蛋白和许多纤维小体酶联合起来组成的多酶复合物（图 1-6）。支架蛋白（scaffoldins）是高分子量的非酶蛋白，通常包含许多的黏附域（cohesins）和纤维素结合域（CBDs）。在某些支架蛋白中也观察到了亲水域（HLDs）、锚定域 II（dockerin II）、酶的编码域和许多功能尚不清楚、未被鉴定的区域。黏附域 I （cohesin I ）总是存在于支架蛋白中，是纤维小体酶中锚定域 I （dockerin I ）的结合位点。进一步的研究表明，存在不同于类型 I 的黏附域，即黏附域 Ⅱ 和黏附域 Ⅲ。黏附域-锚定域之间的相互作用具有高度的专一性，并且对纤维小体的组装起了关键性的作用。在 *Clostridium thermocellum* 中，纤维小体与细胞的结合是通过支架蛋白 CipA 上锚定域 Ⅱ 与外膜蛋白 SdbA 上黏附域 Ⅱ 之间的相互作用来实现的，而外膜蛋白是通过 S-层同源结构域（S-layer homologous，SLH）连接到细胞表面上的（Jindou et al 2004）。支架蛋白上的纤维素结合域（也称为碳水化合物结合域 CBHs）的功能是将纤维小体紧紧地结合到底物上。纤维素结合域不仅存在于支架蛋白中，也存在于各种类型的纤维小体酶和非纤维小体酶中。支架蛋白不仅能组装纤维小体，结合底物，某些支架蛋白还具有细胞表面结合功能和酶的催化功能。通常来说一个细胞中只存在一种支架蛋白，然而 *Bacteroides cellulosolvens* 的纤维小体中存在 ScaA 和 ScaB 两种支架蛋白，其中，ScaA 是主要支架蛋白，不同的酶亚基有序的排列在上面，ScaA 通过 ScaB 上的 S-层同源结构域将纤维小体结合到细胞表面上（Xu et al 2004）。

表 1-3　产纤维小体微生物

微生物	最适温度（T/M）	分离源	参考文献
厌氧细菌			
Ruminococcus albus	M	瘤胃	（Morrison et al 2000）
Clostridium cellulolyticum	M	烂草堆	（Desvaux 2005）
Bacteroides cellulosolvens	M	污泥	（Lamed et al 1991）
Ruminococcus flavefaciens	M	瘤胃	（Rincon et al 2003）
Clostridium josui	H	堆肥	（Kakiuchi et al 1998）
Clostridium thermocellum	H	火山土壤	（Mayer et al 1987）
Clostridium acetobutylicum	M	土壤	（Nolling et al 2001）
厌氧真菌			
Neocallimastix frontali	M	瘤胃	（Wilson et al 1992）
*Piromyces*sp. strain E2	M	粪便	（Steenbakkers et al 2002）
*Orpinomyces*sp. Strain PC-2	M	瘤胃	（Steenbakkers et al 2001）

注：H/M：H 表示高温（50℃以上），M 表示中温（30~40℃）。

纤维小体酶包括纤维素酶、半纤维素酶、胶质酶、几丁质酶以及其他的酶。纤维素酶是纤维小体酶的主要组成部分，通常属于糖苷酶的 3 个家族，分别为第 5 家族和第 9 家族的内切葡聚糖酶和第 48 家族的外切葡聚糖酶。第 9 家族的成员具有前进性，不仅能从内部分解纤维素纤丝，而且也能从分裂点继续对多聚体进行降解。纤维小体的半纤维素酶包括木聚糖酶和甘露聚糖酶，木聚糖酶是糖苷酶第 11 家族的成员，而甘露聚糖酶是第 5 家族的成员。

纤维小体的主要催化成分是两个具有不同水解方向的外切葡聚糖酶，内切葡聚糖酶对水解也起了重要的作用。不同的酶排列在非催化的支架蛋白上，确保了局部区域的高浓度，各组分的正确排列和恰当比例，使纤维小体能高效地水解微晶纤维素。纤维小体

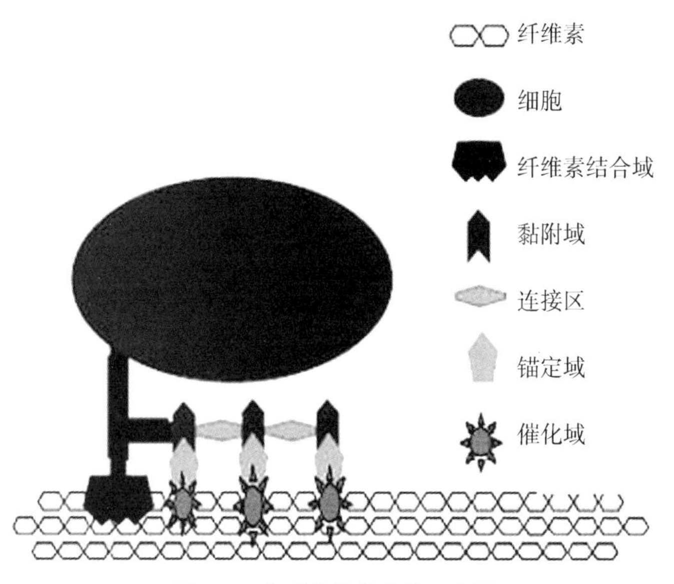

图 1-6 典型的纤维小体示意图

结合在细胞和底物上，使细胞与纤维素紧密地联合在一起，从而有利于纤维小体对底物的降解以及细胞迅速利用由纤维小体酶作用产生的糖。研究表明，纤维小体复合物的完整性对保证最大的酶活非常重要。如果除去纤维小体上的纤维素结合域，对可溶性底物的催化活性几乎没有影响，但却很大程度地降低了对不溶性底物的结合作用（Linder et al 1997，Tormo et al 1996）。

纤维小体的组成并不均一。因为不同菌种之间，纤维小体上的支架蛋白具有不同的特点；而在同一菌种内，结合到支架蛋白上的酶的类型是不同的。尽管大部分细菌合成的纤维小体只包含一种类型的支架蛋白，但在一些菌株中已发现多个支架蛋白，可能产生不同类型的纤维小体，从而使纤维小体的组成更加复杂。

二、厌氧蛋白质水解微生物

蛋白质是除糖类、脂质外有机废弃物的主要组成部分（Tang et al.，2005）。在诸如屠宰场、加工乳清、奶酪、酪蛋白、鱼肉和大部分蔬菜的行业，都会产生含有大量蛋白质的废水和废料（Ramsay & Pullammanappallil，2001）。虽然沼气发酵的主要有机负荷来源于糖类，但蛋白质的重要性也不容忽视。一般来讲，蛋白质可厌氧降解为乙酸、丙酸、丁酸、氨和 CO_2。在沼气发酵过程中，蛋白质降解产 CH_4 和 CO_2 包括以下 4 步：①胞外酶解蛋白（蛋白质水解）；②大分子有机物发酵为有机酸（氨基酸发酵）；③中间发酵产物有机酸等水解为乙酸（乙酸化）；④乙酸或 H_2/CO_2 产甲烷（产甲烷）。其中步骤③和④中间代谢产物如丙酸和丁酸发酵产乙酸以及利用乙酸和 H_2 产甲烷的过程与碳水化合物中的过程相同。

蛋白质是由氨基酸以“脱水缩合”的方式组成的多肽链经过盘曲折叠形成的具有一定空间结构的物质。蛋白质由胞外蛋白酶水解为多肽蛋白和氨基酸。蛋白质在厌氧环境中的水解，研究主要集中在诸如瘤胃的动物肠道环境中的蛋白质降解过程。大量研究表明，消化污泥中主要的蛋白质水解细菌为革兰氏阳性菌，且主要分布在梭菌（Clostridia）中。同时，这些梭菌也在氨基酸发酵过程中发挥着重要作用。

不同氨基酸的大小和结构有很大的差异。因氨基酸种类和浓度的不同，氨基酸的代谢途径和产物不同。这些产物包括多种有机物（短链和支链有机酸）、氨、CO_2、少量的 H_2 和含硫化合物。氨基酸的降解途径主要有两种：①Stickland 反应。该反应需要 2 个氨基酸分子同时参与，其中一个氨基酸分子作为氢供体，另一个氨基酸分子作为氢受体，反应过程中进行氧化还原脱氮，生成挥发性脂肪酸、氨和 CO_2（图 1-7）。在半胱氨酸的降解过程中则会产生 H_2S。反应中生成的 NH_3 会影响反应系统的酸碱度，使 pH 值升高，抑制酸化反应继续进行。②单个氨基酸在耗 H_2 微生物的协同作用下降解。Stickland 反应中，一种氨基酸作为电子供体（产物减少一个碳），进行氧化脱氨，另一种氨基酸作为电子受体（产物碳数不变），进行还原脱氨，两者偶联进行氧化还原脱氨。某些氨基酸（如亮氨酸）在 Stickland 反应中既可作为电子供体，亦可作用电子受体。

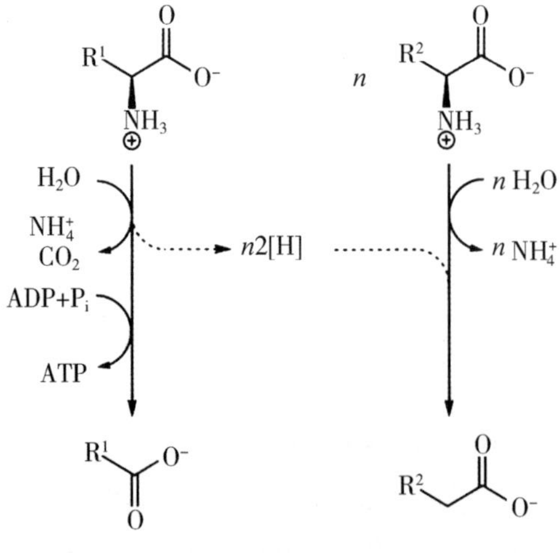

图 1-7　Stickland 反应

（一）厌氧氨基酸降解微生物

发酵氨基酸的厌氧微生物如表 1-4 所示。根据这些细菌发生 Stickland 反应的类型和利用氨基酸种类，可将它们分为 5 类（I-V）。

表 1-4　厌氧氨基酸降解菌

	Group Sspecies	Enzyme production*	Amino acids utilised	Characteristics
Ⅰ	*C. bifermentans*	proteo/saccharolytic	proline, serine, arginine, glycine	organism that carry out Stickland
	C. sordellii	proteo/saccharolytic	leucine, isoleucine, valine	reaction;
	C. botulinum types A, B, F	proteo/saccharolytic	ornithine, lysine, alanine	proline utilised by all species;
	C. caloritolerans	–	cysteine, methionine, aspartate	δ-aminovalerate,
	C. sporogenes	proteo/saccharolytic	threonine, phenylaanine	α-aminobutyrate and
	C. cochlearium – one strain.	specialist	tyrosine, tryptophan, and	γ - aminobutyrate produced.
	C. difficile	saccharolytic	glutamate	
	C. putrificum	proteo/saccharolytic		
	C. sticklandii	specialist		
	C. ghoni	proteolytic		
	C. mangenotii	proteolytic		
	C. scatologenes	saccharolytic		
	C. lituseburense	proteo/saccharolytic		
	C. aerofoetidum	–		
	C. butyricum	saccharolytic		
	C. caproicum	–		
	C. carnofoetidum	–		
	C. indolicum	–		
	C. mitelmanii	–		
	C. saprotoxicum	–		
	C. valericanicum	–		
Ⅱ	*C. botulinum types C*	proteo/saccharolytic	glycine, arginie, histidine and	glycine used by all species;
	C. histolyticum	proteolytic	lysine	δ-aminovalerate not produced
	C. cochlearium-one strain	specialist		
	C. subterminale	proteolytic		

（续表）

	Group Sspecies	Enzyme production*	Amino acids utilised	Characteristics
Ⅱ	*C. botulinum types G*	-		
	P. anaerobius	-		
	P. variabilis	-		
	P. micros	-		
Ⅲ	*C. cochlearum-one strain.*	Speciaist	glutamatc，serine，histidine	δ-aminovalerate not produced；
	C. tetani	Proteolytic	arginine，aspartate，threonine	histidine，serine and glutamate
	C. tetanomorphum	Saccharolytic	tyrosine. tryptophan and	used by all species.
	C. lentoputrescens	-	cysteine	
	C. limosum	proteolytic		
	C. malenomenatum	specialist		
	C. microsporum	-		
	C. perfringens	proteo/saccharolytic		
	C. butyricum	saccharolytic		
	P. asaccharolyticus	-		
	P. prevotii	-		
	P. activus	-		
Ⅳ	*C. putrefaciens*	proteolytic	serine and threonine	δ-aminovalerate not produced
Ⅴ	*C. propionicum*	specialist	alanine，serine，threonine	δ-aminovalerate not produced
			cysteine and methionine	

注：C，Clostridium；P，Peptostreptococcus

I 类细菌可以完成 Stickland 反应。这类细菌均利用脯氨酸，产生中间代谢产物 δ-氨基戊酸，α-氨基丁酸或 γ-氨基丁酸。参与 Stickland 反应的氨基酸包括脯氨酸、丝氨酸、精氨酸、鸟氨酸、甘氨酸、亮氨酸、异亮氨酸、缬氨酸、丝氨酸、赖氨酸、丙氨酸、半胱氨酸、甲硫氨酸、阿斯帕特酸、苏氨酸、苯基丙氨酸、酪氨酸和色氨酸。

II，III，IV 和 V 类细菌不能发生 Stickland 反应，但可发酵氨基酸，包括产芽孢的梭菌和其他不产芽孢的厌氧菌，如 *Peptostreptococcus*（*Micrococcus*）spp. 。表格中未呈现出来但可降解氨基酸的微生物还包括 *Campylobacter* spp. 、*Acidaminococcus fermentans*、*Aci-*

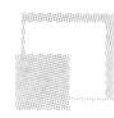

daminobacter hydrogenoformans、*Megasphaera elsdenii*、*Eubacterium acidaminophilum* 和一些硫酸盐还原菌。

II 类细菌均可利用甘氨酸，其中一些还可利用精氨酸、组氨酸和赖氨酸。III 类均可利用组氨酸、丝氨酸和谷氨酸盐，其中一些还可利用精氨酸、天冬氨酸，苏氨酸，酪氨酸和色氨酸。IV 类细菌仅包括利用丝氨酸和苏氨酸的 *C. putrefaciens*。V 类细菌仅包括利用丙氨酸、丝氨酸、苏氨酸和半胱氨酸的 *C. propionicum*。所有这类细菌均不产 Stickland 反应中产生的 δ-氨基戊酸。

对于复合菌系及提供混合氨基酸作为底物的培养条件下，只有当缺乏氨基酸作为电子受体时，才会发生单个氨基酸的降解。对于酪蛋白、白蛋白和明胶，单个氨基酸水解的降解量不足全部氨基酸降解量的 10%。这表明，在沼气发酵过程中，蛋白质水解产生的氨基酸主要通过 Stickland 反应发酵。

（二）角蛋白降解微生物

角蛋白是一种广泛存在于动物毛发、鳞片、羽毛、角等结构中的硬性纤维状蛋白，主要分为 α 角蛋白和 β 角蛋白。角蛋白分子中富含半胱氨酸，形成了大量的二硫键，加上分子中的氢键、疏水相互作用等分子作用，使角蛋白分子结构十分稳定，难以被胰蛋白酶、胃蛋白酶、木瓜蛋白酶等普通蛋白酶降解（Mazotto et al.，2011；Riffel et al.，2007；Thys et al.，2004）。自然界中存在能以角蛋白为唯一 C、N、S 和能源生长的微生物，目前已从畜禽废弃物、热泉、极地和海洋等多种生境获得了具有角蛋白降解能力的细菌、放线菌和真菌，其主要分布于好氧的芽孢杆菌属、链霉菌属及皮肤真菌毛癣菌属（Brandelli，2008；Brandelli et al.，2010；Gupta et al.，2013b；Korniłłowicz - Kowalska & Bohacz，2011）。在厌氧微生物群体中，角蛋白降解菌鲜见报道，累计 10 余株（表 1-5）。这些厌氧菌均为嗜热或极端嗜热微生物，并且都能产生嗜热且热稳定性强的角蛋白酶，是重要的工业酶来源（Suzuki et al.，2006）。

表 1-5 厌氧角蛋白降解菌

菌株	生长温度（最适）/℃	生长 pH（最适）	底物/降解时间	角蛋白酶/T,℃ & pH（min/opt/max），分子量	参考文献
Fervidobacterium pennivorans	50~80（70）	5.5~8.0（6.5）	β-keratin（feathers）/48 h	50/80/100； 6/10/10.5	（Friedrich & Antranikian，1996）
Thermoanaerobacter keratinophilus	50~80（70）	5.5~9.0（7.0）	β-keratin（feathers），α-keratin（wool）/10 day（70% native wool）	40/85/110； 6/8/12；135kDa	（Riessen & Antranikian，2001）

（续表）

菌株	生长温度（最适）/℃	生长 pH（最适）	底物/降解时间	角蛋白酶/T,℃ & pH（min/opt/max），分子量	参考文献
Fervidobacterium islandicum AW-1	40~80（70）	5.0~9.0（7.0）	β-keratin（feathers）/48 h	60/100/110；7/9/10；（>200 kDa；97kDa subunits）	（Nam et al.，2002）
Thermosipho subsp. VC 15，34	60	7.0	3 day	\ \	（Tsiroulnikov et al.，2004）
Thermococcus VC13	80	7.0	3 day	\ \	（Tsiroulnikov et al.，2004）
Thermoanaerobacter S290	60	7.0	7 day	\ \	（Tsiroulnikov et al.，2004）
Clostridium sporogenes bv. pennavorans bv. nov	42	7.0	native feathers/7 days	40/55/70；6.5/8.0/10.0；28.7 kDa	（Ionata et al.，2008）
Thermoanaerobacter sp. 1004-09	65	6.8	β-keratin（feathers），α-keratin（pig cirrus）/96 h（feather）	20/60/90；5/9.3/10.5；150 kDa	（Kublanov et al.，2009b）
*Desulfurococcus kamchatkenskis*1221n	65~87（85）	5.5~7.5（6.5）	α-ketatin	85；6.6~9.0；40 & 120 kDa	（Kublanov et al.，2009a）
Keratinibaculum paraultunense KD-1	30~65（55）	6.0~10.5（8.0~8.5）	α-keratin，β-keratin/24 h（feather）	80；10.0；20 kDa	（Huang et al.，2013）

角蛋白的生物降解是由多种特异性的水解酶参与的过程，微生物降解角蛋白的本质在于其分泌的角蛋白酶（Yu，1968）。虽然微生物降解角蛋白是多种生物因素共同参与，多种机制并存的过程，但角蛋白酶却是其中不可或缺的关键因素，是开启角蛋白水解过程的金钥匙，在生物技术领域受到极大的重视（Daroit & Brandelli，2014）。

角蛋白酶多数为胞外酶，极少数为膜结合或胞内酶，大部分为丝氨酸蛋白酶和金属蛋白酶，可以被硫醇激活，属于枯草芽孢蛋白酶族系，具有丝氨酸或金属催化中心[22]。与纤维素酶、几丁质酶等相似，胞外角蛋白酶对角蛋白这种不溶性底物也具有吸附作用。研究表明，*Nocardiopsis* sp. TOA-1 的角蛋白酶 NAPase 对角蛋白具有极强的非 pH 依赖性的吸附作用，通过不溶性底物-水解酶之间的吸附作用可减小催化结构域与底物之间的距离，这种吸附作用可能与角蛋白的降解效率有关[23]。但是，目前还没有发现与角蛋白酶吸附底物相关的特异性氨基酸序列，角蛋白吸附不溶性底物的机制尚未阐明。胞内蛋白酶有利于二硫键还原酶、亚硫酸盐、硫代硫酸盐和细胞膜氧化还原系统打开角蛋白二硫键，从而协助胞外角蛋白酶降解角蛋白[9,22]。但是目前已知的胞内角蛋白酶数

量极少，其降解角蛋白的作用机制尚不清楚。

微生物降解角蛋白的机制至今还未阐明[9]。通常可将微生物降解角蛋白的过程分为亚硫酸分解和蛋白酶水解作用两步（图 1-8），其关键在于如何打开蛋白质分子中的二硫键及角蛋白酶的作用效率。

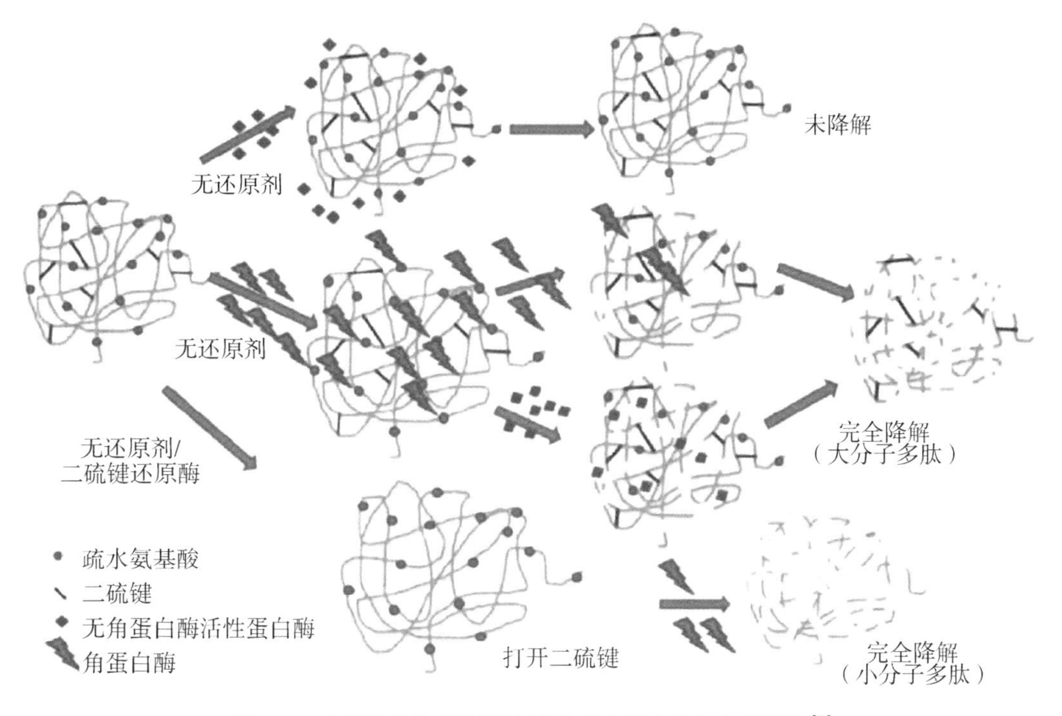

图 1-8　角蛋白酶和普通蛋白酶降解角蛋白的过程示意图[3]

1976 年，Kunert 证实在 *Microsporum gypseum* 中亚硫酸盐具有二硫键还原作用，并首次提出角蛋白的降解过程可分为亚硫酸分解（sulfitolysis）和蛋白质水解（proteolytic）两个过程。亚硫酸盐使胱氨酸裂解为半胱氨酸和 S-磺酸半胱氨酸［cys-SS-cys（cysteine）$+HSO'_3 \leftrightarrow$cySH（cysteine）+cyS · SO_3（S-sulfocysteine）］，打开角蛋白的二硫键，破坏角蛋白的高级结构，从而有利于其他蛋白酶对角蛋白的水解作用（Kunert，1989；Kunert，1976；Ramnani & Gupta，2007）。随后的研究发现，亚硫酸盐可使本无角蛋白降解能力的枯草芽孢杆菌蛋白酶、糜蛋白酶和木瓜蛋白酶产生角蛋白降解作用，并且胞外亚硫酸盐的积累还可以加速角蛋白的降解，这进一步证实了亚硫酸盐在降解的起始阶段对角蛋白的天然构象具有破坏作用，并且可协助蛋白酶进一步水解角蛋白（Cedrola et al.，2012；Ramnani & Gupta，2007）。Rahayu 研究小组发现，二硫键还原酶可以分别与枯草芽孢杆菌蛋白酶、胰蛋白酶和蛋白酶 K 协同作用，提高角蛋白的降解效率，由此推测，二硫键还原酶的作用可能与亚硫酸分解过程有关（Prakash et al.，2010；Rahayu et al.，2012；Yamamura et al.，2002；张启 et al.，2008；朱晓飞 et al.，

2007)。Cedrola 研究小组认为硫化物的释放也与亚硫酸分解过程有关，硫化物可能参与了羽毛角蛋白的二硫键断裂。在 *B. subtilis* SLC 发酵过程中，硫化物的含量不断增加，培养时额外添加硫化物可以提高角蛋白的降解率（2012）。目前认为角蛋白二硫键的还原需要二硫键还原酶、亚硫酸盐、硫化物等氧化还原作用。

Ramnani 与 Gupta 发现，仅提供化学还原剂不足以完成角蛋白的降解，活体细胞对角蛋白降解也具有重要的作用。当缺乏活体细胞时，即使提供化学还原剂，角蛋白也无法完全降解，而在提供角蛋白酶和不具有蛋白酶活性的细菌培养物时，角蛋白可以被完全降解，这可能是由于菌体细胞吸附在角蛋白表面，利用细胞膜电位作为氧化还原体系还原二硫键（Cedrola et al.，2012；2013；Ramnani & Gupta，2007；2005）。但是上述理论仅仅是基于菌体对底物的附着而获得的推论，目前并没有直接证据对其进行验证。

Ramnani 等人还发现，当氧化还原剂存在时，仅角蛋白酶能够促进角蛋白的降解，而其他蛋白酶如果没有角蛋白酶的协助，不能降解角蛋白，经过硫酸盐分解和角蛋白酶水解后，其他非角蛋白酶类蛋白酶才可以完成角蛋白的降解。因此，角蛋白降解是由多种蛋白酶协同作用的结果，而角蛋白酶作为一类专一水解不溶性角蛋白的蛋白酶，是微生物降解天然角蛋白的重要分子机器。

三、厌氧长链脂肪酸降解微生物

（一）油脂和脂肪酸的厌氧降解途径

脂类具有较高的甲烷生产潜力。在厌氧发酵过程中，1g 甘油三油酸酯（$C_{57}H_{104}O_6$）的理论甲烷产量为 1.08 L 的 CH_4，1g 葡萄糖（$C_6H_{12}O_6$）在标准温度和压力下仅等于 0.37 L（Alves et al.，2009）。

油脂厌氧产甲烷过程主要包括以下 3 个过程：首先，油脂水解为脂肪酸和甘油。其次，脂肪酸经β氧化降解为乙酰 CoA，乙酰 CoA 经不同途径生成乙酸、乙醇、丁酸、丁醇和丙酸等；甘油则可降解为乙酸、乙醇、丁酸、2，3-丁二醇、乳酸、琥珀酸等。最后，这些分子较小的酸和醇等经产乙酸菌和产甲烷菌生成 CH_4 和 CO_2。

但是，标准状况下，脂肪酸降解菌将脂肪酸转化为氢和乙酸的反应在热力学上是不能自发进行的。在厌氧消化中，无论是长链（油酸、棕榈酸）还是短链（丁酸）脂肪酸，在降解产物是乙酸的情况下，标准状态下的吉布斯自由能（$\Delta G^{0\prime}$）都大于零(表 1-6)，只有通过产甲烷菌或同型产乙酸菌消耗 H_2/CO_2 使反应体系始终保持极低的氢分压，才能推动该反应的进行。因而，厌氧生物反应器中长链脂肪酸的降解是由同型产酸菌和产甲烷古菌形成的互营群落完成的。

表 1-6　长链脂肪酸和丁酸降解及甲烷生成的标准吉布斯自由能变化（$\Delta G^{0\prime}$）

反应式	$\Delta G^{0\prime}$（k J/mol）
脂肪酸降解产乙酸	
$Oleate^{-}+16H_2O \rightarrow 9\ C_2H_3O_2^{-}+15H_2+8H^{-}$	+338
$Stearate^{-}+16H_2O \rightarrow 9\ C_2H_3O_2^{-}+16H_2+8H^{-}$	+404
$Palmitate^{-}+14H_2O \rightarrow 8\ C_2H_3O_2^{-}+14H_2+4H^{-}$	+353
$C_4H_7O_2^{-}+2H_2O \rightarrow 2\ C_2H_3O_2^{-}+2H_2+H^{+}$	+48.3
产甲烷和同型产乙酸	
$CH_3COO-+H+ \rightarrow CH_4+CO_2$	-36
$4\ H_2+2CO_2 \rightarrow CH_3COO-+H++2H_2O$	-55.1
$4\ H_2+CO_2 \rightarrow CH_4+2H_2O$	-131.7

标准状态下（温度 298 K，pH2 为 1 atm，底物和产物浓度 1 mol/L）

（二）长链脂肪酸厌氧降解微生物的分类和特性

长链脂肪酸通过专性的产氢产乙酸菌转化为乙酸和氢（Schink，1997）。迄今为止，只有 14 种可以降解丁酸或更长的脂肪酸产乙酸互营微生物被报道（McInerney *et al.*，2008）。

长链脂肪酸降解菌与氢营养甲烷菌或者硫酸盐还原细菌互营共生，属于互营单胞菌科 *Syntrophomonadaceae*（McInerney，1992；Zhao *et al.*，1993；Wu *et al.*，2006；Sousa *et al.*，2007）和互营菌科 *Syntrophaceae*（Jackson *et al.*，1999）。其中，只有 7 个种可以利用 12 个以上碳原子的长链 LCFA（表 1-7）：*Syntrophomonas sapovorans*（Roy *et al.*，1986），*Syntrophomonas saponavida*（Lorowitz *et al.*，1989），*Syntrophomonas curvata*（Zhang *et al.*，2004），*Syntrophomonas zehnderi*（Sousa *et al.*，2007a），*Syntrophomonas palmitatica*（Hatamoto *et al.*，2007a），*Thermosyntropha lipolytica*（Svetlitshnyi *et al.*，1996）and *Syntrophus aciditrophicus*（Jackson *et al.*，1999）. 其中只有 *S. sapovorans*（Roy *et al.*，1986），*S. curvata*（Zhang *et al.*，2004），*T. lipolytica*（Svetlitshnyi *et al.*，1996）和 *S. zehnderi*（Sousa *et al.*，2007a）能够利用单一和/或多不饱和长链脂肪酸（LCFA，含 12 个以上的碳原子）（表 1-7）.

表 1-7　长链脂肪酸互营降解菌的特性

LCFA 降解细菌	形态特征	LCFA 利用范围	参考文献
Syntrophomonas sapovoransa	短弯棒（0.5 × 2.5μm），略微运动，革兰氏阴性两到四个鞭毛，无芽孢。	与 *Methanospirillum hungatei* 共培养，可降解 4~18 个碳的直链饱和脂肪酸和单不饱和脂肪酸如油酸（C18：1）和亚油酸（C18：2）。	Roy and colleagues（1986）.

（续表）

LCFA 降解细菌	形态特征	LCFA 利用范围	参考文献
*Syntrophomonas-curvata*b	微弯曲棒［（0.5～0.7）μm×（2.3～4.0）μm］，运动，革兰氏阴性，在两端有一或三个鞭毛，无芽孢。	与 *Methanospirillum hungatei* 共培养，可降解 4～18 碳的直链饱和脂肪酸以及单不饱和脂肪酸油酸（C18：1）。	Zhang andcolleagues（2004）.
*Syntrophus aciditrophicus*c	杆状［（0.5～0.7）μm×（1.0～1.6）μm］，不运动，革兰氏阴性，无芽孢。	与 *Methanospirillum hungatei* 或脱硫弧菌（*Desulfovibrio* sp. 共培养，可降解大于 4 个碳的直链饱和脂肪酸（C4：0 到 C8：0，C16：0，C18：0）。	Jackson and colleagues（1999）.
*Syntrophomonas zehnderi*d	曲杆［（0.4～0.7）μm×（2.0～4.0）μm］，革兰氏染色的可变反应。轻微的扭转能动，与甲烷菌共培养于油酸中有孢子形成。	与 *Methanobacterium formicicum* 共培养，可降解直链脂肪酸（C4：0～C18：0）和单不饱和脂肪酸（C18：1）。	Sousa and colleagues（2007a）.
Syntrophomonas saponavida			Lorowitz et al.，1989.
Syntrophomonas palmitatica			Hatamoto et al.，2007.
Thermosyntropha lipolytica	直的或稍微弯曲的杆，不可运动的，无孢子形成。	与 *Methanobacterium* 共培养可降解 4～18 个碳原子的直链脂肪酸。	Svetlitshnyi et al.，1996.

四、互营细菌

“互营”是微生物“互惠共生”的一种互作方式，传统上特指厌氧产氢产乙酸菌和耗氢的产甲烷古菌共代谢、克服化学反应过程中不可逾越能差的步骤，是有机物厌氧降解为二氧化碳和甲烷过程的关键环节（Sieber et al.，2018）。互营代谢普遍发生在土壤、厌氧反应器、动物肠道、淡水和海水沉积物、泥炭、盐碱湖和油藏等缺氧环境中（Li et al.，2017；McInerney et al.，2008；Schmidt et al.，2016；Sorokin et al.，2016）。深入研究互营细菌的微生物学特征，对于认识元素生物地球化学循环、缓解温室效应和解决能源危机等，都具有重要的理论和实践意义，而获得纯培养物是开展互营细菌分子代谢机理研究的重要前提。

地球上微生物总数可能达到了 $4\sim6\times10^{30}$ 个（Whitman et al.，1998）。随着高通量测序技术的发展，科学家推测微生物的物种数可能高达 $10^{6}\sim10^{12}$ 个（Locey & Lennon，2016；Schloss et al.，2016；Yarza et al.，2014），构成了 1 500 个门（Yarza et al.，2014）。但由于营养条件的限制，大部分微生物尚未获得纯培养物（Brown et al.，

2015)。互营细菌生长缓慢、对氧气敏感，其分离培养的难度大。受限于生化反应的热力学限制，互营细菌分离培养的难度更大，迄今只报道了 40 多个物种（图 1-9）（Shen et al.，2016）。

（一）互营代谢产甲烷过程的热力学特征

本章节中的互营代谢是指厌氧细菌和产甲烷古菌紧密合作，通过种间氢/甲酸转移突破热力学屏障，完成脂肪酸厌氧氧化代谢过程（McInerney et al.，2008；Sieber et al.，2012)。从生化反应的热力学角度分析，当不存在外源电子受体时，脂肪酸等高度还原性有机物的“厌氧发酵”产氢产乙酸过程，在标准热力学条件下的吉布斯自由能（$\Delta G^{0\prime}$）几乎均为正值（表 1-8），不能自发进行（即吸能反应）。但是当这些产氢产乙酸反应产生的氢气，被产甲烷菌消耗后则可降低至帕级氢分压，脂肪酸互营代谢产甲烷反应的 ΔG 转变为负值，反应自发进行。这种通过“种间氢转移”的互营代谢产甲烷过程，是有机质厌氧代谢的经典方式。此外，互营细菌和产甲烷古菌之间，还可以通过种间电子传递的方式进行产甲烷代谢（Lovley，2017；Shen et al.，2016）。当然，也有科学家认为这种关系不能仅限于种间氢、甲酸或电子转移，还应该包括有机含氮、有机硫化合物的降解，可以定义为“严格共生代谢”（Morris et al.，2013）。本文阐述的互营代谢，是指互营细菌降解脂肪酸、烃、醇类、芳香族化合物和氨基酸等物质的产甲烷过程。

表 1-8 互营有机物降解产甲烷过程中的吉布斯自由能变化

底物		化学反应	$\Delta G^{0\prime}$（kJ/mol）	参考文献
厌氧氧化：				
短链脂肪酸	CH_3COOH	$CH_3COO^- + H^+ + 2H_2O \rightarrow 2CO_2 + 4H_2$	95	刘鹏飞 & 陆雅海，2013.
	CH_3CH_2COOH	$CH_3CH_2COO^- + 2H_2O \rightarrow CH_3COO^- + CO_2 + 3H_2$	72	
	$C_4H_8O_2$	$C_4H_7O_2^- + 2H_2O \rightarrow 2CH_3COO^- + H^+ + 2H_2$	49	
长链脂肪酸	$C_{18}H_{32}O_2$	$C_{18}H_{31}O_2^- + 16H_2O \rightarrow 9CH_3COO^- + 14H_2 + 8H^+$	272	Sousa et al.，2009.
	$C_{18}H_{34}O_2$	$C_{18}H_{33}O_2^- + 16H_2O \rightarrow 9CH_3COO^- + 15H_2 + 8H^+$	338	
	$C_{18}H_{36}O_2$	$C_{18}H_{35}O_2^- + 16H_2O \rightarrow 9CH_3COO^- + 16H_2 + 8H^+$	404	
	$C_{16}H_{32}O_2$	$C_{16}H_{31}O_2^- + 14H_2O \rightarrow 8CH_3COO^- + 14H_2 + 7H^+$	353	
乳酸	$CH_3CH(OH)COOH$	$CH_3CH(OH)COO^- + 2H_2O \rightarrow CH_3COO^- + 2H_2 + H^+ + HCO_3^-$	−4	东秀珠，1993.
乙醇	CH_3CH_2OH	$CH_3CH_2OH + H_2O \rightarrow CH_3COO^- + 2H_2 + H^+$	9	McInerney et al.，2008.

（续表）

底物		化学反应	$\Delta G^{0'}$ (kJ/mol)	参考文献
氨基酸	$C_3H_7NO_2$	$C_3H_7NO_2+2H_2O \rightarrow CH_3COO^-+2H_2+CO_2+NH_4^+$	10	Schink, 1997.
烷烃	$C_{16}H_{34}$	$4C_{16}H_{34}+64H_2O \rightarrow 32CH_3COO^-+68H_2+32H^+$	471	Dolfing et al., 2008.
芳香烃	C_6H_5COOH	$4C_6H_5COO^-+6H_2O \rightarrow 3CH_3COO^-+CO_2+2H^+ +3H_2$	50	Schink, 1997.
	C_6H_6O	$C_6H_6O+5H_2O \rightarrow 3CH_3COO^-+3H^++2H_2$	10	
产甲烷代谢：				
H_2		$4H_2+CO_2 \rightarrow CH_4+2H_2O$	-131	Schink, 1997.
CH_3COOH		$CH_3COOH+2H_2O \rightarrow CH_4+HCO_3^-$	-31	东秀珠, 1993.
HCOOH		$4HCOOH+H_2O \rightarrow CH_4+3HCO_3^-$	-130	

（二）互营细菌多样性研究进展

截止目前，分离报道的互营细菌仅有 47 种，主要分布在厚壁菌门（*Firmicutes*）和变形菌门（*Proteobacteria*）（图 1-9）。其中 4 属共 7 个种的细菌（*Pelotomaculum*、*Syntrophomonas*、*Algorimarina* 和 *Syntrophorhabdus*）需依赖产甲烷古菌生长，其他 40 个都可以单独培养，其中有 33 个利用巴豆酸或丙酮酸等高氧化还原电势化合物生长。当与产甲烷古菌共培养，这些微生物可以互营利用有机酸、醇类、脂类、烃类以及氨基酸等生长。其中互营代谢脂肪酸的物种最多（共有 33 个），它们主要分离自厌氧反应器（McInerney et al.，2008），这表明互营脂肪酸降解菌在厌氧消化过程中发挥着重要作用。互营丁酸降解菌（14 个种）能降解更长链的脂肪酸，但是不具有丙酸和乙酸降解能力。互营丙酸和乙酸降解菌分别有 12 和 5 个物种，但是也不具有另外两种短链脂肪酸降解功能，这可能与它们利用不同的降解途径有关。此外，有 7 种互营细菌可以利用苯甲酸盐，5 种可以互营代谢醇类，各有 2 种分别互营代谢氨基酸和正构烷烃。64%的互营细菌属于革兰氏阴性菌，28%为革兰氏阳性菌，剩余部分革兰氏染色可变。已知的互营细菌中有 30 个物种属于中温菌（最适生长温度 20~50℃），12 种属于高温菌（最适生长温度>50℃），仅有一种互营丁酸/异丁酸降解菌 *Algorimarina butyrica* 属于低温菌，最适生长温度为 15℃。已知互营细菌最低生长温度为 10℃，最高为 75℃，这表明极端温度条件下（如永冻土和高温油藏）的互营细菌分离工作可能更为困难。互营细菌对生长营养要求并不高，大多数互营细菌的培养不需要额外添加生长刺激因子。

Syntrophomonas 包含的互营细菌物种数最多，有 8 个种和 2 个亚种，都具有互营长链脂肪酸（C_4 及以上）降解功能，最适生长温度为 30～40℃。含有 4 个种的 *Syntrophobacter* 均为中温互营丙酸降解菌，当存在硫酸盐和延胡索酸盐时，它们可以单独利用丙酸生长。*Syntrophobacter fumaroxidans* 纯培养情况下的底物代谢种类最多，可以利用氢气、苹果酸盐、琥珀酸盐、延胡索酸盐和丙酮酸盐生长（Harmsen et al.，1998）。*Pelotomaculum* 中有 5 种互营细菌，它们互营代谢的底物比较复杂，*Pelotomaculum isophthalicicum* 和 *Pelotomaculum terephthalicum* 互营代谢苯甲酸等芳香族化合物，*Pelotomaculum propionicicum* 和 *Pelotomaculum schinkii* 互营代谢丙酸，*Pelotomaculum thermopropionicum* 除了利用丙酸外，还可以互营代谢乳酸和醇类化合物。*Thermodesulfovibrio* 下有 3 个种可以互营代谢乳酸，均为高温菌，当存在硫酸盐和硫代硫酸盐等电子受体时，同样可以代谢乳酸，表现为兼性互营代谢功能。

五、产甲烷古菌

产甲烷古菌是地球上最古老的生命形式之一，从 34.6 亿年前就出现在地球上了（Battistuzzi et al.，2004；Ueno et al.，2006），它可能还是火星等地外星球上的土著微生物（Tung et al.，2005）。产甲烷古菌的生长代谢活动与气候变化紧密相关，也许还是 2.5 亿年前物种大灭绝的元凶（Rothman et al.，2014）。现在每年排放到大气中的甲烷量约 500～600 Tg，大约 69%是微生物代谢所产生的，产甲烷古菌是其中主要的贡献者（Conrad，2009）。产甲烷古菌分布广泛，存在于湿地（Zhang et al.，2008b）、水稻田（Conrad et al.，2006）、淡水和海洋沉积物（Ferry & Lessner，2008；Newberry et al.，2004；Simankova et al.，2001）、植物根际（Lu & Conrad，2005）、地下油藏和煤藏（Cheng et al.，2006；Strapoć et al.，2011）、动物瘤胃和肠道（Paul et al.，2012；Schulz et al.，2015）及厌氧消化器（Karakashev et al.，2005b）等自然和人工环境中，甚至存活在干旱的沙漠（Angel et al.，2011）和高温热泉中（Huber et al.，1989），在地球主要元素的生物化学循环过程中起着重要作用（Offre et al.，2013）。产甲烷古菌在有机质厌氧生物降解过程的最后一个环节发挥着关键作用，是生物甲烷形成的直接贡献者（Demirel & Scherer，2008）。

（一）产甲烷古菌的生理生化特征

1. 产甲烷古菌的生理特征

产甲烷古菌是严格的厌氧微生物，不能利用氧气作为电子受体，只有少数产甲烷古菌短时间接触微量氧气后还能存活（Fetzer & Conrad，1993；Horne & Lessner，2013）。产甲烷古菌的形态学特征与其他微生物差别并不大，但是产甲烷古菌中含有的辅酶 F_{420} 是参与甲烷代谢途径的关键辅因子，在其处于氧化态的时候，可以吸收

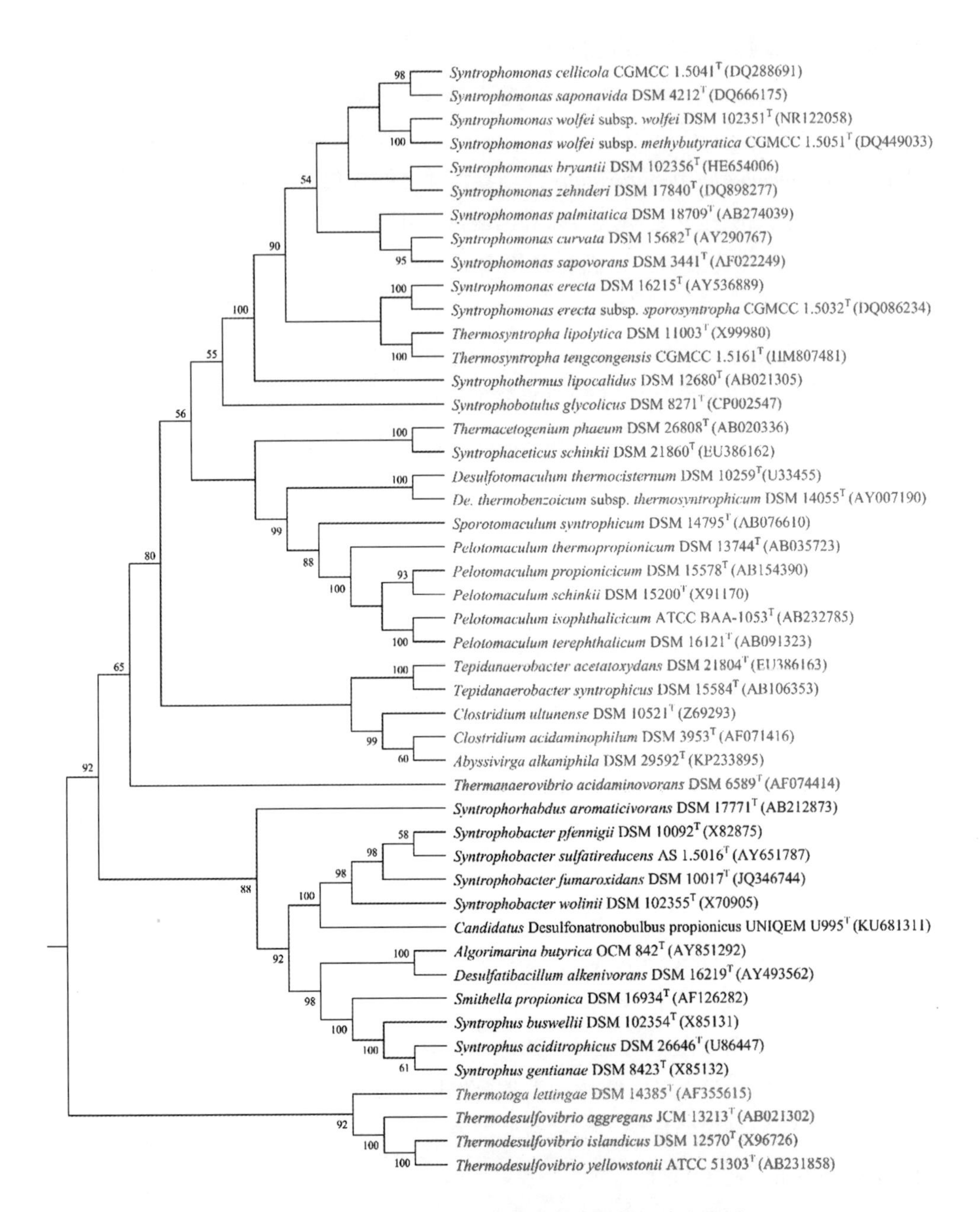

图 1-9　基于 16S rRNA 基因的互营细菌系统发育树

ca. 420 nm 的紫外光，并激发出 *ca.* 470 nm 的蓝绿色荧光（Cheeseman et al.，1972）。利用这个光谱学特征，可以在荧光/可见光显微镜下区别产甲烷古菌和非产甲烷古菌。产甲烷古菌的生长温度范围非常宽泛（Dong & Chen，2012），最低温度可以接近 0℃（Franzmann et al.，1997；Zhang et al.，2008），最高可达到 110℃（Huber et al.，1989），在 20 mPa 的高压条件下产甲烷温度可高达 122℃（Takai et al.，2008），它也

是生长温度最高的微生物之一。pH 是影响产甲烷代谢的重要环境因子（Jabłoński et al.，2015），产甲烷古菌的 pH 生长范围比较窄，一般在靠近中性条件（pH 6~8）生长。只有极少数产甲烷古菌 pH 生长低至 4.5 左右（Bräuer et al.，2006；Cadillo-Quiroz et al.，2009），在碱性条件下，少数产甲烷古菌的最适生长 pH 值可以达到 9~9.5（Sorokin et al.，2015；Zhilina et al.，2013）。此外，产甲烷古菌广泛分布在海洋和盐湖等沉积环境，具有较高的耐盐能力，耐受 Na^+ 的最高浓度可达到 3.3~3.5 M（Sorokin et al.，2015；Zhilina et al.，2013）。

2. 产甲烷古菌的生化特征

产甲烷古菌利用的底物种类非常有限，根据底物利用特征主要可分为三种营养类型：氢营养型产甲烷古菌、乙酸营养型产甲烷古菌和甲基营养型产甲烷古菌（Liu & Whitman，2008）。

（1）氢营养型产甲烷古菌。氢营养型产甲烷古菌利用 H_2、甲酸盐等电子供体还原 CO_2 产生 CH_4（表 1-9），在产甲烷古菌的模式菌株中，超过 3/4 的产甲烷古菌模式菌株都能利用 H_2/CO_2 生长。有的氢营养型产甲烷古菌可以利用二级醇、丙酮酸盐作为电子供体，如 *Methanogenium organophilum* 和 *Methanofollis ethanolicus* 可以直接利用乙醇、2-丙醇或 2-丁醇进行产 CH_4 生长（Imachi et al.，2009；Widdel，1986；Widdel et al.，1988）。*Methanococcus* spp. 能利用丙酮酸盐作为电子供体（代替 H_2 的功能）来还原 CO_2 产生 CH_4，但是产甲烷速率只有 H_2/CO_2 的 1%~4%，当 H_2 存在条件下，可以转化丙酮酸盐生成 10%~30%的细胞碳，但这不能完全替代其他的碳固定途径（Yang et al.，1992）。*Methanobacterium thermoautotrophicum* 生长所需要的细胞生物质，最高有 80%可以从同化丙酮酸盐中获取（Hüster & Thauer，1983）。少数氢营养型产甲烷古菌利用 CO 生长（Ferry，2010）。如 *Methanothermbacter thermoautotrophicus* 可以利用低浓度 CO（<60%）生长并产 CH_4，当 CO 浓度为 100%的时候生长缓慢，其产甲烷速率只有添加 H_2/CO_2 的 1%（Daniels et al.，1977）。

（2）甲基营养型产甲烷古菌。甲基营养型产甲烷古菌能利用甲基类化合物（如甲醇）、甲胺类化合物（如甲胺、二甲胺、三甲胺）和甲基硫化合物（如甲硫醇、二甲基硫）进行产 CH_4 生长（表 1-9）。甲基营养型产甲烷古菌主要分布在 *Methanosarcinacea*、*Methanomassiliicoccus* 和 *Methanosphaera* 中（Dridi et al.，2012；Oren，2014a；Oren，2014b）。*Methanosarcinacea* 中有 8 个属都是专性甲基营养型产甲烷古菌，最近研究发现 *Methanococcoides* spp. 还可以利用 N，N-二甲基乙醇胺、胆碱、甜菜碱等复杂的甲基类化合物生长产 CH_4（L' Haridon et al.，2014；Watkins et al.，2014；Watkins et al.，2012）。*Methanosarcina* 可以利用甲基类化合物生长，有的也利用乙酸、H_2/CO_2、CO 甚至丙酮酸盐（Oren，2014b）。如 *Methanosarcina barkeri* Fusaro 可以利用丙酮酸作为碳源

和能源产生 CH_4 和 CO_2，其细胞得率为 14 g 干重/mol CH_4，远高于乙酸发酵产生的 3 g/mol CH_4（Bock et al.，1994）。*M. barkeri* 利用 CO（100%）和甲醇（50 mM）生长，也可以在浓度小于 50%的 CO 中生长产甲烷，并且伴有氢气产生（O'Brien et al.，1984）。*Methanosphaera* 只能利用 H_2/甲醇进行产甲烷代谢，不单独利用甲醇、H_2/CO_2、乙酸或甲基胺类化合物生长（Biavati et al.，1988；Miller & Wolin，1985）。*Methanomassiliicoccus luminyensis* 是从人体粪便中分离出的第三个产甲烷古菌新种，只能在 H_2/甲醇条件下生长产 CH_4（Dridi et al.，2012）。最近它被归到产甲烷古菌的第 7 个目中（Borrel et al.，2013a；Borrel et al.，2013b；Paul et al.，2012）。

表 1-9 不同营养类型产甲烷古菌的代谢反应和吉布斯自由能[33]

底物利用类型和反应	标准吉布斯自由能 $\Delta G^{0\prime}$ (KJ/mol CH_4)[33]	产甲烷古菌
氢营养型		
$4H_2+CO_2 \rightarrow CH_4+2H_2O$	-135	Methanobacteriales：*Methanobacterium*、*Methanobrevibacter*、*Methanothermobacter*、*Methanothermus* Methanococcales：*Methanocaldococcus*、*Methanotorris*、*Methanococcus*、*Methanothermococcus* Methanocellales：*Methanocella* Methanomicrobiales：*Methanocalculus*、*Methanocorpusculum*、*Methanoculleus*、*Methanofollis*、*Methanogenium*、*Methanolacinia*、*Methanomicrobium*、*Methanoplanus*、*Methanolinea*、*Methanoregula*、*Methanosphaerula* Methanosarcinales：*Methanosarcina* Methanopyrales：*Methanopyrus*
$4HCOOH \rightarrow CH_4 + 3CO_2 +2H_2O$	-130	Methanobacteriales：*Methanobacterium*、*Methanobrevibacter*、*Methanothermobacter* Methanococcales：*Methanococcus*、*Methanothermococcus*、*Methanotorris* Methanocellales：*Methanocella* Methanomicrobiales：*Methanocalculus*、*Methanocorpusculum*、*Methanoculleus*、*Methanofollis*、*Methanogenium*、*Methanolacinia*、*Methanolinea*、*Methanomicrobium*、*Methanoplanus*、*Methanoregula*、*Methanosphaerula*、*Methanospirillum*
$2CH_3CH_2OH + CO_2 \rightarrow 2CH_3COOH+CH_4$	-112[59]	Methanomicrobiales：*Methanogenium*、*Methanofollis*
$CO_2 + 4(CH_3)_2CHOH \rightarrow CH_4+4CH_3COCH_3+2H_2O$	-37	Methanobacteriales：*Methanobacterium* Methanomicrobiales：*Methanocorpusculum*、*Methanoculleus*、*Methanofollis*、*Methanogenium*、*Methanolacinia*
$4CO+2H_2O \rightarrow CH_4+3CO_2$	-196	Methanobacteriales：*Methanothermobacter* Methanosarcinales：*Methanosarcina*
甲基营养型		

（续表）

底物利用类型和反应	标准吉布斯自由能 $\Delta G^{0\prime}$ （$KJ/mol\ CH_4$）[33]	产甲烷古菌
$4CH_3OH \rightarrow 3CH_4 + CO_2 + 2H_2O$	-105	Methanosarcinales：*Halomethanococcus*、*Methanococcoides*、*Methanohalobium*、*Methanolobus*、*Methanomethylovorans*、*Methanosalsum*、*Methanosarcina*、*Methermicoccus*
$CH_3OH+H_2 \rightarrow CH_4+H_2O$	-113	Methanobacteriales：*Methanobacterium*、*Methanosphaera* Methanomassiliicoccales：*Methanomassiliicoccus*
$2(CH_3)_2S+3H_2O \rightarrow 3CH_4+CO_2+H_2S$	-49	Methanosarcinales：*Methanolobus*、*Methanomethylovorans*、*Methanosalsum*、*Methanosarcina*
$4CH_3NH_2+2H_2O \rightarrow 3CH_4+CO_2+4NH_3$	-75	Methanosarcinales：*Methanococcoides*、*Methanohalophilus*、*Methanolobus*、*Methanomethylovorans*、*Methanosalsum*、*Methanosarcina*、*Methermicoccus*
$2(CH_3)_2NH+2H_2O \rightarrow 3CH_4+CO_2+2NH_3$	-73	Methanosarcinales：*Methanococcoides*、*Methanohalophilus*、*Methanolobus*、*Methanomethylovorans*、*Methanosarcina*
$4(CH_3)_3N+6H_2O \rightarrow 9CH_4+3CO_2+4NH_3$	-74	Methanosarcinales：*Methanococcoides*、*Methanohalophilus*、*Methanolobus*、*Methanomethylovorans*、*Methanosarcina*、*Methermicoccus*
$4(CH_3)_3N^+CH_2COO^-+2H_2O \rightarrow 4(CH_3)_2NH^+CH_2COO^-+3CH_4+CO_2$	-721.7[45]	Methanosarcinales：*Methanococcoides*
$4(CH_3)_3N^+CH_2CH_2OH+6H_2O \rightarrow 4H_2NCH_2CH_2OH+9CH_4+3CO_2+4H^+$	-567.6[46]	Methanosarcinales：*Methanococcoides*
$2(CH_3)_2NCH_2CH_2OH+2H_2O \rightarrow 2H_2NCH_2CH_2OH+3CH_4+CO_2$	-140.8[46]	Methanosarcinales：*Methanococcoides*
乙酸营养型		
$CH_3COOH \rightarrow CH_4+CO_2$	-33	Methanosarcinales：*Methanosarcina*、*Methanothrix*
$4CH_3COCOOH+2H_2O \rightarrow 5CH_4+7CO_2$	-96[47,60]	Methanosarcinales：*Methanosarcina*

（3）乙酸营养型产甲烷古菌。乙酸营养型产甲烷古菌只利用乙酸产生 CH_4 和 CO_2（表 1-9）。目前只有 *Methanosarcina* 和 *Methanothrix*（代替之前的 *Methanosaeta*）能利用乙酸产 CH_4（Oren，2014b；Oren，2014c）。如上文所述，*Methanosarcina* 能利用多种不同类型底物，如 H_2/CO_2、乙酸和甲基类化合物进行产 CH_4 生长（Oren，2014b）。*Methanothrix* 是专性乙酸营养型产甲烷古菌，包括 2 个有效种，另外还有 1 个同名种和 1 个

待有效种（Oren，2014c）。*Methanosarcina* 利用乙酸的最低极限浓度为 0.2～3 mM，与此相比，*Methanothrix* 只有 7～70 μM（Jetten et al.，1992；Min & Zinder，1989；Westermann et al.，1989）。这可能与 *Methanosarcina* 乙酸激酶对乙酸的亲和力比 *Methanothrix* 乙酰辅酶 A 合成酶的低有关（Jetten et al.，1990）。去年的研究报道称 *Methanothrix harudinacea* 可以直接利用电子还原 CO_2 产生 CH_4（Rotaru et al.，2014b）。

（二）产甲烷古菌代谢和电子传递

产甲烷古菌只能通过产甲烷代谢获取能量来生长繁殖，根据其碳代谢途径差异，可以分为 3 种（图 1-10）：CO_2 还原途径、甲基裂解途径和乙酸发酵途径（Thauer，1998）。在碳代谢过程中，产甲烷古菌通过电子呼吸链来推动形成跨膜 Na^+/H^+ 梯度，再通过 A_1A_0-ATP 酶合成 ATP（Schlegel et al.，2012）。其中铁氧化还原蛋白（Fd）、甲烷吩嗪（MP）、细胞色素（cytochrome）、H_2 和 F_{420} 是电子传递的重要载体，介导电子传递的多酶复合体是重要功能单元（Welte & Deppenmeier，2014）。

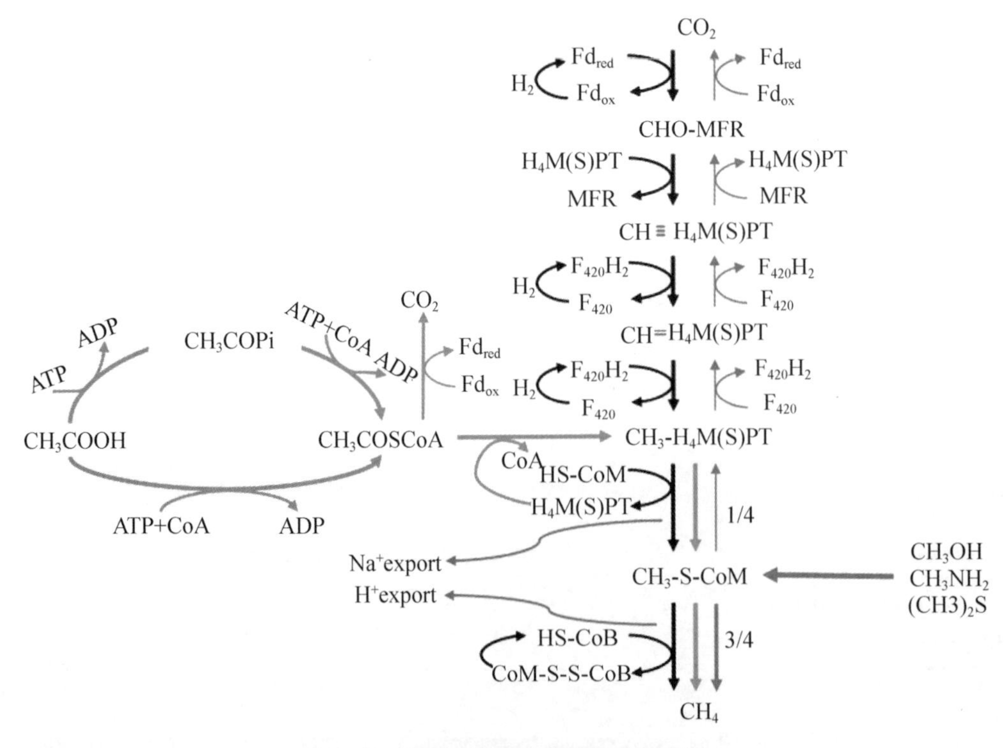

图 1-10　产甲烷古菌的产甲烷代谢途径

（Costa & Leigh，2014；Welte & Deppenmeier，2014）

1. CO_2 还原途径

根据产甲烷古菌中是否含有 cytochrome，CO_2 还原产甲烷途径可分为 2 种，虽然其碳流向基本一致，但是能量代谢和电子传递方式存在差异（图 1-11）（Thauer et al.，2008）。含有 cytochrome 的 CO_2 还原途径存在于 *Methanosarcina* 中（图 1-11a），不含有 cytochromes 的 CO_2 还原途径主要存在于另外 5 个产甲烷古菌目（图 1-11b）（Thauer et al.，2008）。*Methanosarcina* 还原 CO_2 过程中有 6 个膜结合蛋白复合体与能量储存和电子传递相关（图 1-11a）：MtrA-H、A_1A_0-ATP 合成酶（AhaA-K）、甲烷吩嗪还原氢酶（VhoACG，之前称为甲基紫精还原氢酶或 F_{420}-非还原［niFe］氢酶）、甲烷吩嗪依赖型 HdrDE、EchA-F 和 Na^+/H^+ 逆向转运体（Nha）。

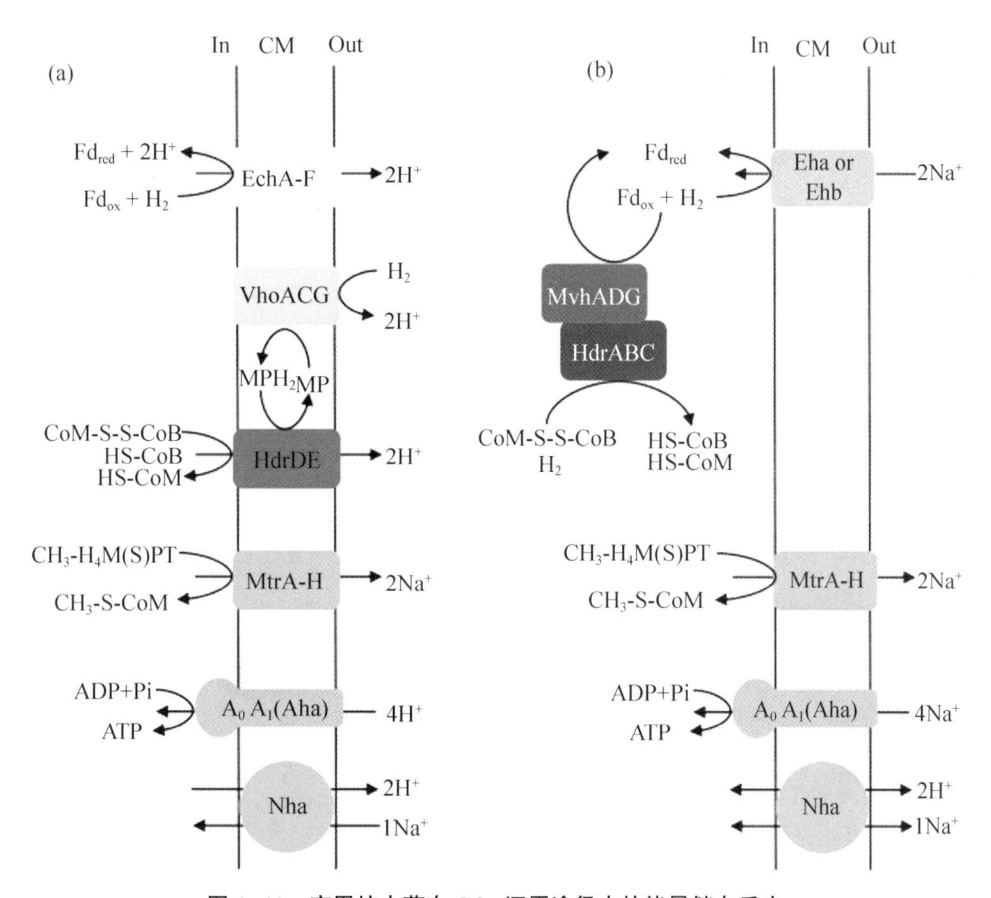

图 1-11　产甲烷古菌在 CO_2 还原途径中的能量储存反应

（a）含有细胞色素，（b）不含有细胞色素（Thauer et al.，2008）（Kaster et al.，2011）

在不含有 cytochrome 的产甲烷古菌中，其能量保存和电子传递方式不同于 *Methanosarcina*，主要是催化 CoM-S-S-CoB 还原的 MvhADG/HdrABC 氧化还原酶复合体是细胞质酶，也没有电子载体 MP 参与电子传递，不能直接推动形成跨膜 Na^+/H^+ 梯度。但是它可以通过电子歧化作用推动 H_2 还原 Fd_{ox}（Kaster et al.，2011）。另外一个差异是 Eha 利用跨膜 Na^+、而不是 H^+ 进行电子传递，来推动 H_2 还原 Fd_{ox}，生成的 Fd_{red} 可以补充合成代谢所消耗掉的还原力（Lie et al.，2012；Tersteegen & Hedderich，1999）。在 *Methanococcus maripaludis* 中，甘油醛-3-磷酸：铁氧还蛋白氧化还原酶（GAPOR）利用甘油醛-3-磷酸、或 CO 脱氢酶/乙酰辅酶 A（ACS/CODH）氧化 CO 会产生 Fd_{red}，这也能回补 CO_2 还原所需要的还原力（Costa et al.，2013）。鉴于 Fd 在 CO_2 还原的第一步和最后一步所起到的连接作用，有科学家把 CO_2 还原途径称为“沃夫循环”（the Wolfe cycle）（Thauer，2012）。

2. 甲基裂解途径

首先是甲基转移酶复合体激活和转运甲基，它包括 2 个甲基转移酶。甲基转移酶 1（MT1）转移底物上的 $-CH_3$ 与 MT1 上的类咕啉蛋白结合，甲基转移酶 2（MT2）再转移 $-CH_3$ 与 HS-CoM 连接产生 CH_3-S-CoM。其中 1 个 CH_3-S-CoM 通过 CO_2 还原逆途径被氧化产生 CO_2，这个是耗能反应，需要利用梯度 Na^+ 来驱动，伴随产生的 6 个电子用于 F_{420} 还原，从而满足另外 3 个 CH_3-S-CoM 进入与 CO_2 还原代谢途径所需要的 $F_{420}H_2$（Ferry，1999；Hedderich & Whitman，2013）（图 1-12）。

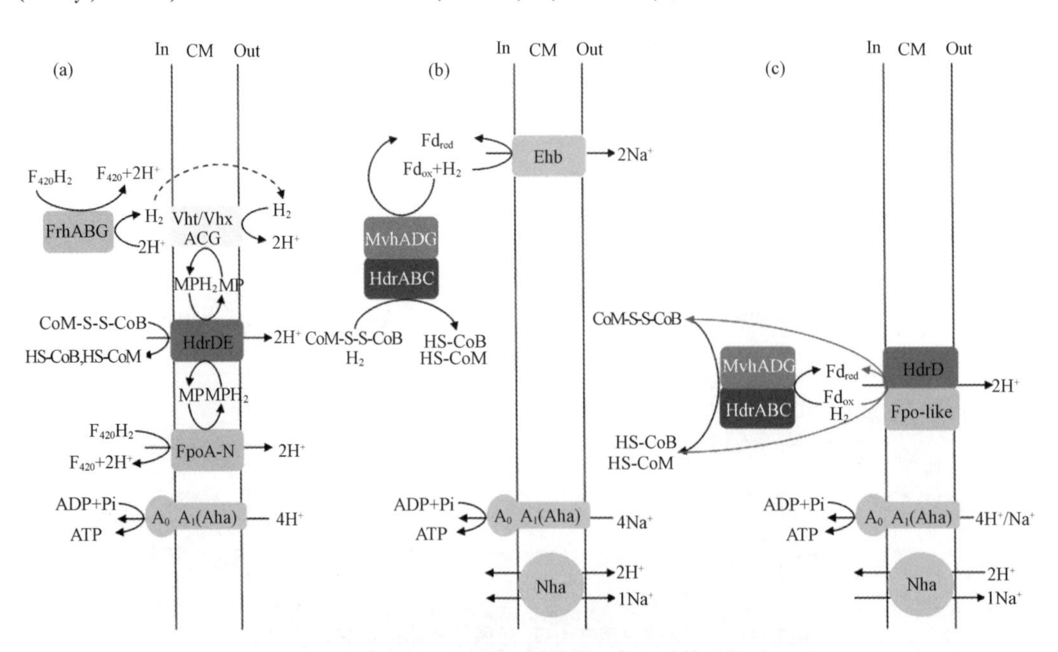

图 1-12 不同产甲烷古菌在甲基裂解途径中能量储存反应

（a）*Methanosarcina*（Kulkarni et al.，2009），（b）*Methanosphaera stadtmanae*（Thauer et al.，2008），（c）*Methanomassiliicoccus luminyensis*（Lang et al.，2015）。

3. 乙酸发酵途径

乙酸发酵产甲烷途径中（图 1-13），*Methanosarcina* 和 *Methanothrix* 激活 1 个乙酸产生乙酰辅酶 A（acetyl CoA）分别需要消耗 1 和 2 个 ATP（Welte & Deppenmeier, 2014）。*Methanosarcina* 通过乙酸激酶（AK）和磷酸转乙酰酶（PTA）来生成 acetyl CoA，*Methanothrix* 利用乙酸辅酶 A 合成酶（ACS）和焦磷酸酶（PPase）活化乙酸（Smith & Ingram-Smith，2007）。其中 *Methanosarcina* 和 *Methanothrix* 激活 1 个乙酸分别需要消耗 1 和 2 个 ATP。它们再通过 CO 脱氢酶/乙酰辅酶 A 脱羧酶复合体（CODH/ACS）（Grahame，1991；Grahame & DeMoll，1996），氧化乙酸上的羧基为 CO_2，转移乙酸中的甲基到辅因子四氢八叠蝶呤（H_4SPT）上，甲基被还原为甲烷的过程与 CO_2 还原途径一致（Fischer & Thauer，1989；Smith & Ingram-Smith，2007）。从 *M. thermophila* 中纯化获得水化 CO_2 的碳酸酐酶（CA），可能通过 $CH_3CO_2^-/HCO_3^-$ 反向转运系统来促进乙酸的吸收（Alber & Ferry，1994）。

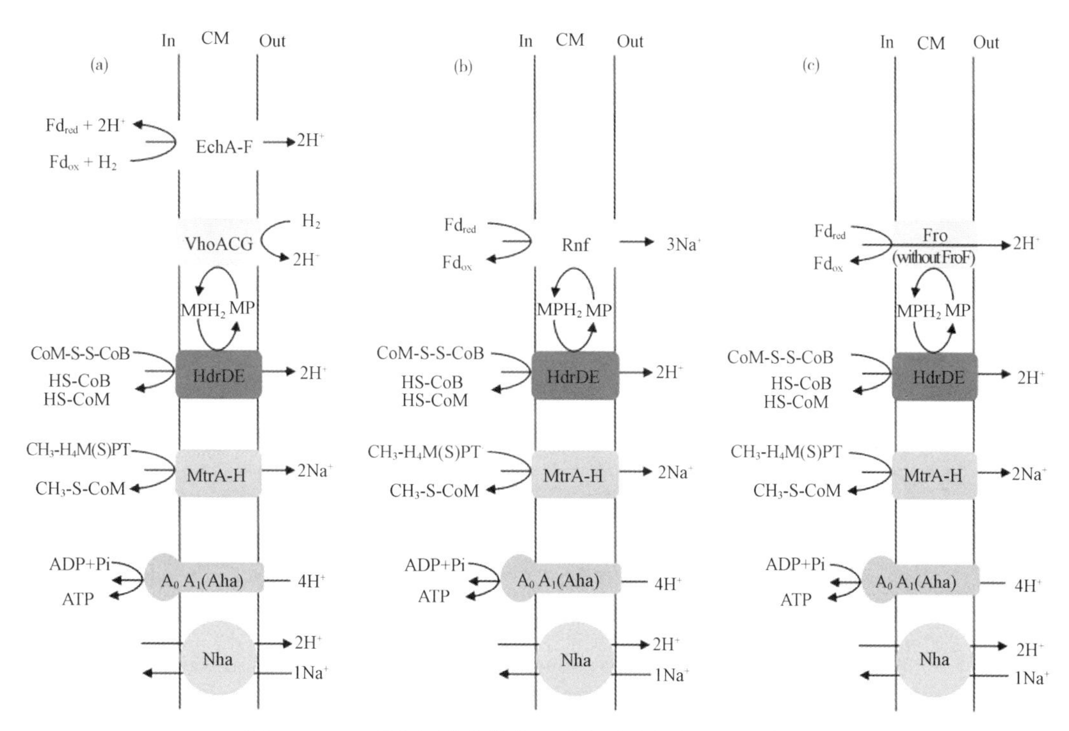

图 1-13 不同产甲烷古菌在乙酸发酵途径中能量储存反应

（a）*M. barkeri*（Kulkarni et al.，2009）、（b）*M. acetivorans*（Wang et al.，2011）、（c）*M. thermophila*（Welte & Deppenmeier，2011）。

4. 其他代谢途径

在阳极电极上占绝对优势的 *Methanobacterium palustre* 极可能直接利用电子还原 CO_2

产生 CH_4（Cheng et al.，2009）。*M. harudinacea* 和 *M. barkeri* 可以直接利用胞外电子来还原 CO_2 产生 CH_4（Rotaru et al.，2014a；Rotaru et al.，2014b）。这表明不同营养类型的产甲烷古菌都可以直接接受电子产生 CH_4。*M. acetivorans* 不利用 H_2/CO_2，但是可以利用 CO 生长产生乙酸、甲酸和 CH_4（甲烷不是主要代谢产物）（Rother & Metcalf，2004）。*M. acetivorans* 氧化 CO 产生甲基四氢甲基蝶呤（CH_3-THMPT）的代谢途径与 CO_2 还原一样，但是 CH_3-THMPT 进一步还原产甲烷过程涉及到新的甲基转移酶和 $F_{420}H_2$：异二硫氧化还原酶来推动形成跨膜质子电势（Lessner et al.，2006）。*M. acetivorans* 通过乙酸裂解产甲烷的反向代谢途径来转化 CH_3-THMPT 产生乙酸，并通过底物磷酸化合成 ATP（Lessner et al.，2006）。

（三）产甲烷古菌的系统分类

产甲烷古菌的生物学特性研究始于 20 世纪初期，Barker 等根据细胞形态差异，提出产甲烷古菌可分为八叠球菌、球菌、两种类型的杆菌（根据发酵底物区分杆菌）（Barker，1936）。但是产甲烷古菌对氧气异常敏感，特别难以纯化和培养，到 1947 年 Schnellen 等才首先报道了产甲烷古菌 *Methanobacteriurn formicicum* 和 *M. barker* 的纯培养研究（Schnellen，1947；Wolfe，1979）。20 世纪中期 Hungate 厌氧操作技术的发明，极大推动了产甲烷古菌纯培养和生理生化特性研究（Hungate，1969；Wolfe，1979）。迄今为止分离报道的有效产甲烷古菌共有 6 个目（Methanobacteriales、Methanococcales、Methanocellales、Methanomicrobiales、Methanopyrales 和 Methanosarcinales）、15 科、35 属，超过 150 个有效种，最近发现 Thermoplasmata 相关的产甲烷古菌代表产甲烷古菌的第 7 个目（Iino et al.，2013）。这 7 个产甲烷古菌目都属于 Euryarchaeota。但是最新的研究发现，产甲烷古菌还分布在 Bathyarchaeota 和其他非 Euryarchaeota 中（Evans et al.，2015）。

Methanobacteriales（Liu，2010a）（甲烷杆菌目）是典型的杆状细胞（长 0.6~15 μm），有的连接成长丝状。除了 *Methanosphaera* 只利用 H_2/甲醇外，其他都利用 H_2/CO_2 生长，有的还能利用甲酸盐、2-丙醇/CO_2、2-丁醇/CO_2 等生长（Borrel et al.，2012；Krivushin et al.，2009）。Methanobacteriales 分为 Methanobacteriaceae 和 Methanothermaceae 2 个科，共含有 5 属 53 种产甲烷古菌，Methanobacteriaceae 共有 4 个属，其中 *Methanobacterium*、*Methanobrevibacter* 和 *Methanosphaera* 都是中温菌，最适生长温度平均在 37℃左右，DNA G+C mol%含量平均是 37.8±9.4%。另外 1 个 *Methanothermobacter* 是嗜热菌，最适生长温度平均是 66℃。Methanothermaceae 下只有 1 属 2 种（*Methanothermus*），生理和结构特征明显不同于其他甲烷杆菌目，其最高生长温度达到了 97℃，但是 DNA G+C mol%含量只有 33%，细胞壁含有假肽聚糖（Lauerer et al.，1986）。

Methanococcales（Liu，2010b）都是不规则球菌（直径 1～3μm）、运动，对 0.01%（w/v）SDS 敏感，细胞包裹有蛋白层或覆盖着 S-layer，利用 H_2/CO_2，有的可以利用甲酸作为电子供体生长，需要利用硫化物作为硫源，可利用铵作为氮源。

Methanomicrobiales（甲烷微球目）（Liu，2010c）细胞形态多样，有球状、杆状和鞘杆菌，细胞包裹有单层细胞壁，不含肽聚糖和假肽聚糖。Methanomicrobiales 都可以利用 H_2/CO_2，大部分也可以利用甲酸盐作为电子供体来还原 CO_2，部分利用二级醇/CO_2 生长。Methanomicrobiales 分为 5 个科：Methanocalculaceae、Methanocorpusculaceae、Methanomicrobiaceae、Methanoregulaceae 和 Methanospirillaceae，在自然界中的分布非常广泛。

Methanopyrales（甲烷炙热古菌）自 20 世纪 90 年代从海底热泉中分离出以来，迄今只有 1 个种 *M. kandleri*，这是一个杆状、自养型产甲烷古菌，只利用 H_2/CO_2 生长产甲烷，最适生长温度为98℃（Huber et al.，1989；Kurr et al.，1991），在 20MPa 的高压条件下，*M. kandleri* 116 最高生长温度可以达到 122℃（Takai et al.，2008），这也是生长温度最高的产甲烷古菌。*M. kandleri* 的 NaCl 生长范围较宽（0～0.68 mol/L），最适 pH 是 6.5（Huber et al.，1989；Kurr et al.，1991），DNA G+C mol%为 61.2%，也是目前已知的 G+C 含量最高的产甲烷古菌之一（Slesarev et al.，2002）。

Methanosarcinales（甲烷八叠球菌目）（Liu，2010d）是细胞形态最多样的一个目，有球状、杆状、鞘状、八叠状和丝状，大部分的细胞壁含有蛋白质层。这也是自然界中分布最广泛的产甲烷古菌之一。Methanosarcinales 包括有 3 个科：Methanotrichaceae、Methermicoccaceae 和 Methanosarcinaceae。Methanotrichaceae 只包括 1 个有效属 *Methanothrix*（*Methanosaeta*），含 2 个有效种 *Methanothrix concilii* 和 *Methanothrix thermoacetophila*，和 1 个同名种 *Methanothrix harundinacea* comb. nov.，另外 *Methanosaeta pelagica* 也是专性乙酸营养型产甲烷古菌，但用的是无效属名（Garrity et al.，2011）。*Methanothrix*（Oren，2014c）只能发酵乙酸产生甲烷，最近研究发现它也可以利用电子来还原 CO_2 产生甲烷（Rotaru et al.，2014b）。*M. harundinacea* 是杆状细菌，添加群感信号分子 Acyl homoserine lactones（AHLs）可以促进形成长丝状细胞（Zhang et al.，2012），这样有利于颗粒污泥的形成，可以提升沼气发酵的稳定性（Li et al.，2015）。Methermicoccaceae 含 1 个种 *Methermicoccus shengliensis*，只能利用甲基类化合物生长产甲烷，最适生长温度为 65℃，是最适生长温度最高的甲基营养型产甲烷古菌，但是从系统发育分析发现它更靠近 *Methanothrichaceae*（Cheng et al.，2007）。Methanosarcinaceae 包括 9 属 37 种：*Halomethanococcus*（模式菌株已丢失）、*Methanimicrococcus*、*Methanococcoides*、*Methanohalobium*、*Methanohalophilus*、*Methanolobus*、*Methanomethylovorans*、*Methanosalsum* 和 *Methanosarcina*，其多样性仅次于 Methanobacteriaceae（49 个种），是生理生

化特征最多样性的产甲烷古菌。

Methanocellales（甲烷胞菌目）（Sakai et al.，2014）有 1 属（*Methanocella*）3 个种，它们呈不规则杆菌，有的在生长后期会变成拟球菌。*Methanocella* 能利用 H_2/CO_2 生长产甲烷，有的还可以利用甲酸盐作为电子供体。*Methanocella* 全部分离自水稻土，是水稻根际甲烷排放的主要贡献者（Lu & Conrad，2005）。*Methanocella* 广泛分布在全球不同的水稻田（Conrad et al.，2006），可能与其对低浓度 H_2 的高亲和力有关（Sakai et al.，2007）。最近研究发现一类未培养的 *Methanocella*（属于 Rice cluster II）是永久冻土层解冻过程甲烷排放的主要功能菌（McCalley et al.，2014）。采用宏基因组技术获得了它的近全长基因组序列，发现它具有 CO_2 还原产甲烷代谢的基因，暂命名为'Candidatus Methanoflorens stordalenmirensis'，它可能代表了 Methanocellales 中的另一个新科（Mondav et al.，2014）。

'Methanomassiliicoccales'（甲烷马赛球菌目）是近年来发现的一个甲烷古菌新目。这个目中只有 1 个从人体粪便中分离到的纯培养物 *M. luminyensis* B10^T，只能利用 H_2/甲醇进行产甲烷生长，而不能利用甲酸盐、乙酸盐、三甲胺、乙醇和二级醇（Dridi et al.，2012）。Paul 等发现海洋沉积物、水稻土、白蚁、蟑螂和哺乳动物肠道中的未培养环境基因序列能与 *M. luminyensis* 聚成一类，处于 Euryarchaeota 的顶部，并远离其他产甲烷古菌，培养实验也证实了它可以利用 H_2/甲醇生长产甲烷。因此，作者提出了第 7 个产甲烷古菌新目'Methanoplasmatales'（Paul et al.，2012）。

目前分离获得的产甲烷古菌都属于 Euryarchaeota，但是最新的研究表明产甲烷古菌还分布在非 Euryarchaeota 中。Evans 等（2015）采用宏基因组技术，从地下煤层水构建获得了 2 个微生物的全基因组，系统发育分析表明它们属于 Bathyarchaeota，但是编码有产甲烷代谢相关的功能基因，如 *mts*A、*mtb*A、*mta*A、*mtt*BC、*mtb*BC 和 *mtr*H 等与甲基裂解途径相关的基因（表明它可能利用 H_2/甲基化合物产甲烷）。此外，还发现不属于 Euryarchaeota 的 *mcr*A 基因广泛分布在自然环境中，表明这类非 Euryarchaeota 产甲烷古菌在全球甲烷循环中起着重要作用。

（四）产甲烷古菌的生态学功能

在湿地、水稻田、海洋沉积物、白蚁和瘤胃动物、厌氧反应器等缺氧环境中，产甲烷古菌虽然不是复杂有机质起始降解的参与者，但是有机质持续降解的重要推动者。产甲烷古菌通过种间氢和/或甲酸转移、直接接受胞外电子还原 CO_2 与细菌合作来推动有机质厌氧降解产甲烷过程（Sieber et al.，2014；Stams & Plugge，2009）。

产甲烷古菌在自然界中分布非常广泛，在全球碳生物地球化学循环过程中起着重要作用。基于微生物分子生态学技术研究发现很多未培养产甲烷古菌是环境中甲烷排放的主要参与者。Lu 等采用稳定同位素示踪技术证实 Rice cluster I 是水稻田根际甲烷排放的主要贡献者（Lu & Conrad，2005）。后续的分离培养研究证实了这类微生物代表产甲烷古菌的第 6 个目（*Methanocella*）（Sakai et al.，2014）。在北环极永久冻土层蕴藏的碳汇超过全球地下有机碳的 50%（Tarnocai et al.，2009），全球气候变暖导致永久冻土层解冻，其中一类未培养的 *Methanocella*（属于 Rice cluster II）是永久冻土层解冻过程甲烷排放的主要功能菌（McCalley et al.，2014）。采用宏基因组技术获得了未培养产甲烷古菌'*Ca*. Methanoflorens stordalenmirensis'的基因组草图，它可能通过 CO_2 还原来进行产甲烷代谢（Mondav et al.，2014）。从地下煤层水发现了 2 个属于 Bathyarchaeota 的未培养产甲烷古菌，可能是通过甲基裂解途径参与地下煤层甲烷的形成（Evans et al.，2015）。在动物瘤胃和昆虫肠道等生境中发现的第 7 个产甲烷古菌新目'Methanoplasmatales'，可以利用 H_2/甲醇生长产甲烷，是动物甲烷排放的一个重要贡献者（Paul et al.，2012）。当然，产甲烷古菌可能不仅参与了甲烷的产生，可能还是特殊环境条件下甲烷的消耗者（Scheller et al.，2010），限于篇幅，不在此讨论。

产甲烷古菌既是全球碳素生物地球化学的重要参与者和推动者，也可以作为可再生能源的生产者，与发酵细菌和互营菌一起合作，利用畜禽粪便和秸秆等农业废弃物，为人类社会提供清洁干净的可再生能源——甲烷。沼气发酵的物料成分复杂，参与沼气发酵的微生物群落多变，产甲烷古菌的生长条件比较苛刻，容易受到环境因子（如 pH、O_2、温度和铵）的干扰（Chen et al.，2008），因此控制和优化沼气发酵过程，提升产甲烷古菌在内的沼气发酵微生物的代谢活性，提高物料的利用率和转化率，一直是沼气发酵微生物研究的重点。

第三节 沼气发酵过程的影响因素

一、温度对厌氧消化的影响

温度是影响厌氧消化的重要因素之一，主要通过影响厌氧微生物细胞内酶的活性来影响微生物的生长速率和对基质的代谢速率，同时影响有机物在生化反应中的流向和某些中间产物的形成以及各种物质在水中的溶解度，从而影响厌氧消化的处理负荷、有机物的去除率，以及沼气的产量和成分等。依据微生物的生长特性，可划分为耐冷菌、中温菌和嗜热菌，相应地依据厌氧消化温度可分为常温厌氧消化、中温厌氧消化和高温厌氧消化。理论上，在 10~60℃的范围内，厌氧消化过程都能正常进行。对于耐冷菌，在 5~15℃的厌氧消化效率最高，在 35~40℃，中温菌的厌氧消化效率最高，对于嗜热菌，55℃时的厌氧消化效率最高。通常，在 60℃以下，随着温度的升高，厌氧消化效率会逐渐增加。依据 VantHoff 定律，在微生物的最佳温度范围内，温度每升高 10℃，微生物的活性就提高 1 倍（Khanal，2009）。

温度对生长动力学有显著影响，通常嗜热微生物有较高的生长速率，与中温菌相比，嗜热菌的生长速率提高 25%~50%。高温厌氧消化（55℃）的反应速率是中温厌氧消化（35℃）的 1.5~1.9 倍，因而高温厌氧消化具有较短的水力停留时间和较高的产气率。同时，高温厌氧消化也能有效杀灭病原微生物。但高温厌氧发酵甲烷含量较低，高温厌氧消化启动时间较长，易受有机负荷和有毒物质的影响而导致运行不稳定（Hou et al.，2018）。杨璐等使用完全混合式厌氧反应器（CSTR），研究 53℃和 60℃条件下厨余垃圾的厌氧消化，表明在温度为 53℃、挥发性总固体（VTS）负荷为 4 g L^{-1} d^{-1}时，处理性能稳定，有机酸积累少，产气率约为 900 mL/g VTS；当温度升高至 60℃时，TOC 和有机酸积累，产气率显著下降（杨璐 et al.，2014）。在传统厌氧反应器中，厌氧微生物对温度变化非常敏感，为保证厌氧消化的正常运行，系统温度波动应控制在 0.6~1.2℃/d。而随着新型高效厌氧反应器的出现，反应器内的污泥停留时间（SRT）远大于水力停留时间（HRT），反应器内污泥持留量增加，可以有效缓解因温度波动引起的系统运行不稳定，使得在常温甚至低温下仍然可以保持厌氧消化系统的高效运行（Lloyd et al.，2011）。

二、pH

在厌氧消化过程中，微生物的生长和代谢会引起发酵液的 pH 发生变化，而 pH 的变化与代谢基质的类型有关，基质为碳水化合物时，代谢生成有机酸后会使 pH 下降变成酸性；当基质为蛋白质或尿素等含氮化合物时，代谢过程中产生的 NH_3 和胺类等碱性物质会使发酵液 pH 上升而呈碱性（李刚 et al.，2001）。厌氧消化体系的 pH 主要受到氨氮、硫酸盐和碳酸盐缓冲体系的影响，因此 pH 的变化与厌氧消化的碱度密切相关。当消化有机氮含量高的废弃物时，蛋白质降解会产生氨氮，氨氮与 CO_2 反应生成碳酸氢铵，理论上 1 mol 有机氮产生等量的碱度（Moosbrugger et al.，1990）。

$$RCHNH_2COOH+2H_2O \rightarrow RCOOH+NH_3+CO_2+2H_2;\quad NH_3+CO_2+2H_2O \rightarrow NH_4^{+}+HCO_3^{-} \tag{1-9}$$

当处理硫酸盐/亚硫酸盐含量高的废水时，硫酸盐与 CO_2 反应，理论上 1 g 硫酸盐产生 1.04 g 的碱度（Greben et al.，2000）。

$$H_2+SO_4^{2-}+CO_2 \rightarrow HS^{-}+HCO_3^{-}+3H_2O;\quad CH_3COO^{-}+SO_4^{2-} \rightarrow HS^{-}+2HCO_3^{-} \tag{1-10}$$

pH 变化会引起细胞表面电荷变化而影响微生物对营养物的吸收，影响酶活性而降低微生物的代谢活性。同时，pH 变化也会影响厌氧消化系统有机物的离子形态，对微生物生长和代谢产生间接影响。厌氧消化体系中，产酸菌的最适 pH 值为 5.5~6.5，而产甲烷菌的最适 pH 值为 7.8~8.2。产甲烷过程是厌氧消化的限速步骤，且与发酵细菌相比，产甲烷古菌对 pH 值波动更敏感，更易受 pH 值变化的影响，因此为确保厌氧消化过程的稳定，pH 值需要控制在 6.8~7.4（Khanal，2009）。在低 pH 值条件下，产甲烷古菌活性受到抑制，引起乙酸和 H_2 累积。随着氢分压的升高，丙酸降解菌代谢活性被严重抑制，从而造成丙酸和丁酸累积，引起 pH 值进一步下降，造成厌氧体系酸化。张美霞等（2015）研究了 pH 对玉米秸秆厌氧消化产气的影响。当 pH 值为 7 和 9 时，VS 去除率达到 67.68%和 58.87%，最大累计产气量达到 149.2 和 134.33 mL/g VS，是 pH 值为 5 和 11 时的 3.23 和 6.71 倍。裴占江等（2015）研究发现当 pH 值为 7.0 时，餐厨垃圾厌氧发酵产沼气效率较好，产甲烷菌群活性较高，甲烷含量达到 55%以上，VFAs 中乙酸与丁酸达到 77%，厌氧消化系统未出现氨氮抑制现象，表明 pH 值调控对中温餐厨垃圾厌氧消化产气影响显著。为避免 pH 值下降对厌氧消化的抑制，一方面可以通过降低容积有机负荷率而避免 VFA 的累积，另一方面可以通过曝气而促进兼性厌氧菌快速消耗 VFA（Khanal & Huang，2003）。

三、C/N

C/N 是衡量发酵原料营养水平的重要指标，是保证厌氧消化系统稳定运行的重要参数之一。发酵原料保持在合适的 C/N（通常为 20~30）能够为微生物提供充足的营养，提升发酵效率。过低的 C/N 会造成厌氧消化体系中铵态氮和自由氨浓度升高，抑制微生物生长代谢，而 C/N 过高会造成挥发性脂肪酸累积，同样会抑制微生物。因此为了控制发酵过程中的碳氮比，稳定厌氧消化运行，通常会将不同废弃物进行混合发酵，一方面可以调配碳氮比，另一方面可以缓解有害废弃物对微生物的毒性。宁静等（2018）通过考察猪粪和玉米秸秆共发酵时 C/N（13.45、20、25、30、35 和 300）对厌氧消化产沼气性能的影响，发现当底物 C/N 控制在 25 时，厌氧共消化反应系统运行稳定，气肥联产性能最优，其中比产气率、甲烷体积分数和总养分质量浓度分别为 514.75 mL/(g.d)、64.01%和 660.26 mg/L。沈飞等（2017）以稻草和猪粪为原料进行共发酵，研究了不同 C/N（25、30、35 和 40）条件下稻草和猪粪混合物生物预处理的发酵特征及后续的产甲烷能力。研究结果显示，控制碳氮比为 30：1、料水比为 11%时，稻草和猪粪混合物经纤维素降解复合菌系于 55℃ 预处理 30 h 后其厌氧消化效果最佳，甲烷产率和产甲烷速率分别可达 318.14 mL · g^{-1}（以 VS 计）和 10.61 mL · g^{-1}（以 VS 计），且总量为 9.9 g 的稻草和猪粪混合物的总甲烷产量可达 1 948 mL。梁银春等（2016）对比了不同 C/N 对牛粪、甘蔗叶和啤酒厂滤泥混合干发酵产沼气的影响，研究结果表明 C/N 为15.02 的混合物料产甲烷最佳，最高累计产气量为 1 748.63 mL. g^{-1}，甲烷最高含量为59.26%，最高日产甲烷量为13.58 mL g^{-1}。

四、长链脂肪酸对厌氧消化的抑制

在厌氧消化过程中，油脂和脂肪被水解产生甘油和长链脂肪酸（LCFA）。甘油被分解为醇类和短链脂肪酸，而长链脂肪酸由产氢产乙酸菌的β-氧化作用，进一步转换为乙酸和氢，最终由产甲烷菌转化为甲烷、二氧化碳和水（Lalman and Bagley，2002）。当长链脂肪酸吸附在微生物的细胞壁或细胞膜上，致使细胞膜堵塞，将影响细胞间的物质和能量传递。此外，当长链脂肪酸吸附至微生物表面时，长链脂肪酸和微生物细胞膜之间的表面张力增强，将进一步加强长链脂肪酸的表面活性，对微生物的抑制作用也相应加强，改变细胞膜的流动性和渗透性，由此导致大量细胞死亡和裂解。长链脂肪酸能够抑制产酸菌、丙酸降解菌和乙酸营养型产甲烷菌的活性，也能抑制自身的β-氧化过程，其抑制作用与长链脂肪酸的类型、浓度、厌氧消化的温度、负荷和厌氧污泥性质等因素相关。

厌氧消化中常见的长链脂肪酸主要包括油酸（18：1）、亚麻酸（18：2）、硬脂酸（18：0）、软脂酸（16：0）、肉豆蔻酸（14：0）和月桂酸（12：0）等。不同种类的长链脂肪酸对厌氧微生物的抑制程度取决于长链脂肪酸的烃链长度及其不饱和度。随着烃链长度的增加，长链脂肪酸的抑制作用逐渐增强。当烃链长度相同时，长链脂肪酸的抑制作用主要与不饱和度相关，不饱和度越大，抑制作用越强。因此，长链脂肪酸对于厌氧微生物的抑制程度由大至小依次为亚麻酸>油酸 >硬脂酸>软脂酸>肉豆蔻酸>月桂酸。在35℃厌氧消化反应体系中，亚油酸、油酸、硬脂酸和软脂酸对乙酸营养型产甲烷菌的半致死浓度（IC50）分别为0.72、3.1、5.37和5.71 mmol/L，以上脂肪酸对丙酸降解菌的半致死浓度分别为1.17、4.38、5.18和5.88 mmol/L（Shin et al.，2003）。

温度升高会增强长链脂肪酸的表面活性，因此长链脂肪酸对厌氧微生物的抑制作用随着温度的增加而加强。研究显示，油酸对乙酸营养型产甲烷菌的抑制作用与温度的升高呈正相关，在30、40和55℃下，油酸对产甲烷菌的半致死浓度逐渐降低，分别是2.35、0.53和0.35 mmol/L。由于嗜热微生物和中温微生物细胞膜成分的差异，导致嗜热菌比中温菌对长链脂肪酸更加敏感（Hwu & Lettinga，1997），因此在高温厌氧消化中长链脂肪酸的抑制作用更强。

长链脂肪酸吸附在微生物的细胞壁或细胞膜上，影响细胞间的物质和能量传递而发挥抑制作用，因此污泥的比表面积和粒径分布影响了长链脂肪酸的抑制程度。悬浮污泥和絮凝污泥具有较大的比表面积，因而受到的抑制作用远大于颗粒污泥（Hwu et al.，1996）。厌氧消化的总固体（TS）含量也是影响长链脂肪酸抑制作用的因素。在高TS含量的污泥中，含有大量的生物纤维素，其表面能够大量吸附长链脂肪酸，从而减少吸附在微生物细胞表面的长链脂肪酸，因此与 TS 含量低的系统相比，TS 含量高的系统能够缓解长链脂肪酸对厌氧微生物的抑制程度。

细胞膜结构和成分的差异，导致长链脂肪酸对不同种类微生物的抑制作用不同。产甲烷菌的细胞膜组成与革兰氏阳性菌相似，因而长链脂肪酸对其有抑制作用，而低浓度的长链脂肪酸不会抑制革兰氏阴性菌。长链脂肪酸能够抑制同型产乙酸菌、丙酸降解菌和产甲烷菌的活性，而产甲烷菌对长链脂肪酸最为敏感。据 Kim（Kim et al.，2004）研究报道，当油酸、亚油酸和软脂酸硬脂酸浓度分别为 0.54、0.11、1.62 mmol/L 时，乙酸营养型产甲烷菌的活性降低了 10%；若要将丙酸降解速率降低 10%，需将以上脂肪酸浓度分别提高至 1.02、0.18、2.34 mmol/L。

为了缓解 LCFA 的抑制作用，可以通过驯化获得对长链脂肪酸具有较高耐受性的活性污泥。据 Alves（Alves et al.，2001）研究发现，在连续式固定床反应器中添加临界抑制浓度的油酸或脂质，通过驯化增强了污泥对油酸的耐受性，尤其是乙酸型产甲烷菌对油酸抑制的耐受性增加，同时油酸的生物可利用性得到改善。在处理油酸废水的厌氧消化系统中，油酸对未驯化污泥的半致死浓度为 80 mg/L，而经驯化的污泥的半致死浓度显著提高至 137 mg/L，且驯化污泥对油酸的降解能力最强。当油酸浓度在 500~900 mg/L 时，甲烷百分含量为 85%~98%，此时最大甲烷产率为 33~46 mL/g VS. d。在厌氧消化体系中添加钙离子，形成不溶性钙盐，也可减缓长链脂肪酸的抑制作用。当月桂酸浓度达到 100 mg/L 时，乙酸型产甲烷的活性被完全抑制，投加等量的 $CaCl_2$ 后，长链脂肪酸的界面张力增大而发生沉降，导致其抑制作用减弱，因而乙酸型产甲烷菌对月桂酸的耐受临界浓度提高至 1 500 mg/L（Rinzema et al.，2010）。在实际工程应用中，多采用联合发酵的方式来保证厌氧消化系统处理高含脂类废水废物的稳定运行。比如将屠宰场废水废物与城市污泥进行半连续式联合发酵，有机负荷由 1.7 kg VS m^{-3} day^{-1} 提高 3.7 kg VS m^{-3} day^{-1}，脂肪去除率达到 83%（Cuetos et al.，2008）。将屠宰场废水废物与牛粪共发酵，减轻了长链脂肪酸抑制，容积产气率增加 3.5 倍（Pitk et al.，2014）。将油污废物与餐厨垃圾联合发酵，脂质/TS 为 55%时，脂质负荷达到 1.61 g/L. d，乙酸型产甲烷菌活性增强，甲烷产量达到 26.9 mL/g. VS. d（Wu et al.，2018）。

五、氨氮对厌氧消化的影响

含氮物质，如蛋白质、核酸和尿素在厌氧消化中被水解产生氨氮，水相中的无机氨氮主要包括游离氨（NH_3）和铵离子（NH_4^+）。氮是厌氧微生物生长的重要营养元素，通常低浓度氨氮（低于 200 mg/L）能促进微生物生长（Liu & Sung，2002），但是高浓度的氨氮（1 500~7 000 mg/L）会抑制微生物代谢活性而造成 VFA 积累，而累积的 VFA 由于降低了 pH 而进一步对微生物代谢产生抑制，最终导致甲烷产生速率降低

(Calli et al., 2005a; Zhang et al., 2011)。氨氮主要通过改变细胞内pH、抑制特定酶活反应和提高细胞的维护能量需求而抑制厌氧消化（Wittmann et al., 1995）。

氨氮对厌氧消化的抑制作用与总氨氮（TAN）浓度直接相关，氨氮浓度越高，抑制作用越明显。依据底物、接种物、温度、pH和驯化因素的不同，降低50%甲烷产量的总氨氮浓度阈值为1.7~14 g/L（Chen et al., 2008）。由于游离氨可以自由地通过细胞膜，引起质子失衡和钾离子缺失，因而游离氨是主要的抑制因素（Salminen & Rintala, 2002）。相对于发酵性细菌而言，游离氨对产甲烷菌的抑制作用更显著，目前大部分研究认为乙酸营养型产甲烷菌比氢营养型产甲烷菌对游离氨抑制更敏感（Borja et al., 1996b），但也有研究持不同观点。如Calli等人（Calli et al., 2005b）研究发现，在高浓度游离氨抑制作用下，氢营养型产甲烷菌-甲烷杆菌（*Methanobacterium*）和甲烷螺菌（*Methanospirillium*）丰度降低，而甲烷八叠球菌（*Methanosarcina*）成为优势菌群。Karakashev等人（Karakashev et al., 2005a）研究了环境因素对产甲烷菌群多样性的影响，他们发现在高氨氮和高VFA条件下，甲烷八叠球菌是优势产甲烷菌群，而在低氨氮和低VFA条件下，甲烷鬃毛菌是优势产甲烷菌。甲烷八叠球菌是能利用乙酸的多营养型产甲烷菌，其被认为是耐受高氨胁迫的优势菌（Fotidis et al., 2012）。

厌氧消化体系中的氨抑制受到温度、pH、VFA和菌种等多因素影响。温度的升高能提高微生物代谢活性、加快代谢速率，但同时也会导致游离氨浓度增加，这也是高温厌氧消化较中温厌氧消化更易受到氨抑制影响而导致系统运行不稳定的原因。Hashimoto（Hashimoto, 1986）对比了中温和高温牛粪沼气发酵，中温发酵系统能在氨氮浓度为4 000 mg/L时正常运行，而在高温发酵系统中，当氨氮浓度逐渐升高至3 000 mg/L时，系统无法正常运行。pH不仅会影响微生物生长代谢，也会影响总氨氮的组成。游离氨的浓度随着pH的增加而增加，因而高pH条件下，因铵离子转化为游离氨，游离氨比例大于铵离子而引起氨抑制，导致VFAs累积，从而引起pH下降。游离氨、pH和VFA之间的相互制衡会形成一个“抑制稳定状态”，即厌氧消化运行稳定但甲烷产量低下的状态（Angelidaki et al., 2010）。菌种对氨氮的耐受也是影响氨抑制的因素之一，通过逐渐提高厌氧消化系统的氨氮浓度，驯化获得高氨氮耐受的菌种，可以减轻厌氧消化的氨抑制（Melbinger et al., 1971）。Kroeker等（1979）研究表明，在中温（35℃）厌氧消化体系中，若使用未驯化接种物，TAN浓度仅为1 700~1 800 mg/L时，厌氧消化过程即被完全抑制，通过驯化菌种，TAN抑制浓度阈值提高至5 000 mg/L。

氨抑制会影响厌氧消化的正常运行，甚至会导致厌氧消化体系崩溃，国内外学者对如何减轻或消除厌氧消化过程中氨抑制进行了大量的研究。虽然对发酵原料进行稀释是最有效和应用最广泛的方法，但稀释易导致废弃物体积增加而加大消化反应器体积，存在废水排放量大、经济效益差等问题，不过稀释仍然是氨抑制后迅速恢复系统的有效应急方法（Nielsen & Angelidaki，2008）。通过多物料混合发酵，调整碳氮比不但可以避免氨抑制，而且有利于提高原料转化率。研究表明，厌氧消化过程的最适碳氮比应控制在20~35，若发酵原料碳氮比过高，会造成氮源不足而影响微生物生长，反之，若碳氮比过低，则会造成氨抑制（Resch et al.，2011；Tong et al.，2013）。当碳氮比为15~20时，无论中温发酵还是高温发酵，都较容易出现抑氨制现象。当猪粪与玉米秸秆碳氮比为25时，沼气产量达到最大值为341 mL/g（挥发性固形物），且沼气产量达到碳氮比为15时的3倍（张杰 et al.，2016）。化学沉淀或矿物质吸附也是应用较多的消除氨抑制的方法，如在厌氧消化池中加入镁盐或正磷酸盐使氨氮以不溶的鸟粪石析出，加入磷矿石将微生物吸附于其表面，增加微生物密度；加入天然沸石和海绿石作为铵离子交换剂，降低体系氨氮浓度；加入具有拮抗作用的离子，如 Mg^{2+}、Na^{+}或 Ca^{2+}以中和氨抑制作用而稳定厌氧消化（Borja et al.，1996a）；加入活性炭或 $FeCl_2$ 减少溶解态的硫化物，通过去除硫而缓解氨抑制（Hansen et al.，1999）。任杰等（2010）通过添加改性玉米秸秆吸附剂去除氨氮，投加改性秸秆炭黑10 g/L时，氨氮去除率可达到80%以上；投加改性膨化秸秆12 g/L时，对氨氮的去除率接近80%。两相厌氧消化系统不仅能提高消化系统的有机负荷率和底物转化率，而且对氨氮抑制具有更强的抵抗能力，因此选择两相厌氧消化替代单相厌氧消化处理氮含量高的废弃物也是缓解氨抑制的一种策略（Ariunbaatar et al.，2015）。

六、硫酸盐和硫化物

硫酸盐还原菌是一类进行硫酸盐还原代谢反应的细菌，它们能够利用硫酸盐、硫代硫酸盐、亚硫酸盐和单质硫作为电子受体生成还原性硫化物。硫酸盐还原包括2种代谢途径，第一种是完全氧化，将有机物彻底氧化为 CO_2 和 H_2O，另一种是不完全氧化，有机物氧化为 CO_2 和乙酸。硫酸盐在工业废水中普遍存在，在厌氧消化过程中发生的硫酸盐还原将对厌氧消化反应产生抑制作用，其抑制主要来自于两方面：①硫酸盐还原菌与其他微生物竞争基质；②硫酸盐还原产生的硫化物对大多数细菌具有毒害作用（Colleran & Pender，2002）。硫酸盐还原菌能够利用的底物非常广泛，包括有机酸、醇类、氨基酸和芳香族化合物，硫酸盐还原菌对还原性底物的亲和力依次为 H_2>丙酸盐>其他有机电子供体（Laanbroek et al.，1984）。在有机质（电子供体）有限的生态系统中，不同类群的微生物对基质的竞争能力由强到弱依次为硫酸盐还原菌、产甲烷菌和同型产乙酸菌，因此在厌氧消化系统中，硫酸盐还原菌会与同型产乙酸菌和产甲烷菌竞争基质，而硫化物浓度、COD/SO_4^{2-}、不同类群微生物的数量和厌氧微生物对硫化物的敏感程度决定了硫酸盐还原菌与其他厌氧微生物之间的竞争。

1. 硫酸盐还原菌与产乙酸菌之间的竞争

挥发性脂肪酸和乙醇是厌氧消化系统中重要的中间代谢产物，也是硫酸盐还原菌能够利用的基质。在工业化的厌氧消化反应器中，硫酸盐还原菌对丙酸和乙醇的亲和常数分别为23 mg/L和37 mg/L，最大比生长速率为0. 15 d^{-1}和0. 35 d^{-1}，而利用丙酸的互营菌对丙酸和乙醇的亲和常数为34 mg/L和40 mg/L，最大比生长速率分别为0. 05 d^{-1}和0. 13 d^{-1}，硫酸盐还原菌具有更高的底物亲和力和生长速率，因此硫酸盐还原菌对于丙酸和乙醇的竞争比互营菌更有优势，硫酸盐还原也是厌氧消化系统中降解丙酸的主要途径（Colleran et al. ，1998；O'Flaherty et al. ，1998）。相反地，硫酸盐还原菌对丁酸的亲和常数和最大比生长速率分别为40 mg/L和0. 13 d^{-1}，而互营菌对丁酸的亲和常数和最大比生长速率分别为25 mg/L和0. 32 d^{-1}，因此互营菌对丁酸的竞争是有优势的。夏涛等（2009）研究发现，硫酸盐的添加促进了厌氧反应器中丙酸降解的速率，减少了丙酸对产甲烷细菌的抑制作用，提高了反应器COD去除率。

2. 硫酸盐还原菌与产甲烷菌之间的竞争

乙酸和H_2既是厌氧消化重要的中间产物，也是硫酸盐还原菌和产甲烷菌竞争的基质。硫酸盐还原菌可以SO_4^{2-}为电子受体，利用乙酸和H_2氧化释放的电子而生成H_2S，同样地，产甲烷菌可以通过CO_2还原作用或乙酸裂解途径，利用H_2和乙酸产生甲烷。从热力学分析，硫酸盐还原菌利用H_2和乙酸代谢的自由能分别是-152 kJ/mol和-47 kJ/mol，而产甲烷菌利用H_2和乙酸代谢的自由能分别是-135 kJ/mol和-31 kJ/mol。因此，在有一定浓度的硫酸盐存在的情况下，硫酸盐还原菌能够竞争H_2和乙酸，尤其在高硫酸盐含量的体系中，通常产甲烷作用几乎被完全抑制。从对底物的亲和性分析，产甲烷菌对H_2的Km值为4~8 μm，而硫酸盐还原菌的Km值更低，约为2 μm。当氢分压在10^{-5}大气压时，硫酸盐还原菌还可以利用H_2，而产甲烷作用受到抑制。硫酸盐还原菌对乙酸的亲和性低于产甲烷菌，在硫酸盐含量较低的情况下，硫酸盐还原菌优先竞争其他基质。然而，由于动力学方面的优势，硫酸盐还原菌也能够与产甲烷菌竞争乙酸（Colleran & Pender，2002）。

七、重金属

在城市污水和污泥中，通常含有重金属，主要包括铬（Cr）、铁（Fe）、钴（Co）、铜（Cu）、锌（Zn）、铅（Pb）、镉（Cd）和镍（Ni）等。其中一些重金属是微生物生长代谢所必需的营养元素，如铁能够合成和激活多种酶的活性，钴是咕啉类化合物的组成成分，钴和镍都参与一氧化碳脱氢酶合成，铜和锌是超氧化物岐化酶和氢化酶合成重要组分，钼和钨参与甲酸盐脱氢酶合成。Speece等人测定了10株产甲烷细胞中的重金属，显示产甲烷菌中的重金属含量的顺序是Fe>Zn≥Ni>Co = Mo>Cu（Jarrell & Kalmokoff，1988）。研究表明，添加 $FeCl_2$ 促进了厌氧消化过程中挥发性脂肪酸的产生，提高了甲烷菌对乙酸的利用（Preeti & Seenayya，1994），还能减轻硫化物对产甲烷菌的抑制（Berg et al.，2010），从而显著提高了沼气产量和甲烷浓度。Jarrell 等（1988）在鸡粪沼气发酵体系中添加镍，明显提高了沼气产量。在反应器中同时添加氯化铁、氯化钴和氯化镍，促使优势产甲烷菌由甲烷丝菌逐渐转变为甲烷八叠球菌，因甲烷八叠球菌对乙酸的利用速率是甲烷丝菌的3~5倍，因此添加 Fe、Co 和 Ni 之后，乙酸利用速率达到 30 $kg/m^3.d$，显著提高了乙酸的利用和甲烷产量。陈芬等研究发现在鸡粪厌氧消化系统中添加 $Zn \leq 454.2\ mg \cdot kg^{-1}$时，可使日甲烷产生量最大值较早出现，并对厌氧消化有一定的促进作用，当 $Zn \geq 554.2\ mg \cdot kg^{-1}$时可推迟甲烷产生量最大值出现时间，并对厌氧消化产生明显的抑制作用（$p \leq 0.05$）。

另一些重金属，如铅和镉，对厌氧微生物具有毒害作用，它们通过取代酶辅基中的金属元素而破坏酶结构和功能，从而抑制微生物的酶促反应（Abd Allah et al.，1996）。在复杂的厌氧消化系统中，重金属可能以沉淀形式生成硫化物、碳酸盐和氢氧化物，也可能形成复杂的溶解态中间体，其中只有溶解态和游离态的重金属才会对微生物产生毒害，因此通常采用沉淀、吸附和螯和作用来减轻重金属的毒性。硫化物是最常用的沉淀反应剂，添加硫化物可以使遭受铜抑制的厌氧消化体系得以迅速恢复，但硫化物本身就是一种产甲烷菌的抑制剂，因此要准确把握硫化物的添加量。添加活性炭、高岭土、硅藻土和斑脱土等作为吸附剂可以减轻重金属抑制，添加 EDTA、PDA、NTA 等螯和剂也可以降低重金属的毒性（Babich & Stotzky，1983）。工业废水中通常含有多种重金属，大多数重金属混合会形成协同效应，进一步增加单个重金属的毒性，如 Cr-Cd、Cr-Pb、Cr-Cd-Pb 和 Zn-Cu-Ni，这种抑制作用主要取决于各重金属成分的类别和混合比例。但也有部分重金属混合后会产生拮抗效应，比如在 Ni-Cu、Ni-Mo-Co 和 Ni-Cd 中，Ni 与其他重金属混合出现拮抗作用，可以减弱 Cu 和 Cd 的毒性（Ahring & Westermann，1985）。

八、氧化还原电位（ORP）

氧化还原电位是厌氧消化过程中非常重要的控制因素，从图 1-14 可知，不同的代谢过程和不同类型的微生物所需要的氧化还原电位不同。通常兼性厌氧微生物进行好氧呼吸时需要氧化还原电位在 100 mV 以上，厌氧微生物进行无氧呼吸时需要氧化还原电位在 100 mV 以下，而产酸菌可以在-100~+100 mV 的兼性条件下生长代谢。

在厌氧消化体系中通入不同浓度的氧气，形成不同氧化还原电位的微好氧环境，能够促进厌氧消化过程，提升厌氧消化效率。在处理食物垃圾的 CSTR 厌氧消化器（3 L）中，按照 0.005 L 和 0.007 L $O_2/L_{reactor}/d$ 的剂量通入氧气，可以促进水解过程，产生更

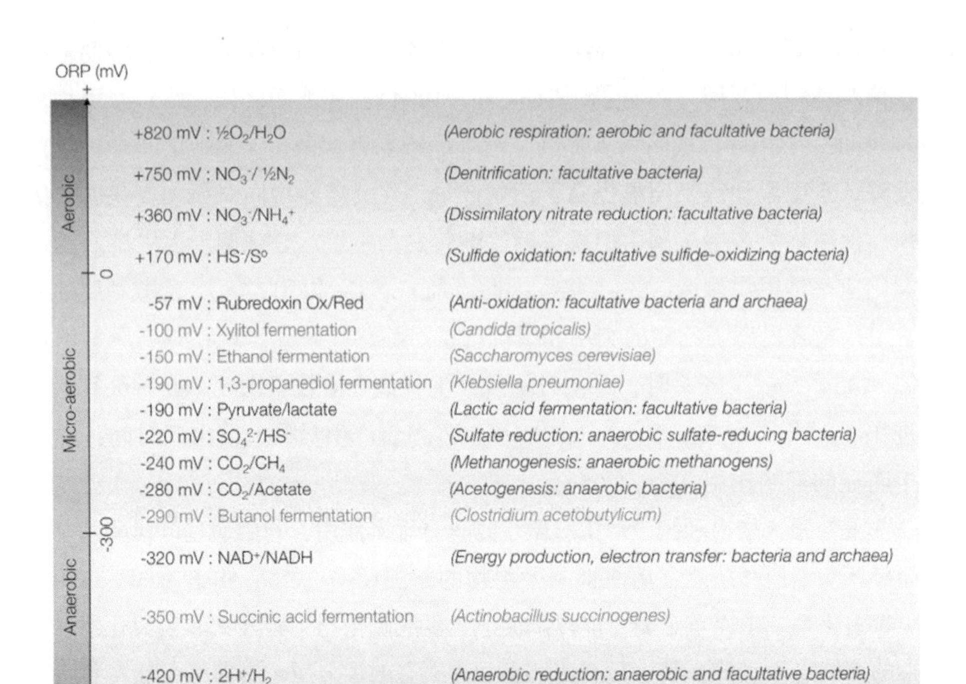

图 1-14　氧化还原电位的氧化还原电势及相关微生物

（Nguyen & Khanal，2018）.

高浓度的挥发性脂肪酸（Lim et al.，2014）。当处理初沉污泥的 CSTR 厌氧消化器（1.6 L）时，按照 2.5 mL/min 的剂量通入空气，可以促进碳水化合物和蛋白质水解，增加可溶性 COD 含量（Diak et al.，2013）。在处理玉米秸秆的批式发酵体系（0.2 L）中，按照 0.003 L 和 0.021 $L/L_{reactor}/d$ 的剂量通入空气，使得最大甲烷累积量达到 216.8 ml/g VS，最大 VS 去除率达到 54.3%（Fu et al.，2016）。此外，通入氧气能够提升硫化氢的去除效率，缓解硫化氢对厌氧消化体系的抑制作用。据研究报道，在处理初沉污泥的 CSTR 厌氧消化器（50 L）中，按照 0.14 mL/s 通入氧气，维持氧化还原电位在 −320~270 mV，能够去除 99%的硫化氢（Long et al.，2014）。在处理纸浆废水的 UASB 厌氧消化器（10.5 L）中，以 0.38 mL/mg S 剂量通入氧气，可以提升 30%的硫化氢去除率，提高 40%~80%的 COD 去除率（Zhou et al.，2007）。目前的研究认为微曝气可以促进水解、发酵细菌、硫酸盐还原菌、互营菌和产甲烷古菌之间的互营作用，从而稳定厌氧消化过程，提升厌氧消化效率（Nguyen & Khanal，2018）。

第四节　沼气发酵功能微生物强化技术

沼气发酵是由多种微生物共同参与的一系列生物化学反应。不同营养类型的微生物通过物质和能量传递、群感效应及水平基因转移等方式相互作用，构成了复杂的代谢网络。由于发酵原料的组成及微生物相互作用极其复杂，目前沼气发酵系统仍然是一个“黑箱”，其性能及状况难以预测和控制。众所周知，一个生物反应器的高效运行有赖于高活性的功能微生物。因此，为了建立高效、稳定的沼气发酵系统，必须保证关键微生物种群具有良好的代谢能力，并保持适宜的数量。微生物强化技术可以通过加入具有特定功能的微生物或优化微生物的生长代谢条件（营养需求、改善传质等），提高有效微生物的浓度，从而增强沼气发酵系统的运行效率。

微生物强化技术在废水、禽畜粪污及固体废弃物的厌氧消化中已经进行了多种尝试和应用（Fotidis et al.，2013；Fotidis et al.，2014；Herrero & Stuckey，2014；Herrero & Stuckey，2015；Li et al.，2017b；Liu et al.，2017；Martin-Ryals et al.，2015；Nielsen et al.，2007；Nzila et al.，2016；Peng et al.，2014；Schauergimenez et al.，2010；Tale et al.，2015；Town & Dumonceaux，2016；Venkiteshwaran et al.，2016；Yang et al.，2016；Zhang et al.，2015a）。大量的研究证实，该技术在提升厌氧消化效率、去除污染物、修复和维持发酵过程的稳定性等方面都有良好的效果。但是，由于目前对发酵过程中的微生物群落结构及理化环境变化的认识还不够深入，微生物强化的结果仍具有一定的不可预测性。越来越多的成功案例显示，为了提高生物强化效率，必须提前明确生物强化的目的并选择合适的菌种或菌群，然后制定合理的强化策略。

一、微生物的选择原则

沼气发酵中主要采用 3 种方式进行生物强化，即添加适宜的纯培养物、驯化后的功能菌群及生物刺激物（S & SN，2005）。但是，厌氧消化系统的微生物生态关系非常复杂，引入的菌株或菌群可能由于与内源微生物的竞争关系、抑制作用，或由于无法适应新的环境，而不能在生物反应器中生长。因此，添加的微生物与内源生物和非生物环境之间的相互作用（如保持活性、定殖和迁移等）对于生物强化的效果至关重要。

自然界中存在着大量可用于生物强化的微生物，如土壤、沼泽、湖底淤泥、好氧或厌氧消化系统。但是，在生物强化过程中需要综合考虑反应器的运行状况、工艺条件及微生物毒性等因素，针对性地选择适宜的微生物。筛选菌种的主要策略是根据生物强化的需求，选择适宜的培养基和培养条件，将从环境中获得的样品进行定向富集，从中分离具有特殊代谢功能的菌种。随后，利用转化效率检测、代谢产物分析等技术选择高效功能微生物，通过发酵测试和工艺优化等方式进行功能评价。该策略在纤维素分解菌、发酵性细菌、产甲烷菌、耐低温微生物的筛选中具有较广泛的应用（表 1-10）。

表 1-10　用于沼气发酵生物强化的功能微生物及其作用

原料类型	目的	功能微生物/菌群	强化效果	参考文献
秸秆	提高原料产气率	羊瘤胃富集物	甲烷产量提高 27%	Martin - Ryals et al., 2015.
猪粪+牛粪	提高原料产气率	*Methanocullus bourgensis*MS2	甲烷产量提高 31%	Fotidis et al., 2014.
城市污泥	提高原料产气率	*Coprothermobacter proteolyticus*	甲烷产量提高 37.4%	Fan et al., 2014.
玉米秸秆	提高原料产气率	*Acetobacteroides hydrogenigenes*	甲烷产量提高 19%~23%	Zhang et al., 2015b.
	解除乙酸积累	*Methanosarcina*	7 天恢复产气	Town & Dumonceaux, 2016.
人工合成原料	解除丙酸与氨氮抑制	Methanosaetaceae	修复产甲烷代谢时间缩短 20 天	Li et al., 2017b.

微生物的环境适应性是实现有效生物强化的重要因素。很多生物强化的失败都是因为引入的微生物无法适应新的理化环境，在新的生态系统中不能定殖或失去活性（Thompson et al., 2010）。我国厌氧消化工艺的运行负荷通常低于德国，其中一个原因就是厌氧消化系统的抗负荷冲击能力较弱。在厌氧消化的水解阶段，易降解原料在水解细菌和发酵性细菌的作用下可快速产生高浓度的有机酸，导致发酵系统的 pH 急剧下降，造成反应器酸化，从而抑制产甲烷代谢。因此，获得可抵御环境压力的微生物在生物强化中至关重要，如耐酸、耐氧、耐低温和解/抗毒微生物等。农业部沼气科学研究所从自然环境中收集特殊样品，富集、驯化了一些厌氧纤维素复合菌系和产甲烷复合菌系，并将其进行组配，构建了以纤维素厌氧降解产甲烷为目的的沼气发酵复合菌系。该复合菌系具有较强的环境适应性，生长 pH 范围为 3~11，可以适应纤维素等碳水化合物水解过程中的 pH 波动。同时，该菌系还充分发挥了沼气发酵功能微生物的协同作用，培养 5 天可降解 73%左右的滤纸纤维素，具有较高的纤维素转化能力（罗辉，2008），在强化富含纤维素原料的厌氧转化中具有良好的效果。

但是，目前对厌氧消化系统中的生物降解机制的认识还不够深入，对外源微生物的竞争性及其对内源微生物的影响等都不甚了解（Yu et al., 2010）。虽然通过生物强化引入的微生物可以改变内源微生物的群落结构，但是底物竞争、反馈抑制、环境毒害等因素也可能导致外源微生物被逐渐淘汰，无法达到强化的目的（Yu et al., 2010）。因此，用于生物强化的微生物至少需要满足以下3个标准：一是在不利的环境条件下仍然具有特定的代谢能力；二是在新的生态系统中必须具有一定的竞争性，并且不被淘汰；三是可以被新生态系统中的内源菌群所“接纳”并成功定殖（Yu & Mohn，2002）。

总之，选择合适的微生物是生物强化的关键。但是，目前能够实现有效生物强化的微生物数量仍然较少。Singer等人（2005）提出在现有的菌种资源的基础上，利用分子生物学领域的新技术深入认识微生物及其互作关系或许能取得一定的突破。与此同时，越来越多的研究认为，克服生物强化瓶颈的最有效方式就是在相同的生态系统寻找合适的微生物。因此，在沼气发酵系统中深入挖掘微生物资源，并开展功能评价是实现沼气发酵生物强化技术的重要前提。

二、影响微生物强化作用的关键因素

（一）生态学基础分析

了解厌氧消化系统的理化特征及微生物群落组成有助于分析厌氧消化运行较差的原因。Dejonghe等人（2010）提出，生态系统中的微生物多样性符合帕累托法则（二八定律），即20%的物种控制着生态系统中80%的能量流。因此，生物强化应针对参与能量代谢的主要物种进行重组，以保证参与特定分解代谢的物种成为起决定性作用的种群（20%的种群）。提前对生态系统进行分析有助于认识关键的代谢过程以及在生态系统中起主要作用的种群，在此基础上，对关键物种进行优化，激活处于抑制状态的种群，使其发挥重要的作用。采用这种策略，可以灵活地转换电子流和碳流在微生物群落之间的分布，以增强微生物群落的功能（Fernandez et al.，2000）。

另外，反应器的内源微生物群落对生物强化作用的效果也具有一定的影响。Schauer-Gimenez等人（2010）发现利用氢营养型产甲烷菌群对暴露于氧气中的反应器进行修复时，由于反应器启动时的接种物不同，其修复时间和丙酸的代谢状况均有差异。以城市污泥厌氧反应器作为接种物的反应器中，逐渐产生丙酸且修复时间更短；而以合成工业废水中温厌氧反应器污泥为接种物时，反应器中没有明显的丙酸产生，而且修复时间与未进行生物强化的对照组相同。

（二）合适的功能菌种或菌群

生物强化对内源微生物群落结构的改变及影响难以预测。不少报道指出，虽然在生物强化后生物反应器的运行状态随即发生了明显的改变，但是这种有效的促进作用通常只能在接种后维持很短的时间。然而，有针对性的“定制”菌群是一种较为有效的生物强化方法。一些含有*Bacillus*，*Pseudomonas*、*Actinomycetes*及辅助性有机物（包括微量元素）的商业化微生物制剂在提高固体废弃物转化产甲烷的效率及去除臭味物质方面得到了成功的应用，可将甲烷产量提高29%，丙酸水平降低50%左右（Duran et al.，2006）。适用于硝化作用的混合菌群产品（NBP）可以有效提升硝化活性和工艺效率。农业部沼气科学研究所生产的沼气发酵复合菌剂由于含有大量的纤维素分解菌、产甲烷菌等高活性微生物，配合微量元素使用可以显著提高猪粪、秸秆、餐厨垃圾等原料的沼气发酵效率。

但是对于商业化微生物制剂而言，最关键的是实现培养物保存和储运，从而保证菌种在接种时可以保持较高的活性。目前常用的方法是冷冻干燥法，即在冷冻保护剂的保护下将产甲烷培养物冻干。另外，真空脱水在沼气发酵生物制剂的储运中也得到了应用。

（三）反应器的理化条件

当目标反应器中出现不利于微生物生长的因素时，生物强化失败的几率将会提高，如底物浓度低、含有抑制物、拮抗物（如抗生素或细菌素等）、生物膜的形成能力差、低温等。

微生物在低温条件下代谢速率较慢，因此，反应器在冬季比夏季需要更高的生物量以维持一定的发酵效率。通过添加低温微生物可以克服因季节性低温而显著降低的生物处理效率。

当反应器的运行负荷较高或者暴露于有害物质时，会导致发酵系统运行不稳定或者发酵失败。生物强化在阻止反应器酸化、修复运行失败的反应器方面具有广泛的应用。利用丙酸富集菌群进行生物强化可以防止氨抑制和丙酸抑制引起的厌氧消化失败（Li et al.，2017b）。高氨原料厌氧消化过程中，强化氢营养型产甲烷菌 *Mehtanoculleus bourgensis* MS2 可以减轻氨的毒性，并提高甲烷产量（Fotidis et al.，2014）。Schauer-Gimenez 等人（2010）认为，在处理有害物质时，以特定的有害物质作为底物富集微生物比较耗时，建议尝试以中毒过程中积累的中间代谢产物作为关键目标富集功能微生物。氢气的转化通常是很多复杂化合物降解产甲烷过程中的限制性步骤，氢气利用的越快，复杂原料转化为有机酸或其他底物转化为甲烷的效率就越高。因此，在处理氧气引起的反应器“中毒事件”时，可以选择氢营养型产甲烷菌富集物加速氢气的利用效率。

（四）生物强化方式

除了选择合适的微生物，在复杂群落中引入菌种和维持菌种活性的方式对生物强化的成败同样重要。只有当引入的微生物浓度足够高，才能保证活性细胞在新的生态系统中占据优势。Boon 等人（2000）认为，由于内源菌株的代谢能力有限，不能降解目标污染物，同时引入菌种的稳定性无法预测，因此定期进行生物强化是确保成功的关键因素。使用 DGGE 分析微生物群落结构表明，即使引入的菌株来源于目标生态系统，并且能够在选择性底物上生长，生物强化的作用也不是永久性的，可能需要定期补加。多次添加富集丙酸降解菌群比一次性添加等量菌群对维持反应器稳定运行的影响更显著（Li et al.，2017b）。

利用微生物富集反应器进行生物强化也是一种有效的策略（Saravanane & Dvs，2001）。微生物富集反应器可以连续或间歇地为主反应器引入驯化后的微生物。富集反应器不仅可以单独运行，还可以根据主反应器的发酵状态在不同的条件下运行。研究证实，富集反应器内可以添加适宜的底物并维持最佳生长条件，生产的微生物可持续不断地提高主反应器的生物量，实现功能菌群的强化。因此，这种连续或间歇转移接种物的方式克服了在含有抑制剂或有毒物质的主反应器中难以获得足够生物量的问题。

另一种策略是将微生物进行固定化，即将微生物细胞封装于具有开放末端的硅胶管内并缓慢释放到活性污泥中。将含有固定化细胞的反应器与接种悬浮细胞的反应器进行比较发现，接种悬浮细胞的反应器由于代谢活性降低，发酵 30 天后仍未能完全降解污染物。然而，引入固定化细胞的反应器由于可以将细胞从琼脂缓慢释放到活性污泥培养基中，降解污染物的活性细胞数量增加，因此可降解约 90%的污染物（Boon et al.，2000）。

三、沼气发酵微生物强化技术国内应用案例

沼气发酵微生物强化技术已在国内外开展了较多的应用试验。近年来，随着我国沼气发酵技术的发展和厌氧微生物资源的增加，针对沼气发酵原料转化率低、产气率低等问题，我国科学家在沼气发酵微生物强化方面开展了较多的探索。

农业部沼气科学研究所通过系统分析沼气发酵微生物演替规律、探索沼气发酵过程中各类微生物之间的协同作用和代谢关系，充分利用厌氧微生物菌种资源优势，发明了沼气发酵复合菌系构建技术（专利号：ZL 200910103085. 5），获得了稳定、高效的沼气发酵复合菌系（专利号：ZL 200910103086. x）。同时，通过添加刺激功能微生物生长的关键代谢活性因子，促进沼气发酵复合菌系中各类功能微生物的快速、协调增殖。以此为基础，建立了沼气发酵微生物强化技术。本技术以微生物代谢规律为基础，强化了代谢系统中优势功能菌种的数量和活性，获得的沼气发酵复合菌系利用多种菌株协同作用，解除了产物的反馈抑制，能够产生多种生物酶系，加快物质转化，提高了原料转化率和产气量；抗逆性强，可快速适应和调整发酵状态；功能和微生物组成稳定性强。目前，该技术已在国内 1 万多个沼气池及 12 座沼气工程中进行了应用示范。

四、沼气发酵微生物制剂生产工艺

（一）工艺设计

根据我国沼气发酵原料的组成特点，以高效沼气发酵复合菌系为种源，添加促进厌氧微生物生长的代谢刺激因子，应用统合生物工艺（Consolidated Bioprocessing，CBP）进行“基质-酶-微生物”三位一体的高效沼气发酵复合菌剂，保障各功能菌群的生态平衡关系，实现各功能微生物的协调、大量增殖，获得了高活性、高质量的沼气发酵复合菌剂。采用本工艺获得的沼气发酵复合菌剂微生物种类齐全、数量和代谢活性高，其中产甲烷古菌 1.5×10^{8} 个/g，纤维素分解菌 4.5×10^{8} 个/g，发酵性细菌 5.5×10^{9} 个/g。详细工艺流程见图 1-15。

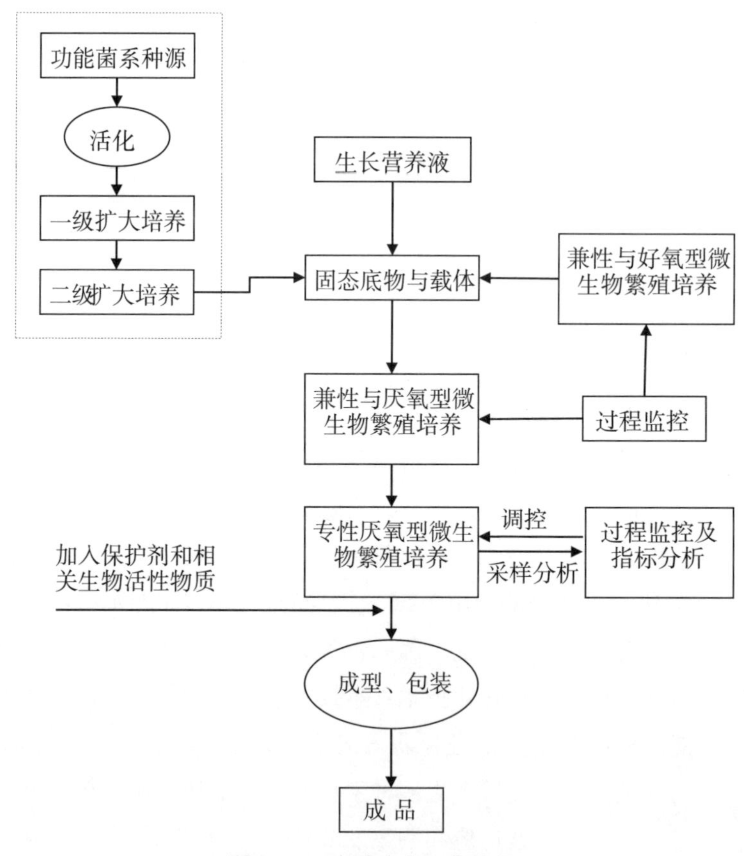

图 1-15 中试生产工艺流程

（二）生产流程

1. 原料预处理

以稻草作为固态底物。进罐前将稻草进行粉碎处理，粒级≥20 目。

2. 营养液配制

根据微生物的需求提供充足的有机氮、无机氮及微量元素。选用饲料级或化工级原料配制营养液。为了保证更迅速、直接地为复合菌系提供营养，需采用固形物粉碎机对原料进行粉碎、过筛。

3. 培养基预混

以8%的发酵浓度为基础，配制各种原料，为保证进入发酵罐的培养基能均匀分布，便于各功能菌系的利用和正常代谢，在进入发酵罐前对培养基在调配池（车）中进行预混处理。

装罐。经调配池配制并搅拌均匀的培养基以污水提升泵装入发酵罐中。

4. 发酵过程的监控

在整个发酵阶段需严密监测发酵罐的运行状态，发酵罐是一个密闭的环境，不能直接观测发酵的运行状态，但可通过发酵过程中的代谢产物情况来反映，同时监测发酵罐的环境状态，以保证整个发酵过程处于正常运行中。

通过检测气体组分里 CO_2 和 CH_4 的含量，可间接推断发酵正常与否。

5. 成品的包装及储存

发酵结束后，采用编织袋堆压法进行固液分离，液体中含大量的功能菌群，收集后可供下次发酵接种用。固体须迅速装袋用真空包装机密封，避免因在空气中暴露过久影响厌氧功能菌群的活性。

6. 质量检验

总固体（TS）：用105℃±5℃烘干恒重法测定。标准TS≥10%。

微生物活性及数量：采集样品，分别在光学显微镜和荧光显微镜下观察各功能菌群的生长状态，能直观的判断各功能菌的优劣。同时采用MPN计数检测产品中各功能微生物的数量。

五、沼气发酵微生物强化技术集成与示范

针对我国沼气发酵运行、管理现状，将高效沼气发酵复合菌剂与发酵工艺进行集成，构建沼气发酵功能微生物强化技术，并应用于农村户用沼气池和不同规模、不同原料的沼气工程。示范结果显示，沼气发酵微生物强化技术在缩短启动时间、提高产气量、促进低温发酵方面具有显著作用。在农村户用沼气池中应用，启动时间缩短50%，促进偏低温条件下（发酵温度10℃左右）沼气发酵，沼气产量平均增幅为75%；快速调节、恢复病态池。在大中型沼气工程进行应用，成功地解决了沼气工程启动慢、发酵不稳定等问题，提高了沼气的净能输出比，将启动时间缩短40%以上，低温下容积产气率达到0.8 $m^3/kg\ TS \cdot m^3$。沼气发酵功能微生物强化技术攻克了沼气发酵产气率低、冬

季产气难、净能输出比低等问题，可显著提高沼气产量，能为大出料池、新建池、启动池提供大量高活性的产甲烷菌及纤维素降解菌。目前，该技术已在四川、西藏、湖南、北京、黑龙江等12个省区市的1.2万口沼气池和16处沼气工程进行示范和推广。

（一）眉山市丹棱县现场示范试验

试验跨冬、春两季期间，气温为-3~15℃。示范试验采用废农用塑料薄膜对沼气池进行覆盖保温，沼气池出料间温度为10.5~19.5℃。试验期间，将沼气池发酵pH控制为6.5~7.5。为了提高沼气池冬季的产气效率，TS浓度10%左右，挥发性脂肪酸浓度维持1 000 mg/L以上。

试验数据显示，在投放菌种和添加剂前，各沼气池的日产气量为0.29~2.85 m^3/d，平均日产气量为1.14 m^3/d；投加菌种和添加剂后，沼气池的日均产气量为0.59~3.27 m^3/d，平均为1.78 m^3/d。投加菌种和添加剂之后与之前相比，日均增加产气量0.64 m^3/d，产气量增幅达14%~246%。投加菌种和添加剂后，沼气池的发酵状况得到了明显的改善（图1-16）。图1-17为同一口沼气池在投加沼气菌种和添加剂前后的发酵情况对比。

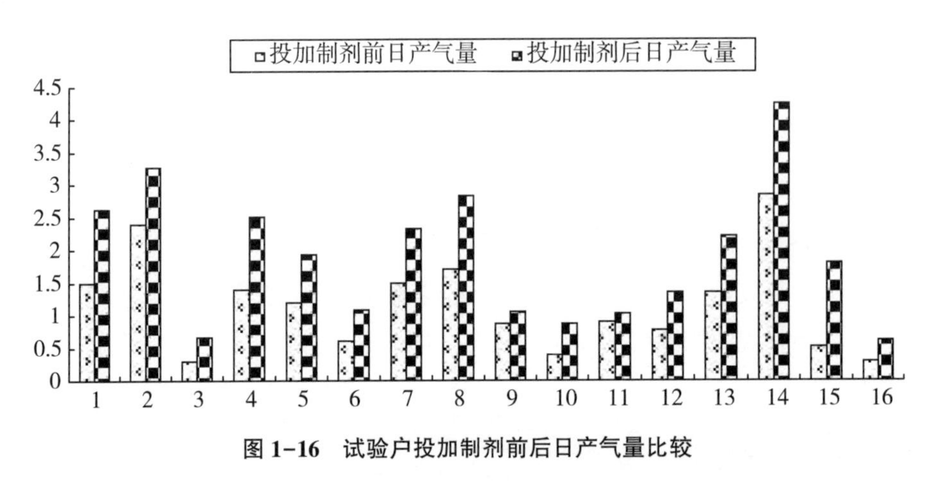

图1-16　试验户投加制剂前后日产气量比较

图1-16中编号为3、10、15的3户的沼气池在试验前发酵出现故障，每天的沼气产量仅有0.3~0.52 m^3/d。课题组通过添加沼气发酵菌种和添加剂，改善沼气池的发酵状况，沼气产量大幅度增加，为试验前的123%、118%、246%。

（二）在制药废水处理沼气工程快速启动中的应用

1. 沼气工程概况

该沼气工程主体发酵罐1 000 m^3，采用UBF反应器，发酵温度35℃。原料为右旋糖苷废水，COD为约120 000 mg/L，pH为4.5~5.5。沼气工程设计要求日处理药厂右

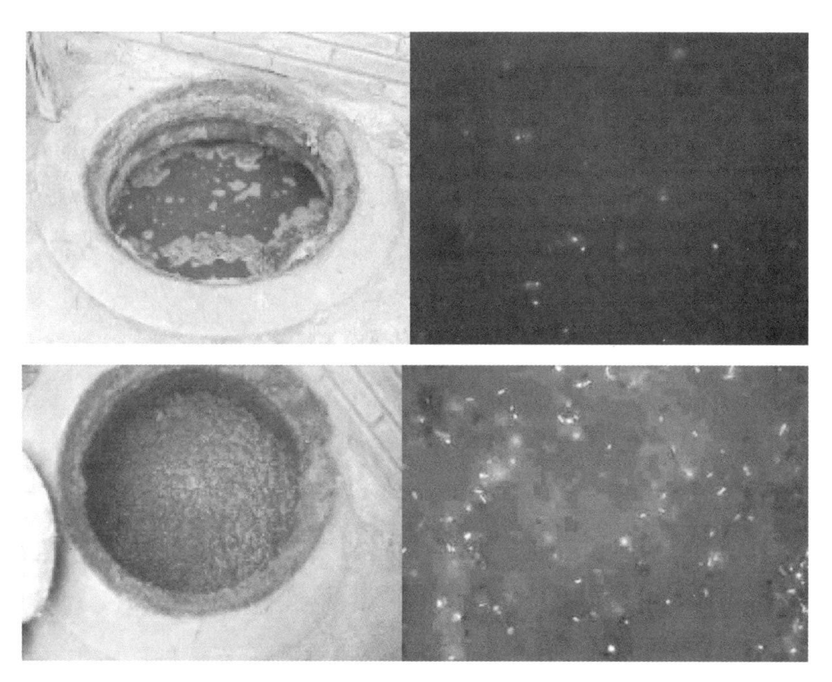

图 1-17　沼气池在投加沼气菌种和添加剂前后的发酵情况对比

旋糖酐废水 20 吨，日产沼气 1 000 m^3 以上，沼气中 CH_4 含量大于 55%。示范时将已建成的 UASB 和 AF 厌氧反应器的水网改造后继续使用。其中 UBF 厌氧反应器中温发酵，其余两个厌氧反应器常温发酵。工艺流程路线图如图 1-18 所示。

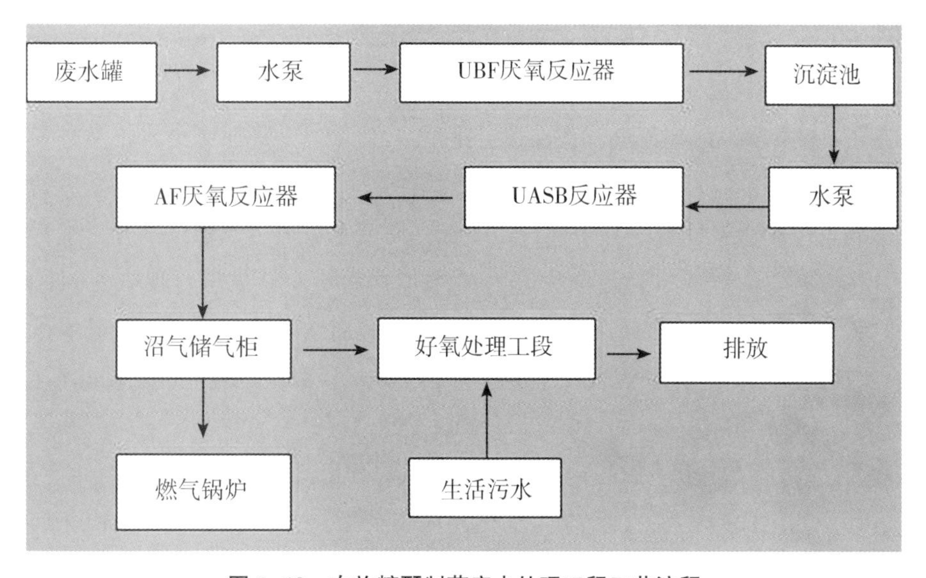

图 1-18　右旋糖酐制药废水处理工程工艺流程

2. 沼气工程快速启动方案

沼气发酵复合菌剂按照发酵罐容积的5‰接种，菌剂一次性投加。添加剂按照发酵罐容积的0.5‰投加，等量分成7份，分批次加入。投加菌剂第2天开始进废水原料。根据发酵状况和沼气日产量，逐渐提高进料负荷。

3. 沼气工程的快速启动过程

沼气工程于2008年11月底完工，于2008年12月正式开始进料，投加5吨沼气发酵复合菌剂。同时通过发酵罐内部的蒸汽盘管加热，每天提高发酵罐温度2℃左右，最终达到35℃左右。

按发酵罐容积0.5‰，分7天向发酵罐中投加尿素、磷酸盐（过磷酸钙）、硫酸亚铁、微量金属等。每吨废水中各营养物质投加的重量如表1-11所示。在启动的第一个月中，由于反应器中污泥的浓度较低，且反应器内温度不高，每天升温2~5℃，逐渐使反应器内的温度升到35℃。期间进料体积由小到大，但视调试的具体情况具体调整。每次进料前将1‰营养物质按表1-11中的比例加入废水中。

表1-11　右旋糖苷废水沼气发酵添加营养物配方

常量营养物[1]			微量营养物[2]			
尿素	过磷酸钙	Fe	Zn	Mn	Ni	Co
1	1	1	10	10	2	2

注：1. 表中常量营养物是以化合物计，其单位为 kg/m^3（废水）。

2. 表中微量营养物是以元素计，其单位为 g/m^3（废水）。

4. 沼气工程快速启动效果

如图1-19所示，由于沼气工程在运行第15~22天时无法保证废水正常进料，且升温过程中温度不稳定等原因，工程运行调试的第一个月内进料体积不稳定。启动第二个月时，参与发酵的微生物数量和活性稳步增长，使废水负荷可以稳定提升，废水进料量从3 m^3 增加到12 m^3，沼气产量也从150 m^3 增加到950 m^3。发酵过程中的pH值6.8~7.2，原料产气率80 m^3（废水）/m^3（沼气）左右。启动第三个月时，日进水量提升至20 m^3，实现了满负荷运行，沼气日产量达到1 600 m^3，沼气工程完成启动并正常运行。

5. 快速启动的效益

沼气发酵关键功能微生物强化技术为沼气工程的启动提供了大量的高活性微生物，并加速了微生物的代谢，示范第77天即达到满负荷运行，实现了工程的快速启动，可完成全部废水的处理。工程完成启动后持续稳定运行，避免了对工厂周边农田和河流的污染，具有良好的生态效益。并且该工程达到了设计日产沼气1 000m^3 的预期目标，在废水原料有保障时可日产沼气1 600m^3。所产沼气全部用作锅炉燃料，替代了该厂1/3

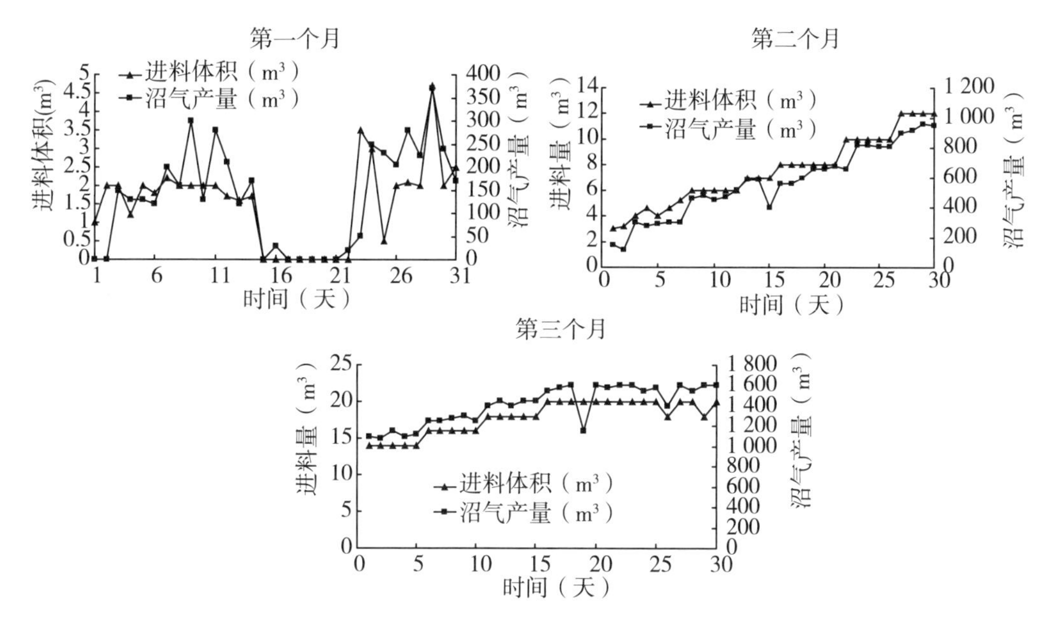

图 1-19　沼气工程启动过程中的运行负荷提升情况及沼气日产量

以上的天然气用量，取得了良好的经济效益。

参考文献

东秀珠 . 1993. 厌氧降解中互营产甲烷代谢机制的探讨［J］. 微生物学通报，20（1），36-42.

李刚，杨立中，欧阳峰 . 2001. 厌氧消化过程控制因素及 pH 和 Eh 的影响分析［J］. 西南交通大学学报，36（5），518-521.

梁银春，黄逸鑫，郭晓博，等 . 2016. 不同碳氮比对干法厌氧消化产沼气特性及细菌群落多样性的影响［J］. 环境工程学报，10（10），5 978-5 986.

刘鹏飞，陆雅海 . 2013. 水稻土中脂肪酸互营氧化的研究进展［J］. 微生物学通报，40（1），109-122.

宁静，朱葛夫，吕楠，等 . 2018. 碳氮比对猪粪与玉米秸秆混合厌氧消化产沼气性能的影响［J］. 农业工程学报，34（z1），93-98.

裴占江，刘杰，王粟，等 . 2015. pH 值调控对餐厨垃圾厌氧消化效率的影响［J］. 中国沼气，33（1），17-21.

沈飞，李汉广，钟斌，等 . 2017. 碳氮比对稻草和猪粪生物处理及厌氧消化的影响［J］. 环境科学学报，37（11），4 212-4 219.

夏涛，陈立伟，蔡天明，等 . 2009. 硫酸盐还原菌促进厌氧消化中丙酸转化的研究［J］. 环境科学与技术，32（5），40-44.

杨璐，张影，汤岳琴，等 . 2014. 温度对厨余垃圾高温厌氧消化及微生物群落的影响［J］. 应用与环境生物学报，20（4），704-711.

张杰，张晓东，肖林，等 . 2016. 沼气厌氧消化过程影响因素研究进展［J］. 山东科学，29（1），50-55.

张美霞，张盼月，吴丹，等 . 2015. pH 值对玉米秸秆厌氧消化产气的影响［J］. 环境工程学报，9（6），2 997-3 001.

张启，王晶，曹张军，等 . 2008. 嗜麦芽窄食单胞菌（*Stenotrophomonas maltophilia*）DHHJ 分解角蛋白的生化机制初探［J］. JOURNAL OF AGRICULTURAL UNIVERSITY OF HEBEI. 31（2）.

朱晓飞，张玲，赵平芝，王睿勇 . 2007. 链霉菌 B221 的角蛋白降解机制初探［J］. *Chinese Agricultural Science Bulletin*. 23（6）.

Abd Allah，A. T.，Wanas，M. Q.，Thompson，S. N. 1996. The effects of lead，cadmium，and mercury on the mortality and infectivity of Schistosoma mansoni cercariae［J］. *Journal of Parasitology*. 82（6），1 024-1 026.

Ahring，B. K.，Westermann，P. 1985. Sensitivity of thermophilic methanogenic bacteria to heavy metals［J］. *Current Microbiology*. 12（5），273-276.

Alber，B. E.，Ferry，J. G. 1994. A carbonic anhydrase from the archaeon *Methanosarcina thermophila*［J］. *Proceedings of the National Academy of Sciences*. 91（15），6 909-6 913.

Alves，M. M.，Vieira，J. A.，Pereira，R. M.，Pereira，M. A.，Mota，M. 2001. Effects of lipids and oleic acid on biomass development in anaerobic fixed-bed reactors. Part II：Oleic acid toxicity and biodegradability［J］. *Water Research*. 35（1），264-270.

Angelidaki，I.，Ellegaard，L.，Ahring，B. K. 2010. A mathematical model for dynamic simulation of anaerobic digestion of complex substrates：Focusing on ammonia inhibition［J］. *Biotechnology & Bioengineering*. 42（2），159-166.

Ariunbaatar，J.，Scotto，D. P. E.，Panico，A.，Frunzo，L.，Esposito，G.，Lens，P. N.，Pirozzi，F. 2015. Effect of ammoniacal nitrogen on one-stage and two-stage anaerobic digestion of food waste. *Waste Management*. 38（1），388-398.

Babich，H.，Stotzky，G. 1983. Toxicity of Nickel to Microbes：Environmental Aspects. *Advances in Applied Microbiology*. 29，195-265.

Barker, H. A. 1936. Studies upon the methane - producing bacteria. *Archiv. Mikrobiol.* 7 (1-5), 420-438.

Battistuzzi, F., Feijao, A., Hedges, S. B. 2004. A genomic timescale of prokaryote evolution: insights into the origin of methanogenesis, phototrophy, and the colonization of land. *BMC Evol. Biol.* 4 (1), 44.

Berg, L. V. D., Lamb, K. A., Murray, W. D., Armstrong, D. W. 2010. Effects of Sulphate, Iron and Hydrogen on the Microbiological Conversion of Acetic Acid to Methane. *Journal of Applied Microbiology.* 48 (3), 437-447.

Biavati, B., Vasta, M., Ferry, J. G. 1988. Isolation and characterization of "*Methanosphaera cuniculi*" sp. nov. *Appl. Environ. Microbiol.* 54 (3), 768-771.

Bock, A. -K., Prieger-Kraft, A., Schönheit, P. 1994. Pyruvate — a novel substrate for growth and methane formation in *Methanosarcina barkeri. Arch. Microbiol.* 161 (1), 33-46.

Borja, R., Sánchez, E., Durán, M. M. 1996a. Effect of the clay mineral zeolite on ammonia inhibition of anaerobic thermophilic reactors treating cattle manure. *Environmental Letters.* 31 (2), 479-500.

Borja, R., Sánchez, E., Weiland, P. 1996b. Influence of ammonia concentration on thermophilic anaerobic digestion of cattle manure in upflow anaerobic sludge blanket (UASB) reactors. *Process Biochemistry.* 31 (5), 477-483.

Borrel, G., Harris, H. M., Parisot, N., Gaci, N., Tottey, W., Mihajlovski, A., Deane, J., Gribaldo, S., Bardot, O., Peyretaillade, E., Peyret, P., O'Toole, P. W., Brugere, J. F. 2013a. Genome Sequence of " Candidatus Methanomassiliicoccus intestinalis" Issoire-Mx1, a Third Thermoplasmatales-Related Methanogenic Archaeon from Human Feces. *Genome Announcements.* 1 (4).

Borrel, G., Joblin, K., Guedon, A., Colombet, J., Tardy, V., Lehours, A. -C., Fonty, G. 2012. *Methanobacterium lacus* sp. nov., isolated from the profundal sediment of a freshwater meromictic lake. *Int. J. Syst. Evol. Microbiol.* 62 (Pt 7), 1 625-1 629.

Borrel, G., O'Toole, P. W., Harris, H. M. B., Peyret, P., Brugère, J. - F., Gribaldo, S. 2013b. Phylogenomic Data Support a Seventh Order of Methylotrophic Methanogens and Provide Insights into the Evolution of Methanogenesis. *Genome Biology and Evolution.* 5 (10), 1 769-1 780.

Brandelli, A., Daroit, D. J., Riffel, A. 2010. Biochemical features of microbial keratinases and their production and applications. *Appl Microbiol Biot*. 85 (6), 1 735-1 750.

Brandelli, A. 2008. Bacterial keratinases: useful enzymes for bioprocessing agroindustrial wastes and beyond. *Food and Bioprocess Technology*. 1 (2), 105-116.

Brown, C. T., Hug, L. A., Thomas, B. C., Sharon, I., Castelle, C. J., Singh, A., Wilkins, M. J., Wrighton, K. C., Williams, K. H., Banfield, J. F. 2015. Unusual biology across a group comprising more than 15% of domain Bacteria. *Nature*. 523 (7559), 208-U173.

Bräuer, S. L., Cadillo - Quiroz, H., Yashiro, E., Yavitt, J. B., Zinder, S. H. 2006. Isolation of a novel acidiphilic methanogen from an acidic peat bog. *Nature*. 442 (7099), 192.

Cadillo - Quiroz, H., Yavitt, J. B., Zinder, S. H. 2009. *Methanosphaerula palustris* gen. nov., sp. nov., a hydrogenotrophic methanogen isolated from a minerotrophic fen peatland. *Int. J. Syst. Evol. Microbiol*. 59 (5), 928-935.

Calli, B., Mertoglu, B., Inanc, B., Yenigun, O. 2005a. Effects of high free ammonia concentrations on the performances of anaerobic bioreactors. *Process Biochemistry*. 40 (3), 1 285-1 292.

Calli, B., Mertoglu, B., Inanc, B., Yenigun, O. 2005b. Methanogenic diversity in anaerobic bioreactors under extremely high ammonia levels. *Enzyme & Microbial Technology*. 37 (4), 448-455.

Cedrola, S. M. L., de Melo, A. C. N., Mazotto, A. M., Lins, U., Zingali, R. B., Rosado, A. S., Peixoto, R. S., Vermelho, A. B. 2012. Keratinases and sulfide from Bacillus subtilis SLC to recycle feather waste. *World Journal of Microbiology and Biotechnology*. 28 (3), 1 259-1 269.

Cheeseman, P., Toms - Wood, A., Wolfe, R. S. 1972. Isolation and Properties of a Fluorescent Compound, Factor420, from *Methanobacterium Strain* M. o. H. *J. Bacteriol*. 112 (1), 527-531.

Chen, Y., Cheng, J. J., Creamer, K. S. 2008. Inhibition of anaerobic digestion process: a review. *Bioresource Technology*. 99 (10), 4 044-4 064.

Cheng, L., Qiu, T. -L., Deng, Y., Zhang, H. 2006. Recent Advances in Anaerobic Microbiology of Petroleum Reservoirs. *Chinese Journal of Applied and Environmental Biology* (*in chinese*). 12 (5), 740-744.

Cheng, L., Qiu, T. -L., Yin, X. -B., Wu, X. -L., Hu, G. -Q., Deng, Y.,

Zhang, H. 2007. *Methermicoccus shengliensis* gen. nov., sp. nov., a thermophilic, methylotrophic methanogen isolated from oil-production water, and proposal of *Methermicoccaceae* fam. nov. *Int. J. Syst. Evol. Microbiol.* 57 (12), 2 964-2 969.

Cheng, S., Xing, D., Call, D. F., Logan, B. E. 2009. Direct Biological Conversion of Electrical Current into Methane by Electromethanogenesis. *Environ. Sci. Technol.* 43 (3 953-3 958).

Colleran, E., Pender, S., Philpott, U., O'Flaherty, V., Leahy, B. 1998. Full - scale and laboratory-scale anaerobic treatment of citric acid production wastewater. *Biodegradation.* 9 (3-4), 233-245.

Colleran, E., Pender, S. 2002. Mesophilic and thermophilic anaerobic digestion of sulphate-containing wastewaters. *Water Science & Technology A Journal of the International Association on Water Pollution Research.* 45 (10), 231-235.

Conrad, R., Erkel, C., Liesack, W. 2006. Rice Cluster I methanogens, an important group of Archaea producing greenhouse gas in soil. *Curr. Opin. Biotechnol.* 17 (3), 262-267.

Conrad, R. 2009. The global methane cycle: recent advances in understanding the microbial processes involved. *Environmental Microbiology Reports.* 1 (5), 285-292.

Costa, K. C., Leigh, J. A. 2014. Metabolic versatility in methanogens. *Curr. Opin. Biotechnol.* 29, 70-75.

Costa, K. C., Lie, T. J., Jacobs, M. A., Leigh, J. A. 2013. H2-independent growth of the hydrogenotrophic methanogen Methanococcus maripaludis. *MBio.* 4 (2).

Cuetos, M. J., Gómez, X., Otero, M., Morán, A. 2008. Anaerobic digestion of solid slaughterhouse waste (SHW) at laboratory scale: Influence of co-digestion with the organic fraction of municipal solid waste (OFMSW). *Biochemical Engineering Journal.* 40 (1), 99-106.

Daniels, L., Fuchs, G., Thauer, R. K., Zeikus, J. G. 1977. Carbon monoxide oxidation by methanogenic bacteria. *J Bacteriol.* 132 (1), 118-126.

Daroit, D. J., Brandelli, A. 2014. A current assessment on the production of bacterial keratinases. *Crit Rev Biotechnol.* 34 (4), 372-384.

Dejonghe, W., Boon, N., Seghers, D., Top, E. M., Verstraete, W. 2010. Bioaugmentation of soils by increasing microbial richness: missing links. *Environmental Microbiology.* 3 (10), 649-657.

Demirel, B., Scherer, P. 2008. The roles of acetotrophic and hydrogenotrophic methanogens during anaerobic conversion of biomass to methane: a review. *Reviews in Environmental Science and Bio/Technology*. 7 (2), 173-190.

Desvaux M. The cellulosome of *Clostridium cellulolyticum*. Enzyme and Microbial Technology, 2005, 37 (4): 373-385.

Diak, J., Örmeci, B., Kennedy, K. J. 2013. Effect of micro-aeration on anaerobic digestion of primary sludge under septic tank conditions. *Bioprocess and Biosystems Engineering*. 36 (4), 417-424.

Dolfing, J., Larter, S. R., Head, I. M. 2008. Thermodynamic constraints on methanogenic crude oil biodegradation. *ISME J*. 2, 442-452.

Dong, X., Chen, Z. 2012. Psychrotolerant methanogenic archaea: diversity and cold adaptation mechanisms. *Science China Life Sciences*. 55 (5), 415-421.

Dridi, B., Fardeau, M. - L., Ollivier, B., Raoult, D., Drancourt, M. 2012. *Methanomassiliicoccus luminyensis* gen. nov., sp. nov., a methanogenic archaeon isolated from human faeces. *Int. J. Syst. Evol. Microbiol.* 62 (Pt 8), 1 902-1 907.

Duran, M., Tepe, N., Yurtsever, D., Punzi, V. L., Bruno, C., Mehta, R. J. 2006. Bioaugmenting anaerobic digestion of biosolids with selected strains of Bacillus, Pseudomonas, and Actinomycetes species for increased methanogenesis and odor control. *Applied Microbiology & Biotechnology*. 73 (4), 960.

Evans, P. N., Parks, D. H., Chadwick, G. L., Robbins, S. J., Orphan, V. J., Golding, S. D., Tyson, G. W. 2015. Methane metabolism in the archaeal phylum Bathyarchaeota revealed by genome - centric metagenomics. *Science*. 350 (6259), 434-438.

Fan, L., Bize, A., Guillot, A., Monnet, V., Madigou, C., Chapleur, O., Mazéas, L., He, P., Bouchez, T. 2014. Metaproteomics of cellulose methanisation under thermophilic conditions reveals a surprisingly high proteolytic activity. *Isme Journal*. 8 (1), 88.

Fernandez, A. S., Hashsham, S. A., Dollhopf, S. L., Raskin, L., Glagoleva, O., Dazzo, F. B., Hickey, R. F., Criddle, C. S., Tiedje, J. M. 2000. Flexible Community Structure Correlates with Stable Community Function in Methanogenic Bioreactor Communities Perturbed by Glucose. *Appl Environ Microbiol*. 66 (9), 4 058-4 067.

Ferry, J. 2010. CO in methanogenesis. *Ann. Microbiol.* 60 (1), 1-12.

Ferry, J. G., Lessner, D. J. 2008. Methanogenesis in Marine Sediments. *Ann. NY. Acad. Sci.* 1125 (1), 147-157.

Ferry, J. G. 1999. Enzymology of one - carbon metabolism in methanogenic pathways. *FEMS Microbiol. Rev.* 23 (1), 13-38.

Fetzer, S., Conrad, R. 1993. Effect of redox potential on methanogenesis by *Methanosarcina barkeri*. *Arch. Microbiol.* 160 (2), 108-113.

Fischer, R., Thauer, R. 1989. Methyltetrahydromethanopterin as an intermediate in methanogenesis from acetate in*Methanosarcina barkeri*. *Arch. Microbiol.* 151 (5), 459-465.

Fotidis, I. A., Karakashev, D., Angelidaki, I. 2013. Bioaugmentation with an acetate-oxidising consortium as a tool to tackle ammonia inhibition of anaerobic digestion. *Bioresource Technology*. 146, 57-62.

Fotidis, I. A., Karakashev, D., Kotsopoulos, T. A., Martzopoulos, G. G., Angelidaki, I. 2012. Effect of ammonium and acetate on methanogenic pathway and methanogenic community composition. *Fems Microbiology Ecology*. 83 (1), 38-48.

Fotidis, I. A., Wang, H., Fiedel, N. R., Luo, G., Karakashev, D. B., Angelidaki, I. 2014. Bioaugmentation as a Solution To Increase Methane Production from an Ammonia-Rich Substrate. *Environmental Science & Technology*. 48 (13), 7669-7676.

Franzmann, P. D., Liu, Y., Balkwill, D. L., Aldrich, H. C., Conway de Macario, E., Boone, D. R. 1997. *Methanogenium frigidum* sp. nov., a psychrophilic, H_2 - using methanogen from Ace Lake, Antarctica. *Int. J. Syst. Evol. Microbiol.* 47 (4), 1 068-1 072.

Friedrich, A. B., Antranikian, G. 1996. Keratin Degradation by *Fervidobacterium pennavorans*, a Novel Thermophilic Anaerobic Species of the Order Thermotogales. *Appl Environ Microb*. 62 (8), 2 875-2 882.

Fu, S. -F., Wang, F., Shi, X. -S., Guo, R. -B. 2016. Impacts of microaeration on the anaerobic digestion of corn straw and the microbial community structure. *Chemical Engineering Journal*. 287, 523-528.

Garrity, G. M., Labeda, D. P., Oren, A. 2011. Judicial Commission of the International Committee on Systematics of Prokaryotes XIIth International (IUMS) Congress of Bacteriology and Applied Microbiology. *Int. J. Syst. Evol. Microbiol.* 61 (11), 2 775-2 780.

Grahame, D. A., DeMoll, E. 1996. Partial reactions catalyzed by protein components of the acetyl - CoA decarbonylase synthase enzyme complex from *Methanosarcina barkeri*. *J. Biol. Chem.* 271 (14), 8 352-8 358.

Grahame, D. A. 1991. Catalysis of acetyl-CoA cleavage and tetrahydrosarcinapterin methylation by a carbon monoxide dehydrogenase-corrinoid enzyme complex. *J. Biol. Chem.* 266 (33), 22 227-22 233.

Greben, H. A., Maree, J. P., Mnqanqeni, S. 2000. Comparison between sucrose, ethanol and methanol as carbon and energy sources for biological sulphate reduction. *Water Science & Technology*. 41 (12), 247-253.

Gupta, R., Rajput, R., Sharma, R., Gupta, N. 2013a. Biotechnological applications and prospective market of microbial keratinases. *Applied microbiology and biotechnology*. 97 (23), 9 931-9 940.

Gupta, R., Sharma, R., Beg, Q. K. 2013b. Revisiting microbial keratinases: next generation proteases for sustainable biotechnology. *Crit Rev Biotechnol*. 33 (2), 216-228.

Hansen, K. H., Angelidaki, I., Ahring, B. K. 1999. Improving thermophilic anaerobic digestion of swine manure. *Wat Res*. 33 (8), 1 805-1 810.

Harmsen, H. J., Van Kuijk, B. L., Plugge, C. M., Akkermans, A. D., De Vos, W. M., Stams, A. J. 1998. *Syntrophobacter fumaroxidans* sp. nov., a syntrophic propionate - degrading sulfate - reducing bacterium. *Int. J. Syst. Bacteriol.* 48 (4), 1 383-1 387.

Hashimoto, A. G. 1986. Ammonia inhibition of methanogenesis from cattle wastes ☆. *Agricultural Wastes*. 17 (4), 241-261.

Hedderich, R., Whitman, W. B. 2013. Physiology and biochemistry of the methane-producing archaea. in: *The Prokaryotes*, Springer, pp. 635-662.

Herrero, M., Stuckey, D. C. 2014. Bioaugmentation and its application in wastewater treatment: A review. *Chemosphere*. 140, 119.

Herrero, M., Stuckey, D. C. 2015. Bioaugmentation and its application in wastewater treatment: A review. *Chemosphere*. 140, 119-128.

Horne, A. J., Lessner, D. J. 2013. Assessment of the oxidant tolerance of Methanosarcina acetivorans. *FEMS Microbiol. Lett.* 343 (1), 13-19.

Hou, L., Ji, D., Zang, L. 2018. Inhibition of Anaerobic Biological Treatment: A Review. pp. 012006.

Huang, Y., Sun, Y., Ma, S., Chen, L., Zhang, H., Deng, Y. 2013. Isolation and characterization of*Keratinibaculum paraultunense* gen. nov., sp. nov., a novel thermophilic, anaerobic bacterium with keratinolytic activity. *Fems Microbiol Lett*. 345 (1), 56-63.

Huber, R., Kurr, M., Jannasch, H. W., Stetter, K. O. 1989. A novel group of abyssal methanogenic archaebacteria (*Methanopyrus*) growing at 110 °C. *Nature*. 342 (6251), 833–834.

Hungate, R. E. 1969. A roll – tube method for cultivation of strict anaerobes. *Methods. Microbiol.* 3B, 117–132.

Hwu, C. S., Donlon, B., Lettinga, G. 1996. Comparative toxicity of long–chain fatty acid to anaerobic sludges from various origins. *Water Science & Technology*. 34 (5–6), 351–358.

Hwu, C. S., Lettinga, G. 1997. Acute toxicity of oleate to acetate–utilizing methanogens in mesophilic and thermophilic anaerobic sludges. *Enzyme & Microbial Technology*. 21 (4), 297–301.

Hüster, R., Thauer, R. K. 1983. Pyruvate assimilation by *Methanobacterium thermoautotrophicum*. *FEMS Microbiol. Lett.* 19 (2–3), 207–209.

Iino, T., Tamaki, H., Tamazawa, S., Ueno, Y., Ohkuma, M., Suzuki, K. – i., Igarashi, Y., Haruta, S. 2013. Candidatus Methanogranum caenicola: a Novel Methanogen from the Anaerobic Digested Sludge, and Proposal of Methanomassiliicoccaceae fam. nov. and Methanomassiliicoccales ord. nov., for a Methanogenic Lineage of the Class Thermoplasmata. *Microbes and Environments*. 28 (2), 244–250.

Imachi, H., Sakai, S., Nagai, H., Yamaguchi, T., Takai, K. 2009. *Methanofollis ethanolicus* sp. nov., an ethanol – utilizing methanogen isolated from a lotus field. *Int. J. Syst. Evol. Microbiol.* 59 (4), 800–805.

Ionata, E., Canganella, F., Bianconi, G., Benno, Y., Sakamoto, M., Capasso, A., Rossi, M., La Cara, F. 2008. A novel keratinase from *Clostridium sporogenes* bv. *pennavorans* bv. nov., a thermotolerant organism isolated from solfataric muds. *Microbiol Res*. 163 (1), 105–112.

Jabłoński, S., Rodowicz, P., Łukaszewicz, M. 2015. Methanogenic archaea database containing physiological and biochemical characteristics. *Int. J. Syst. Evol. Microbiol.* 65 (Pt 4), 1 360–1 368.

Jarrell, K. F., Kalmokoff, M. L. 1988. Nutritional requirements of the methanogenic archaebacteria. *Canadian Journal of Microbiology*. 34 (5), 557–576.

Jetten, M. S. M., Stams, A. J. M., Zehnder, A. J. B. 1990. Acetate threshold values and acetate activating enzymes in methanogenic bacteria. *FEMS Microbiol. Ecol.* 6 (4), 339–344.

Jetten, M. S. M. , Stams, A. J. M. , Zehnder, A. J. B. 1992. Methanogenesis from acetate: a comparison of the acetate metabolism in *Methanothrix soehngenii* and *Methanosarcina* spp. *FEMS Microbiol. Lett.* 88 (3-4), 181-198.

Jindou S, Kajino T, Inagaki M, Karita S, Beguin P, Kimura T, Sakka K, Ohmiya K. Interaction between a Type-II Dockerin Domain and a Type-II Cohesin Domain from *Clostridium thermocellum* Cellulosome. Bioscience, Biotechnology, and Biochemistry, 2004, 68 (4): 924-926.

Kakiuchi M, Isui A, Suzuki K, Fujino T, Fujino E, Kimura T, Karita S, Sakka K, Ohmiya K. Cloning and DNA Sequencing of the Genes Encoding *Clostridium josui* Scaffolding Protein CipA and Cellulase CelD and Identification of Their Gene Products as Major Components of the Cellulosome. J Bacteriol, 1998, 180 (16): 4303-4308.

Karakashev, D. , Batstone, D. J. , Angelidaki, I. 2005b. Influence of Environmental Conditions on Methanogenic Compositions in Anaerobic Biogas Reactors. *Appl. Environ. Microbiol.* 71 (1), 331-338.

Kaster, A. K. , Moll, J. , Parey, K. , Thauer, R. K. 2011. Coupling of ferredoxin and heterodisulfide reduction via electron bifurcation in hydrogenotrophic methanogenic archaea. *Proceedings of the National Academy of Sciences.* 108 (7), 2 981-2 916.

Khanal, S. K. , Huang, J. C. 2003. ORP-based oxygenation for sulfide control in anaerobic treatment of high-sulfate wastewater. *Water Research.* 37 (9), 2 053-2 062.

Khanal, S. K. 2009. Anaerobic Biotechnology for Bioenergy Production: principles and applications. *Wiley-Blackwell.*

Kim, S. H. , Han, S. K. , Shin, H. S. 2004. Kinetics of LCFA inhibition on acetoclastic methanogenesis, propionate degradation and beta-oxidation. *Environmental Letters.* 39 (4), 1 025-1 037.

Korniłłowicz-Kowalska, T. , Bohacz, J. 2011. Biodegradation of keratin waste: Theory and practical aspects. *Waste Manage.* 31 (8), 1 689-1 701.

Krivushin, K. V. , Shcherbakova, V. A. , Petrovskaya, L. E. , Rivkina, E. M. 2009. *Methanobacterium veterum* sp. nov. , from ancient Siberian permafrost. *Int. J. Syst. Evol. Microbiol.* 60, 455-459.

Kroeker, E. J. , Schulte, D. D. , Sparling, A. B. , Lapp, H. M. 1979. Anaerobic Treatment Process Stability. *Journal.* 51 (4), 718-727.

Kublanov, I. , Bidjieva, S. K. , Mardanov, A. V. , Bonch - Osmolovskaya, E. A. 2009a. *Desulfurococcus kamchatkensis* sp. nov. , a novel hyperthermophilic protein-degrading archaeon isolated from a Kamchatka hot spring. *Int J Syst Evol Micr*. 59 (7), 1 743-1 747.

Kublanov, I., Tsiroulnikov, K., Kaliberda, E., Rumsh, L., Haertlé, T., Bonch-Osmolovskaya, E. 2009b. Keratinase of an anaerobic thermophilic bacterium *Thermoanaerobacter* sp. strain 1004-09 isolated from a hot spring in the Baikal Rift zone. *Microbiology*. 78 (1), 67-75.

Kulkarni, G., Kridelbaugh, D. M., Guss, A. M., Metcalf, W. W. 2009. Hydrogen is a preferred intermediate in the energy-conserving electron transport chain of *Methanosarcina barkeri*. *Proceedings of the National Academy of Sciences*. 106 (37), 159 15-159 20.

Kunert, J. 1976. Keratin decomposition by dermatophytes II. Presence of S-sulfocysteine and cysteic acid in soluble decomposition products. *Zeitschrift für allgemeine Mikrobiologie*. 16 (2), 97-105.

Kunert, J. 1989. Biochemical mechanism of keratin degradation by the actinomycete Streptomyces fradiae and the fungus Microsporum gypseum: a comparison. *Journal of basic microbiology*. 29 (9), 597-604.

Kurr, M., Huber, R., K? nig, H., Jannasch, H. W., Fricke, H., Trincone, A., Kristjansson, J. K., Stetter, K. O. 1991. *Methanopyrus kandleri*, gen. and sp. nov. represents a novel group of hyperthermophilic methanogens, growing at 110℃. *Arch. Microbiol.* 156 (4), 239-247.

Laanbroek, H. J., Geerligs, H. J., Sijtsma, L., Veldkamp, H. 1984. Competition for sulfate and ethanolamong desulfobacter, desulfobulbus, and desulfovibrio species isolated from intertidal sediments. *Appl Environ Microbiol*. 47 (2), 329-334.

Lamed R, Morag E, Mor-Yosef O, Bayer EA. Cellulosome-like entities in Bacteroides cellulosolvens. Current Microbiology, 1991, 22 (1): 27-33.

Lang, K., Schuldes, J., Klingl, A., Poehlein, A., Daniel, R., Brune, A. 2015. New Mode of Energy Metabolism in the Seventh Order of Methanogens as Revealed by Comparative Genome Analysis of "Candidatus Methanoplasma termitum". *Appl. Environ. Microbiol.* 81 (4), 1 338-1 352.

Lauerer, G., Kristjansson, J. K., Langworthy, T. A., König, H., Stetter, K. O. 1986. *Methanothermus sociabilis* sp. nov., a Second Species within the *Methanothermaceae* Growing at 97℃. *Syst. Appl. Microbiol.* 8 (1-2), 100-105.

Lessner, D. J., Li, L., Li, Q., Rejtar, T., Andreev, V. P., Reichlen, M.,

Hill, K., Moran, J. J., Karger, B. L., Ferry, J. G. 2006. An unconventional pathway for reduction of CO_2 to methane in CO-grown *Methanosarcina acetivorans* revealed by proteomics. *Proceedings of the National Academy of Sciences*. 103 (47), 17 921-17 926.

Li, L., Zheng, M., Ma, H., Gong, S., Ai, G., Liu, X., Li, J., Wang, K., Dong, X. 2015. Significant performance enhancement of a UASB reactor by using acyl homoserine lactones to facilitate the long filaments of *Methanosaeta harundinacea* 6Ac. *Appl. Microbiol. Biotechnol.* 99, 6 471-6 480.

Li, X. X., Mbadinga, S. M., Liu, J. F., Zhou, L., Yang, S. Z., Gu, J. D., Mu, B. Z. 2017a. Microbiota and their affiliation with physiochemical characteristics of different subsurface petroleum reservoirs. *Int. Biodeterior. Biodegrad.* 120, 170-185.

Li, Y., Zhang, Y., Sun, Y., Wu, S., Kong, X., Yuan, Z., Dong, R. 2017b. The performance efficiency of bioaugmentation to prevent anaerobic digestion failure from ammonia and propionate inhibition. *Bioresource technology*. 231, 94-100.

Lie, T. J., Costa, K. C., Lupa, B., Korpole, S., Whitman, W. B., Leigh, J. A. 2012. Essential anaplerotic role for the energy-converting hydrogenase Eha in hydrogenotrophic methanogenesis. *Proceedings of the National Academy of Sciences*. 109 (38), 15 473-15 478.

Lim, J. W., Chiam, J. A., Wang, J. -Y. 2014. Microbial community structure reveals how microaeration improves fermentation during anaerobic co-digestion of brown water and food waste. *Bioresource Technology*. 171, 132-138.

Linder M, Teeri TT. The roles and function of cellulose-binding domains. Journal of Biotechnology, 1997, 57 (1): 15-28.

Liu, M., Wang, S., Nobu, M. K., Bocher, B. T. W., Kaley, S. A., Liu, W. T. 2017. Impacts of biostimulation and bioaugmentation on the performance and microbial ecology in methanogenic reactors treating purified terephthalic acid wastewater. *Water Res.* 122, 308-316.

Liu, T., Sung, S. 2002. Ammonia inhibition on thermophilic aceticlastic methanogens. *Water Science & Technology*. 45 (10), 113-120.

Liu, Y., Whitman, W. B. 2008. Metabolic, Phylogenetic, and Ecological Diversity of the Methanogenic Archaea. *Ann. NY. Acad. Sci.* 1125 (1), 171-189.

Liu, Y. 2010a. *Methanobacteriales*. in: *Handbook of Hydrocarbon and Lipid Microbiology*, (Ed.) K. Timmis, Springer Berlin Heidelberg, pp. 559-571.

Liu, Y. 2010b. Methanococcales. in: *Handbook of Hydrocarbon and Lipid Microbiology*, (Ed.) K. Timmis, Springer Berlin Heidelberg, pp. 573-581.

Liu, Y. 2010c. *Methanomicrobiales*. in: *Handbook of Hydrocarbon and Lipid Microbiology*, (Ed.) K. Timmis, Springer Berlin Heidelberg, pp. 583-593.

Liu, Y. 2010d. Methanosarcinales. in: *Handbook of Hydrocarbon and Lipid Microbiology*, (Ed.) K. Timmis, Springer Berlin Heidelberg, pp. 595-604.

Lloyd, K. G., Alperin, M. J., Teske, A. 2011. Environmental evidence for net methane production andoxidation in putative ANaerobic MEthanotrophic (ANME) archaea. *Environmental Microbiology*. 13 (9), 2 548-2 564.

Locey, K. J., Lennon, J. T. 2016. Scaling laws predict global microbial diversity. *Proc. Natl. Acad. Sci. U. S. A.* 113 (21), 5 970-5 975.

Long, D. N., Manassa, P., Dawson, M., Fitzgerald, S. K. 2014. Oxidation reduction potential as a parameter to regulate micro-oxygen injection into anaerobic digester for reducing hydrogen sulphide concentration in biogas. *Bioresource Technology*. 173 (19), 443-447.

Lovley, D. R. 2017. Syntrophy Goes Electric: Direct Interspecies Electron Transfer. *Annu. Rev. Microbiol.* 71 (1), 643-664.

Lu, Y., Conrad, R. 2005. In Situ Stable Isotope Probing of Methanogenic Archaea in the Rice Rhizosphere. *Science*. 309 (5737), 1 088-1 090.

L' Haridon, S., Chalopin, M., Colombo, D., Toffin, L. 2014. *Methanococcoides vulcani* sp. nov., a marine methylotrophic methanogen that uses betaine, choline and N, N-dimethylethanolamine for methanogenesis, isolated from a mud volcano, and emended description of the genus *Methanococcoides*. *Int. J. Syst. Evol. Microbiol.* 64 (Pt 6), 1 978-1 983.

Martin-Ryals, A., Schideman, L., Li, P., Wilkinson, H., Wagner, R. 2015. Improving anaerobic digestion of a cellulosic waste via routine bioaugmentation with cellulolytic microorganisms. *Bioresource Technology*. 189, 62-70.

Mayer F, Coughlan MP, Mori Y, Ljungdahl LG. Macromolecular Organization of the Cellulolytic Enzyme Complex of *Clostridium thermocellum* as Revealed by Electron Microscopy. Applied and Environmental Microbiology, 1987, 53 (12): 2785-2792.

Mazotto, A. M., Coelho, R. R. R., Cedrola, S. M. L., de Lima, M. F., Couri, S., Paraguai de Souza, E., Vermelho, A. B. 2011. Keratinase Production by Three *Bacillus* spp. Using Feather Meal and Whole Feather as Substrate in a Submerged Fermentation. *Enzyme Research*. 2011.

McCalley, C. K., Woodcroft, B. J., Hodgkins, S. B., Wehr, R. A., Kim, E. H., Mondav, R., Crill, P. M., Chanton, J. P., Rich, V. I., Tyson, G. W., Saleska, S. R. 2014. Methane dynamics regulated by microbial community response to permafrost thaw. *Nature*. 514 (7523), 478-81.

McInerney, M. J., Struchtemeyer, C. G., Sieber, J., Mouttaki, H., Stams, A. J. M., Schink, B., Rohlin, L., Gunsalus, R. P. 2008. Physiology, Ecology, Phylogeny, and Genomics of Microorganisms Capable of Syntrophic Metabolism. *Ann. NY. Acad. Sci.* 1125 (1), 58-72.

Melbinger, N. R., Donnellon, J., Zablatzky, H. R. 1971. Toxic Effects of Ammonia Nitrogen in High-Rate Digestion [with Discussion]. *Journal*. 43 (8), 1 658-1 670.

Miller, T. L., Wolin, M. J. 1985. *Methanosphaera stadtmaniae* gen. nov., sp. nov.: a species that forms methane by reducing methanol with hydrogen. *Arch. Microbiol.* 141 (2), 116-122.

Min, H., Zinder, S. H. 1989. Kinetics of Acetate Utilization by Two Thermophilic Acetotrophic Methanogens: *Methanosarcina* sp. Strain CALS-1 and *Methanothrix* sp. Strain CALS-1. *Appl. Environ. Microbiol.* 55 (2), 488-491.

Mondav, R., Woodcroft, B. J., Kim, E. H., McCalley, C. K., Hodgkins, S. B., Crill, P. M., Chanton, J., Hurst, G. B., VerBerkmoes, N. C., Saleska, S. R., Hugenholtz, P., Rich, V. I., Tyson, G. W. 2014. Discovery of a novel methanogen prevalent in thawing permafrost. *Nature communications*. 5, 3 212.

Moosbrugger, R. E., Loewenthal, R. E., Marais, G. V. R. 1990. Pelletisation in a UASB system with protein (casein) as substrate. *Water Sa*. 16, 171-178.

Morris, B. E. L., Henneberger, R., Huber, H., Moissl - Eichinger, C. 2013. Microbial syntrophy: interaction for the common good. *FEMS Microbiol. Rev.* 37 (3), 384-406.

N, Boon., J, G., P, D. V., W, V., EM, T. 2000. Bioaugmentation of activated sludge by an indigenous 3 - chloroaniline - degrading Comamonas testosteroni strain, I2gfp.*Applied and environmental microbiology*. 66 (7), 2 906-2 913.

Nam, G. -W., Lee, D. -W., Lee, H. -S., Lee, N. -J., Kim, B. -C., Choe, E. -A., Hwang, J. -K., Suhartono, M. T., Pyun, Y. -R. 2002. Native - feather degradation by*Fervidobacterium islandicum* AW-1, a newly isolated keratinase-producing thermophilic anaerobe. *Arch Microbiol*. 178 (6), 538-547.

Newberry, C. J., Webster, G., Cragg, B. A., Parkes, R. J., Weightman, A. J., Fry, J. C. 2004. Diversity ofprokaryotes and methanogenesis in deep subsurface sediments from the Nankai Trough, Ocean Drilling Program Leg 190. *Environ. Microbiol.* 6 (3), 274-287.

Nguyen, D., Khanal, S. K. 2018. A little breath of fresh air into an anaerobic system: How microaeration facilitates anaerobic digestion process. *Biotechnology Advances*. 36 (7), S0734975018301459-.

Nielsen, H. B., Angelidaki, I. 2008. Strategies for optimizing recovery of the biogas process following ammonia inhibition. *Bioresource Technology*. 99 (17), 7 995-8 001.

Nielsen, H. B., Mladenovska, Z., Ahring, B. K. 2007. Bioaugmentation of a two-stage thermophilic (68 degrees C/55 degrees C) anaerobic digestion concept for improvement of the methane yield from cattle manure. *Biotechnology & Bioengineering*. 97 (6), 1 638-1 643.

Nolling J, Breton G, Omelchenko MV, Makarova KS, Zeng Q, Gibson R, Lee HM, Dubois JA, Qiu D, Hitti J. Genome Sequence and Comparative Analysis of the Solvent- Producing Bacterium *Clostridium acetobutylicum*. Journal of Bacteriology, 2001, 183 (16): 4823-4838.

Nzila, A., Razzak, S. A., Zhu, J. 2016. Bioaugmentation: An Emerging Strategy of Industrial Wastewater Treatment for Reuse and Discharge. *International journal of environmental research and public health*. 13 (9).

Offre, P., Spang, A., Schleper, C. 2013. Archaea in biogeochemical cycles. *Annual Review Microbiology*. 67, 437-457.

Oren, A. 2014a. The Family Methanobacteriaceae. in: *The Prokaryotes*, (Eds.) E. Rosenberg, E. DeLong, S. Lory, E. Stackebrandt, F. Thompson, Springer Berlin Heidelberg, pp. 165-193.

Oren, A. 2014b. The Family Methanosarcinaceae. in: *The Prokaryotes*, (Eds.) E. Rosenberg, E. DeLong, S. Lory, E. Stackebrandt, F. Thompson, Springer Berlin Heidelberg, pp. 259-281.

Oren, A. 2014c. The Family Methanotrichaceae. in: *The Prokaryotes*, (Eds.) E. Rosenberg, E. DeLong, S. Lory, E. Stackebrandt, F. Thompson, Springer Berlin Heidelberg, pp. 297-306.

O'Brien, J. M., Wolkin, R. H., Moench, T. T., Morgan, J. B., Zeikus, J. G. 1984. Association of hydrogen metabolism with unitrophic or mixotrophic growth of

Methanosarcina barkeri on carbon monoxide. *J Bacteriol*. 158 (1), 373-375.

O'Flaherty, V., Mahony, T. Ć., O'Kennedy, R., Colleran, E. 1998. Effect of pH on growth kinetics and sulfide toxicity thresholds of a range of methanogenic, syntrophic, and sulfate-reducing bacteria. *Process Biochemistry*. 33 (5), 555-569.

Paul, K., Nonoh, J. O., Mikulski, L., Brune, A. 2012. ‘*Methanoplasmatales*’: *Thermoplasmatales*-related archaea in termite guts and other environments are the seventh order of methanogens. *Appl. Environ. Microbiol.* 78 (23), 8 245-8 253.

Peng, X., Börner, R. A., Nges, I. A., Liu, J. 2014. Impact of bioaugmentation on biochemical methane potential for wheat straw with addition of Clostridium cellulolyticum. *Bioresource Technology*. 152 (1), 567-571.

Pitk, P., Palatsi, J., Kaparaju, P., Fernández, B., Vilu, R. 2014. Mesophilic co-digestion of dairy manure and lipid rich solid slaughterhouse wastes: process efficiency, limitations and floating granules formation. *Bioresource Technology*. 166 (8), 168-177.

Prakash, P., Jayalakshmi, S. K., Sreeramulu, K. 2010. Purification and characterization of extreme alkaline, thermostable keratinase, and keratin disulfide reductase produced by *Bacillus halodurans* PPKS-2. *Appl Microbiol Biot*. 87 (2), 625-633.

Preeti, R. P., Seenayya, G. 1994. Improvement of methanogenesis from cow dung and poultry litter waste digesters by addition of iron. *World Journal of Microbiology & Biotechnology*. 10 (2), 211-214.

Rahayu, S., Syah, D., Thenawidjaja Suhartono, M. 2012. Degradation of keratin by keratinase and disulfide reductase from*Bacillus* sp. MTS of Indonesian origin. *Biocatalysis and Agricultural Biotechnology*.

Ramnani, P., Gupta, R. 2007. Keratinases vis-à-vis conventional proteases and feather degradation. *World Journal of Microbiology and Biotechnology*. 23 (11), 1 537-1 540.

Ramnani, P., Singh, R., Gupta, R. 2005. Keratinolytic potential of *Bacillus licheniformis* RG1: structural and biochemical mechanism of feather degradation. *Can J Microbiol*. 51 (3), 191-196.

Ramsay, I. R., Pullammanappallil, P. C. 2001. Protein degradation during anaerobic wastewater treatment: derivation of stoichiometry. *Biodegradation*. 12 (4), 247-257.

Resch, C., Wörl, A., Waltenberger, R., Braun, R., Kirchmayr, R. 2011. Enhancement options for the utilisation of nitrogen rich animal by-products in anaerobic digestion. *Bioresource Technology*. 102 (3), 2 503-2 510.

Riessen, S., Antranikian, G. 2001. Isolation of Thermoanaerobacter keratinophilus sp. nov., a novel thermophilic, anaerobic bacterium with keratinolytic activity. *Extremophiles*. 5 (6), 399-408.

Riffel, A., Brandelli, A., Bellato, C. M., Souza, G. H. M. F., Eberlin, M. N., Tavares, F. C. A. 2007. Purification and characterization of a keratinolytic metalloprotease from*Chryseobacterium* sp. kr6. *J Biotechnol*. 128 (3), 693-703.

Rincon MT, Ding SY, McCrae SI, Martin JC, Aurilia V, Lamed R, Shoham Y, Bayer EA, Flint HJ. Novel Organization and Divergent Dockerin Specificities in the Cellulosome System of *Ruminococcus flavefaciens*. Journal of Bacteriology, 2003, 185 (3): 703-713.

Rinzema, A., Alphenaar, A., Lettinga, G. 2010. The effect of lauric acid shock loads on the biological and physical performance of granular sludge in UASB reactors digesting acetate. *Journal of Chemical Technology & Biotechnology Biotechnology*. 46 (4), 257-266.

Rotaru, A. -E., Shrestha, P. M., Liu, F., Markovaite, B., Chen, S., Nevin, K. P., Lovley, D. R. 2014a. Direct Interspecies Electron Transfer between Geobacter metallireducens and Methanosarcina barkeri. *Appl. Environ. Microbiol.* 80 (15), 4 599-4 605.

Rotaru, A. - E., Shrestha, P. M., Liu, F., Shrestha, M., Shrestha, D., Embree, M., Zengler, K., Wardman, C., Nevin, K. P., Lovley, D. R. 2014b. A new model for electron flow during anaerobic digestion: direct interspecies electron transfer to *Methanosaeta* for the reduction of carbon dioxide to methane. *Energy & Environmental Science*. 7 (1), 408-415.

Rother, M., Metcalf, W. W. 2004. Anaerobic growth of *Methanosarcina acetivorans* C2A on carbon monoxide An unusual way of life for a methanogenic archaeon. *Proceedings of the National Academy of Sciences*. 101 (48), 16 929-16 934.

Rothman, D. H., Fournier, G. P., French, K. L., Alm, E. J., Boyle, E. A., Cao, C., Summons, R. E. 2014. Methanogenic burst in the end-Permian carbon cycle. *Proceedings of the National Academy of Sciences*. 111 (15), 5 462-5 467.

S, E. F., SN, A. 2005. Is bioaugmentation a feasible strategy for pollutant removal and site remediation? *Current Opinion in Microbiology*. 8 (3), 268-275.

Sakai, S., Conrad, R., Imachi, H. 2014. The Family Methanocellaceae. in: *The Prokaryotes*, (Eds.) E. Rosenberg, E. DeLong, S. Lory, E. Stackebrandt, F.

Thompson, Springer Berlin Heidelberg, pp. 209–214.

Sakai, S., Imachi, H., Sekiguchi, Y., Ohashi, A., Harada, H., Kamagata, Y. 2007. Isolation of Key Methanogens for Global Methane Emission from Rice Paddy Fields: a Novel Isolate Affiliated with the Clone Cluster Rice Cluster I. *Appl. Environ. Microbiol.* 73 (13), 4 326–4 331.

Salminen, E., Rintala, J. 2002. Anaerobic digestion of organic solid poultry slaughterhouse waste--a review. *Bioresour Technol.* 83 (1), 13–26.

Saravanane, R., Dvs, K. K. M. 2001. Bioaugmentation and treatment of cephalexin drug- based pharmaceutical effluent in an upflow anaerobic fluidized bed system. *Bioresource Technology.* 76 (3), 279–281.

Schauergimenez, A. E., Zitomer, D. H., Maki, J. S., Struble, C. A. 2010. Bioaugmentation for improvedrecovery of anaerobic digesters after toxicant exposure. *Water research.* 44 (12), 3 555–3 564.

Scheller, S., Goenrich, M., Boecher, R., Thauer, R. K., Jaun, B. 2010. The key nickel enzyme of methanogenesis catalyses the anaerobic oxidation of methane. *Nature.* 465 (7298), 606–608.

Schink, B. 1997. Energetics of syntrophic cooperation in methanogenic degradation. *Microbiol. Mol. Biol. Rev.* 61 (2), 262–280.

Schlegel, K., Leone, V., Faraldo-Gomez, J. D., Muller, V. 2012. Promiscuous archaeal ATP synthase concurrently coupled to Na+and H+translocation. *Proceedings of the National Academy of Sciences.* 109 (3), 947–952.

Schloss, P. D., Girard, R. A., Martin, T., Edwards, J., Thrash, J. C. 2016. Status of the Archaeal and Bacterial Census: an Update. *mBio.* 7 (3).

Schmidt, O., Hink, L., Horn, M. A., Drake, H. L. 2016. Peat: home to novel syntrophic species that feed acetate-and hydrogen-scavenging methanogens. *ISME J.* 10, 1 954–1 966.

Schnellen, C. G. T. P. 1947. Onderzoekingen over de methaangisting, Vol. Ph. D, TU Delft, Delft University of Technology, pp. 138.

Schulz, K., Hunger, S., Brown, G. G., Tsai, S. M., Cerri, C. C., Conrad, R., Drake, H. L. 2015. Methanogenic food web in the gut contents of methane-emitting earthworm Eudrilus eugeniae from Brazil. *ISME J.* 9 (8), 1 778–1 792.

Shen, L., Zhao, Q. C., Wu, X., Li, X. Z., Li, Q. B., Wang, Y. P. 2016. Interspecies electron transfer in syntrophic methanogenic consortia: From cultures to bioreactors. *Renewable and Sustainable Energy Reviews*. 54, 1 358-1 367.

Shin, H., Kim, S. H., Le, C. Y., Nam, S. Y. 2003. Inhibitory effects of long-chain fatty acids on VFA degradation and beta-oxidation. *Water Science & Technology A Journal of the International Association on Water Pollution Research*. 47 (10), 139.

Sieber, J. R., Le, H. M., McInerney, M. J. 2014. The importance of hydrogen and formate transfer for syntrophic fatty, aromatic and alicyclic metabolism. *Environ. Microbiol.* 16 (1), 177-188.

Sieber, J. R., McInerney, M. J., Gunsalus, R. P. 2012. Genomic Insights into Syntrophy: The Paradigm for Anaerobic Metabolic Cooperation. *Annu. Rev. Microbiol.* 66 (1), 429-452.

Sieber, J. R., McInerney, M. J., Müller, N., Schink, B., Gunsalus, R. P., Plugge, C. M. 2018. Methanogens: Syntrophic Metabolism. in: *Biogenesis of Hydrocarbons*, (Eds.) A. J. M. Stams, D. Sousa, Springer International Publishing. Cham, pp. 1-31.

Simankova, M. V., Parshina, S. N., Tourova, T. P., Kolganova, T. V., Zehnder, A. J., Nozhevnikova, A. N. 2001. *Methanosarcina lacustris* sp. nov., a new psychrotolerant methanogenic archaeon from anoxic lake sediments. *Syst. Appl. Microbiol.* 24 (3), 362-367.

Singer, A. C., Cj, V. D. G., Thompson, I. P. 2005. Perspectives and vision for strain selection in bioaugmentation. *Trends in Biotechnology*. 23 (2), 74-77.

Slesarev, A. I., Mezhevaya, K. V., Makarova, K. S., Polushin, N. N., Shcherbinina, O. V., Shakhova, V. V., Belova, G. I., Aravind, L., Natale, D. A., Rogozin, I. B. 2002. The complete genome of hyperthermophile Methanopyrus kandleri AV19 and monophyly of archaeal methanogens. *Proceedings of the National Academy of Sciences*. 99 (7), 4 644.

Smith, K. S., Ingram-Smith, C. 2007. *Methanosaeta*, the forgotten methanogen? *Trends Microbiol.* 15 (4), 150-155.

Sorokin, D. Y., Abbas, B., Geleijnse, M., Kolganova, T. V., Kleerebezem, R., van Loosdrecht, M. C. M. 2016. Syntrophic associations from hypersaline soda lakes converting organic acids and alcohols to methane at extremely haloalkaline conditions. *Environ. Microbiol.* 18 (9), 3 189-3 202.

Sorokin, D. Y., Abbas, B., Merkel, A. Y., Rijpstra, W. I., Damste, J. S., Sukhacheva, M. V., van Loosdrecht, M. C. 2015. *Methanosalsum natronophilum* sp. nov. , and *Methanocalculus alkaliphilus* sp. nov. , haloalkaliphilic methanogens from hypersaline soda lakes. *Int. J. Syst. Evol. Microbiol.* 65 (10), 3 739-3 745.

Sousa, D. Z. , Smidt, H. , Alves, M. M. , Stams, A. J. M. 2009. Ecophysiology of syntrophic communities that degrade saturated and unsaturated long - chain fatty acids. *FEMS Microbiol. Ecol.* 68 (3), 257-272.

Stams, A. J. M. , Plugge, C. M. 2009. Electron transfer in syntrophic communities of anaerobic bacteria and archaea. *Nature Reviews Microbiology.* 7 (8), 568-577.

Steenbakkers PJM, Li XL, Ximenes EA, Arts JG, Chen H, Ljungdahl LG, Op den Camp HJM. Noncatalytic Docking Domains of Cellulosomes of Anaerobic Fungi. Journal of Bacteriology, 2001, 183 (18): 5325-5333.

Steenbakkers PJM, Ubhayasekera W, Goossen HJ, van Lierop EM, van der Drift C, Vogels GD, Mowbray SL, Den Camp HJO. An intron-containing glycoside hydrolase family 9 cellulase gene encodes the dominant 90 kDa component of the cellulosome of the anaerobic fungus *Piromyces* sp. strain E2. Biochem J, 2002, 365: 193-204.

Strapoć, D. , Mastalerz, M. , Dawson, K. , Macalady, J. , Callaghan, A. V. , Wawrik, B. , Turich, C. , Ashby, M. 2011. Biogeochemistry of Microbial Coal-Bed Methane. *Annual Review of Earth and Planetary Sciences.* 39 (1), 617-656.

Suzuki, Y. , Tsujimoto, Y. , Matsui, H. , Watanabe, K. 2006. Decomposition of extremely hard-to-degrade animal proteins by thermophilic bacteria. *J Biosci Bioeng.* 102 (2), 73-81.

Takai, K. , Nakamura, K. , Toki, T. , Tsunogai, U. , Miyazaki, M. , Miyazaki, J. , Hirayama, H. , Nakagawa, S. , Nunoura, T. , Horikoshi, K. 2008. Cell proliferation at 122℃ and isotopically heavy CH_4 production by a hyperthermophilic methanogen under high - pressure cultivation. *Proceedings of the National Academy of Sciences.* 105 (31), 10 949-10 954.

Tale, V. , Maki, J. , Zitomer, D. 2015. *Bioaugmentation of overloaded anaerobic digesters restores function and archaeal community.*

Tang, Y. , Shigematsu, T. , Morimura, S. , Kida, K. 2005. Microbial community analysis of mesophilic anaerobic protein degradation process using bovine serum albumin (BSA) -fed continuous cultivation. *J. Biosci. Bioeng.* 99 (2), 150-164.

Tarnocai, C. , Canadell, J. G. , Schuur, E. A. G. , Kuhry, P. , Mazhitova, G. , Zimov, S. 2009. Soil organic carbon pools in the northern circumpolar permafrost region. *Global Biogeochemical Cycles.* 23 (2), n/a-n/a.

Tersteegen, A., Hedderich, R. 1999. *Methanobacterium thermoautotrophicum* encodes two multisubunit membrane-bound [NiFe] hydrogenases. Transcription of the operons and sequence analysis of the deduced proteins. *Eur. J. Biochem.* 264 (3), 930-943.

Thauer, R. K., Kaster, A. -K., Seedorf, H., Buckel, W., Hedderich, R. 2008. Methanogenic archaea: ecologically relevant differences in energy conservation. *Nat. Rev. Microbiol.* advanced online publication.

Thauer, R. K. 1998. Biochemistry of methanogenesis: a tribute to Marjory Stephenson. *Microbiology.* 144 (9), 2 377-2 406.

Thauer, R. K. 2012. The Wolfe cycle comes full circle. *Proceedings of the National Academy of Sciences.* 109 (38), 15 084-15 085.

Thompson, I. P., Cj, V. D. G., Ciric, L., Singer, A. C. 2010. Bioaugmentation for bioremediation: the challenge of strain selection. *Environmental Microbiology.* 7 (7), 909-915.

Thys, R., Lucas, F., Riffel, A., Heeb, P., Brandelli, A. 2004. Characterization of a protease of a feather - degrading Microbacterium species. *Lett Appl Microbiol.* 39 (2), 181-186.

Tong, Z., Liu, L. L., Song, Z. L., Ren, G. X., Feng, Y. Z., Han, X. H., Yang, G. H. 2013. Biogas production by co-digestion of goat manure with three crop residues. *Plos One.* 8 (6), e66845.

Tormo J, Lamed R, Chirino AJ, Morag E, Bayer EA, Shoham Y, Steitz TA. Crystal structure of a bacterial family-III cellulose-binding domain: a general mechanism for attachment to cellulose. Embo J, 1996, 15 (21): 5739-5751.

Town, J. R., Dumonceaux, T. J. 2016. Laboratory - scale bioaugmentation relieves acetate accumulation and stimulates methane production in stalled anaerobic digesters. *Applied Microbiology and Biotechnology.* 100 (2), 1 009-1 017.

Tsiroulnikov, K., Rezai, H., Bonch-Osmolovskaya, E., Nedkov, P., Gousterova, A., Cueff, V., Godfroy, A., Barbier, G., Métro, F., Chobert, J. -M. 2004. Hydrolysis of the amyloid prion protein and nonpathogenic meat and bone meal by anaerobic thermophilic prokaryotes and *Streptomyces* subspecies. *J Agr Food Chem.* 52 (20), 6 353-6 360.

Tung, H. C., Bramall, N. E., Price, P. B. 2005. Microbial origin of excess methane in glacial ice and implications for life on Mars. *Proc. Natl. Acad. Sci. U. S. A.* 102 (51), 18 292-18 296.

Ueno, Y., Yamada, K., Yoshida, N., Maruyama, S., Isozaki, Y. 2006. Evidence from fluid inclusions for microbial methanogenesis in the early Archaean era. *Nature*. 440 (7083), 516.

Venkiteshwaran, K., Milferstedt, K., Hamelin, J., Zitomer, D. H. 2016. Anaerobic digester bioaugmentation influences quasi steady state performance and microbial community. *Water research*. 104, 128-136.

Wang, M., Tomb, J. F., Ferry, J. G. 2011. Electron transport in acetate-grown Methanosarcina acetivorans. *BMC Microbiol*. 11, 165.

Watkins, A. J., Roussel, E. G., Parkes, R. J., Sass, H. 2014. Glycine betaine as a direct substrate for methanogens (*Methanococcoides* spp.). *Appl. Environ. Microbiol*. 80 (1), 289-293.

Watkins, A. J., Roussel, E. G., Webster, G., Parkes, R. J., Sass, H. 2012. Choline and N, N - Dimethylethanolamine as Direct Substrates for Methanogens. *Appl. Environ. Microbiol*. 78 (23), 8 298-8 303.

Welte, C., Deppenmeier, U. 2011. Membrane - Bound Electron Transport in *Methanosaeta thermophila*. *J. Bacteriol*. 193 (11), 2 868-2 870.

Welte, C., Deppenmeier, U. 2014. Bioenergetics and anaerobic respiratory chains of aceticlastic methanogens. *Biochimica et Biophysica Acta (BBA) - Bioenergetics*. 1837 (7), 1 130-1 147.

Westermann, P., Ahring, B. K., Mah, R. A. 1989. Threshold Acetate Concentrations for Acetate Catabolism by Aceticlastic Methanogenic Bacteria. *Appl. Environ. Microbiol*. 55 (2), 514-515.

Whitman, W. B., Coleman, D. C., Wiebe, W. J. 1998. Prokaryotes: The unseen majority. *Proc. Natl. Acad. Sci. U. S. A*. 95 (12), 6 578-6 583.

Widdel, F., Rouvière, P. E., Wolfe, R. S. 1988. Classification of secondary alcohol-utilizing methanogens including a new thermophilic isolate. *Arch. Microbiol*. 150 (5), 477-481.

Widdel, F. 1986. Growth of Methanogenic Bacteria in Pure Culture with 2-Propanol and Other Alcohols as Hydrogen Donors. *Appl. Environ. Microbiol*. 51 (5), 1 056-1 062.

Wilson CA, Wood TM. The anaerobic fungus *Neocallimastix frontalis*: isolation and properties of a cellulosome-type enzyme fraction with the capacity to solubilize hydrogen-bond-ordered cellulose, Applied Microbiology and Biotechnology, 1992, 37 (1): 125-129.

Wittmann, C., Zeng, A. P., Deckwer, W. D. 1995. Growth inhibition by ammonia and use of a pH-controlled feeding strategy for the effective cultivation of Mycobacterium chlorophenolicum. *Applied Microbiology & Biotechnology*. 44 (3-4), 519-525.

Wolfe, R. S. 1979. Methanogens: a surprising microbial group. *Antonie. Leeuwenhoek*. 45 (3), 353-364.

Wu, L. J., Kobayashi, T., Kuramochi, H., Li, Y. Y., Xu, K. Q., Lv, Y. 2018. High loading anaerobic co-digestion of food waste and grease trap waste: Determination of the limit and lipid/long chain fatty acid conversion. *Chemical Engineering Journal*. 338, 422-431.

Xu Q, Bayer EA, Goldman M, Kenig R, Shoham Y, Lamed R. Architecture of the Bacteroides cellulosolvens Cellulosome: Description of a Cell Surface-Anchoring Scaffoldin and a Family 48 Cellulase. Journal of Bacteriology, 2004, 186 (4): 968-977.

Yamamura, S., Morita, Y., Hasan, Q., Yokoyama, K., Tamiya, E. 2002. Keratin degradation: a cooperative action of two enzymes from *Stenotrophomonas* sp. *Biochem Biophys Res Commun*. 294 (5), 1 138-1 143.

Yang, Y.-L., Ladapo, J., Whitman, W. 1992. Pyruvate oxidation by *Methanococcus* spp. *Arch. Microbiol*. 158 (4), 271-275.

Yang, Z., Guo, R., Xu, X., Wang, L., Dai, M. 2016. Enhanced methane production via repeated batchbioaugmentation pattern of enriched microbial consortia. *Bioresource Technology*. 216, 471-477.

Yarza, P., Yilmaz, P., Pruesse, E., Gloeckner, F. O., Ludwig, W., Schleifer, K. - H., Whitman, W. B., Euzeby, J., Amann, R., Rossello - Mora, R. 2014. Uniting the classification of cultured and uncultured bacteria and archaea using 16S rRNA gene sequences. *Nat. Rev. Microbiol*. 12 (9), 635-645.

Yu, F. B., Ali, S. W., Guan, L. B., Li, S. P., Shan, Z. 2010. Bioaugmentation of a sequencing batch reactor with Pseudomonas putida ONBA-17, and its impact on reactor bacterial communities. *Journal of Hazardous Materials*. 176 (1), 20-26.

Yu, R., Harmon, S., Blank, F. 1968. Isolation and purification of an extracellular keratinase of Trichophyton mentagrophytes. *J Bacteriol*. 96 (4), 1 435.

Z, Yu., WW, Mohn. 2002. Bioaugmentation with the resin acid-degrading bacterium Zoogloea resiniphila DhA-35 to counteract pH stress in an aerated lagoon treating pulp and paper mill effluent. *Water research*. 36 (11), 2 793-2 801.

Zhang, G., Jiang, N., Liu, X., Dong, X. 2008a. Methanogenesis from Methanol at

Low Temperature by a Novel Psychrophilic Methanogen, *Methanolobus psychrophilus* sp. nov., prevalent in Zoige Wetland of Tibetan Plateau. *Appl. Environ. Microbiol.* 74 (19), 6 114–6 120.

Zhang, G., Tian, J., Jiang, N., Guo, X., Wang, Y., Dong, X. 2008b. Methanogen community in Zoige wetland of Tibetan plateau and phenotypic characterization of a dominant uncultured methanogen cluster ZC-I. *Environ. Microbiol.* 10 (7), 1 850–1 860.

Zhang, G., Zhang, F., Ding, G., Li, J., Guo, X., Zhu, J., Zhou, L., Cai, S., Liu, X., Luo, Y., Zhang, G., Shi, W., Dong, X. 2012. Acyl homoserine lactone-based quorum sensing in a methanogenic archaeon. *ISME J.* 6, 1 336–1 344.

Zhang, J., Guo, R.-B., Qiu, Y.-L., Qiao, J.-T., Yuan, X.-Z., Shi, X.-S., Wang, C.-S. 2015a. Bioaugmentation with an acetate-type fermentation bacterium Acetobacteroides hydrogenigenes improves methane production from corn straw. *Bioresource Technology.* 179, 306–313.

Zhang, J., Guo, R. B., Qiu, Y. L., Qiao, J. T., Yuan, X. Z., Shi, X. S., Wang, C. S. 2015b. Bioaugmentation with an acetate-type fermentation bacterium Acetobacteroides hydrogenigenes improves methane production from corn straw. *Bioresource Technology.* 179 (1), 306–313.

Zhang, Y., Zamudio Cañas, E. M., Zhu, Z., Linville, J. L., Chen, S., He, Q. 2011. Robustness of archaeal populations in anaerobic co-digestion of dairy and poultry wastes. *Bioresource Technology.* 102 (2), 779–785.

Zhilina, T. N., Zavarzina, D. G., Kevbrin, V. V., Kolganov, T. V. 2013. *Methanocalculus natronophilus* sp. nov., a new alkaliphilic hydrogenotrophic methanogenic archaeon from a soda lake, and proposal of the new family *Methanocalculaceae*. *Mikrobiologiia.* 82 (6), 698–706.

Zhou, W., Imai, T., Ukita, M., Li, F., Yuasa, A. 2007. Effect of limited aeration on the anaerobic treatment of evaporator condensate from a sulfite pulp mill. *Chemosphere.* 66 (5), 924–929.

第二章　工艺与技术

沼气发酵技术是指利用废弃物生产沼气的原理及方法，是在长期研发、生产实践过程中积累起来的知识、经验、技巧和手段。技术应具备明确的使用范围和被其他人认知的形式和载体，如原材料（输入）、产成品（输出）、工艺、工具、设备、设施、标准、规范、指标、计量方法等。沼气发酵工艺是指人们利用各类装置、设施、工具对发酵原材进行处理，最终使之转化成为沼气、沼渣、沼液的方法与过程。工艺是技术的一种。利用废弃物生产沼气的整个工艺过程中，包括原料预处理、储存、进料、沼气发酵、沼气净化与储存、沼渣沼液储存与利用等环节。沼气发酵，也称厌氧消化，是整个沼气生产系统的核心，经过几代人的研发与应用，形成了不同的工艺。

第一节　传统沼气发酵工艺

传统沼气发酵工艺又称低速沼气发酵池或低速消化池，消化池内没有加热和搅拌装置。因为没有搅拌，进料中底物与反应器中微生物的接触不充分，池内污泥产生分层现象，只有部分容积起到分解有机物的作用，液面形成浮渣层、池底容积主要用于熟污泥的储存和浓缩。此外，系统内没有足够的微生物，特别是产甲烷微生物。传统消化池也没有人工加热设施，温度随环境温度变化而变化，所以消化速率很低，消化时间长，根据温度不同，一般原料在池内停留时间需要60~100天。水压式沼气池、推流式沼气池和覆膜式氧化塘可归为传统沼气发酵工艺。

一、水压式沼气池

水压式沼气池是应用最多的传统沼气发酵工艺，也是我国推广最早、数量最多的沼气池。整个沼气池建于畜禽舍地面或其附近地面以下。水压式沼气池由发酵间、储气间、进料口、水压间、出料口、导气管等组成。大多发酵间为圆柱形、池底为平底，也有池底向中心或出料口倾斜。未产气或发酵间与大气相通时，进料管、发酵间、水压间的料液在同一水平面上。发酵间上部储气间完全封闭后，微生物分解原料如人畜粪污，产生的沼气上升到储气间，随着沼气的积聚，沼气压力不断增加，当储气间沼气压力超过大气压力时，便将发酵间内料液压往进料管和水压间，发酵间液位下降，进料管和水压间液位上升，产生了液位差，由于液位差而使储气间内的沼气保持一定的压力。用气时，沼气从导气管排出，进料管和水压间的料液流回发酵间，这时，进料管和水压间液位下降，发酵间液位上升，液位差减少，相应地沼气压力变小。产气太少时，如果发酵间产生的沼气小于用气需要，则发酵间液位将逐渐与进料管和水压间液位持平，最后压差消失，沼气停止输出。水压式沼气池产生的沼气，其压力随着进料管、水压间与发酵间液位差的变化而变化，因此，用气时压力不稳定。水压式沼气池示意图见图 2-1。

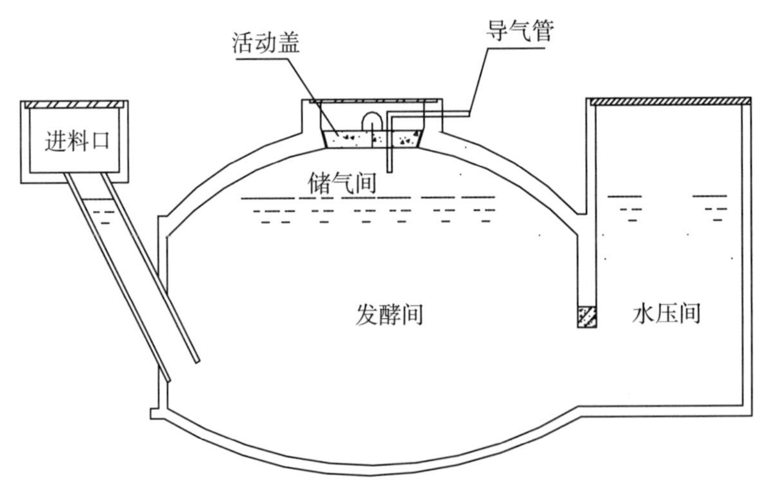

图 2-1　水压式沼气池示意图

水压式沼气池各组成部分的功能与作用如下。

1. 进料间

进料间是新鲜沼气发酵原料聚集场所及原料入口，通常情况下可采用盖板将其覆盖。一般用斜管将进料间和发酵间连接，以方便进料。进料口下端开口位置的下沿在池底到气箱顶盖的 1/2左右处。太高，会减少气箱容积的体积；太低，新投入的原料不易进入发酵间的中心部位。进料口的大小根据原料的特性和沼气池的体积确定，一般不宜过大。

2. 发酵间和储气间

发酵间和储气间是一个整体，是水压式沼气池的核心。池体下部是发酵间，上部是储气间。发酵间的功能是产生沼气，发酵原料中的有机物被沼气发酵微生物转化为沼气。发酵间产生的沼气逸出后，上升到储气间，储气间的功能是储存沼气。在正常运行过程中，发酵间的液面是变动的，所以发酵间和储气间的体积也是变动的。发酵间和储

气间的总容积一般称作水压式沼气池的有效容积。

3. 水压间

水压间也是出料间，与发酵间在底部连通。水压间作用，一是排出沼渣沼液，二是在产气时储存发酵间和储气间压出的发酵料液；在用气时，水压间提供回流料液，为用气提供压力。水压式沼气池是通过“气压水”的过程来储存沼气，所以水压间需要有较大的容积来储存料液，进而使储气间内可以储存更多的沼气。

4. 活动盖板

活动盖板设置在池盖的顶部，中间插有导气管，一般为扁平的瓶塞状，多采用圆形反盖板。活动盖的作用：一是使沼气池密封；二是通过导气管将产生的沼气导出沼气池，供农户使用；三是在沼气池大换料或维修时作为原料或维修工人的进出口；四是沼气池内压力过高时，活动盖板可被气压迸出，可作为沼气池的一种压力保护装置。

水压式沼气池适合散养户以及小规模养猪场、养牛场粪污的处理，单个沼气池的容积不宜超过 300 m^3。设计沼气池内正常气压 ≤8 000 Pa，采用浮罩储气时，可选≤4 000 Pa。为了满足灶前压力，沼气池压力应 ≥2 000 Pa。经多年试验和生产验证，当满足发酵工艺要求和正常使用管理的条件下，容积产气率在 0. 15～0. 30 m^3/（m^3. d），一般取 0. 2 m^3/（m^3. d）。

水压式沼气池在使用过程中，通过不断的研究与实践探索，在基本池型（图 2-1）的基础上，开发了多种新池型，如圆筒形沼气池、椭球形沼气池、曲流布料沼气池、旋流布料沼气池、强回流沼气池、分离浮罩式沼气池等。

水压式沼气池具有以下优点。

① 省工省料，建造成本比较低；② 建于地下，自流进出料，不用动力；③ 管理简单，操作方便；④ 沼气池周围都与土壤接触，具有保温作用；⑤ 结构简单，不易堵塞。

水压式沼气池存在以下缺点。

① 没有搅拌装置，容易产生分层，液面上形成很厚的浮渣层，进一步板结结壳，妨碍气体顺利逸出，池底部积累沉渣，很难及时排出，占据沼气池有效容积，降低沼气池处理废弃物生产沼气的效率；② 微生物与料液中有机物接触不充分，沼气池中间的清液含有较高的溶解态有机污染物，但是难以与底层的厌氧活性污泥接触，因此，处理效果较差；③ 微生物容易流失，系统没有足够微生物，特别是产甲烷细菌；④ 沼气气压不稳定，反复变化，对池体强度和灯具、灶具燃烧效率的稳定与提高都有不利影响；⑤ 效率低，负荷只有 0. 15～1. 0 kgTS/（m^3. d）。

二、推流式沼气池

推流式沼气池，也称推塞流式厌氧反应器（（Plug Flow Reactor，简称 PFR），是一种长方形的非完全混合式反应器。发酵原料从一端进入，从另一端排出。由于沼气的产生，呈现垂直的搅拌作用，而横向搅拌作用很小，原料在厌氧反应器的流动成活塞式推移状态。发酵后的料液借助于新鲜料液的推动作用而排走。进料端呈现较强的水解酸化作用，甲烷的产生随着向出料方向的流动而增强。推流式沼气池可以是卧式，也可以是立式。卧式是最常用的结构形式，见图 2-2。在实际工程中，也有沿反应器中物料运动方向，间隔一定距离设置机械搅拌。因为微生物会随出料排除，不容易保留，反应器中微生物仅靠废弃物带入以及废弃物降解过程新产生的微生物，所以要进行固体的回流。推流式沼气池是一种微生物生长依赖型厌氧反应器，效率低于微生物滞留型反应器，因此产气效率较低。推流式沼气池容易分层，即池底形成沉渣，表面形成浮渣。如果反应器内发酵物浓度高可以部分防止分层。必须定期排出池内沉渣和浮渣，但是沉渣和浮渣排除比较困难，清渣期间需要停工，花费也比较大，而且有安全隐患。推流式沼气池通常通过循环热水在池内加热，但是，循环热水管道会使定期清渣变得复杂。

推流式沼气池常用于含少量泥沙的高浓度奶牛粪便的沼气发酵，许多固体废弃物干发酵也常常采用推流式反应器。这种反应器在我国奶牛场粪污处理沼气工程中应用较多，如现代牧业集团基本上都是采用这种反应器处理牛场粪污。现代牧业集团牛场粪污处理沼气工程中，标准沼气池单体容积 2 500 m^3，已建成并投人使用的单个牧场共建有 16 个 2 500 m^3 的沼气池，合计总容积达到了 40 000 m^3。采用地下推流式、中温发酵（温度在 35~38℃），进料浓度 8%~10%。投入使用的单个发酵池每天可产沼气 1 750~2 000 m^3，16 个发酵池可日产沼气 28 000~30 000 m^3，甲烷浓度为 45%~55%（陈红波，2012）。推流式沼气池也常常用于干式沼气发酵，其进料总固体（TS）含量大于等于 20%。

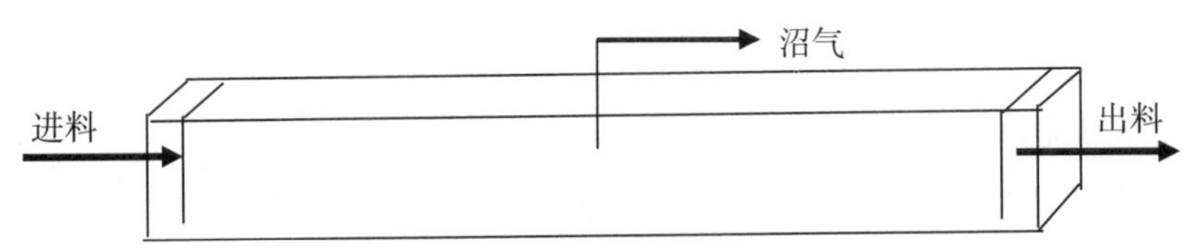

图 2-2　推流式厌氧反应器示意图

推流式沼气池优点：适合含有高浓度悬浮固体的原料，尤其适用于牛粪的厌氧消化，固体含量可以达到 12%；池形结构简单，运行方便，故障少，稳定性较高；造价较低。

推流式沼气池缺点：产气效率较低；固形物容易沉淀到池底，影响反应器的有效体积，使水力停留时间（HRT）和固体停留时间（SRT）降低；沼气池体积比较大，高度低，占地面积大，池内难以保持一致的温度；易产生厚的结壳；清理费用较高。

三、覆膜式氧化塘

覆膜式氧化塘在中国也称为黑膜沼气池，就是厌氧塘上部用气密性好的高分子膜密封，下部装水部分敷设防渗材料，池深5~8m（图2-3）。粪污类沼气发酵原料从塘的一端进入，从塘另一端排出，也可以采用多点进料、多点出料的方式进出料。整个系统在常温下运行，有机物降解速度随季节温度变化而变化。因为反应温度低，有机物的转化速率也比较低。固态物质容易下沉，只能在底部污泥床进行分解。没有搅拌装置，有机物与的微生物接触不充分。另外，污泥容易随出水排出，污泥浓度低，进而产气率低。因此，整个塘的利用效率低，占地大，覆膜式氧化塘主要用于处理低浓度的冲洗污水，进入系统之前需要进行固液分离，尽量去除固态物质，产气潜力高的物质被去除，总的产气量不高。近年来，覆膜式氧化塘在猪场废水、牛场废水处理以及沼液的储存领域有较多应用。覆膜式氧化塘的最大优点是造价低，建造1m^{3}的覆膜式氧化塘造价在50~60元，另外一个优点是能利用地热，浙江一个工程的温度测试表明，每日进水、出水温差为2.0~6.7℃，冬季出水温度比进水温度高3~4℃，比气温高4~8℃（朱飞虹等，2014）。废水在塘中水力停留时间长，有机污染物净化比较彻底。但是，覆膜式氧化塘的缺点也很明显，整个工程总的造价并不低，低的造价优势也会被低的沼气产量和大的占地抵消；出渣困难，需要定期清塘，清理费用也比较高；底部膜破损污染地下水；顶部膜破损，泄漏沼气，存在较大的安全隐患。

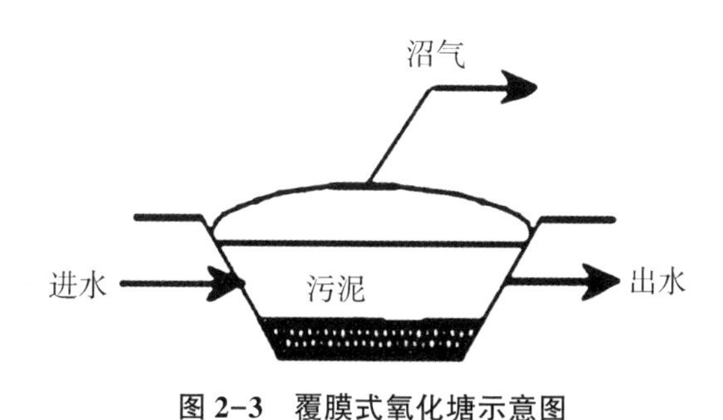

图2-3　覆膜式氧化塘示意图

第二节　第二代沼气发酵工艺

第二代沼气发酵装置内设搅拌装置，以提高底物与微生物的接触效果；也设有保温增温设施，确保发酵温度，提高微生物活性。通过污泥回流、填料附着等措施将固体停留时间与水力停留时间分离，其固体停留时间可以长达上百天，水力停留时间从第一代沼气发酵工艺的几天或几十天缩短到几小时或几天。第二代沼气发酵工艺主要包括完全混合式厌氧反应器、厌氧接触工艺、厌氧滤池、上流式污泥床、厌氧挡板反应器、上流式固体反应器等。一些文献根据固体停留时间与水力停留时间是否分离以及水力停留时间长短将完全混合式厌氧反应器、厌氧接触工艺归为第一代厌氧反应器（王凯军，1998；迟文涛等，2004）。实际上从沼气生产效率看，完全混合式厌氧反应器、厌氧接触工艺与厌氧滤池、上流式污泥床、厌氧挡板反应器、上流式固体反应器没有明显差异，明显优于传统消化池，如水压式沼气池、覆膜式氧化塘等。因此，本书将完全混合式厌氧反应器、厌氧接触工艺归为第二代厌氧反应器。

一、完全混合式厌氧反应器

完全混合式厌氧反应器（CSTR）是在传统消化池内采用搅拌技术，加强微生物与底物的传质效果。这一技术措施和以前出现的加热措施，使消化池生化反应速率大大提高。CSTR 最初用于污泥消化，其后发展到处理畜禽粪便、餐厨垃圾、能源植物以及工业废水等，适合处理 TS 2%~12%的废水（液）。

在完全混合式厌氧反应器系统中，原料连续或间歇进入消化池，与消化池内污泥混合，有机物在厌氧微生物作用下降解并产生沼气，经过消化后的发酵残余物和沉渣分别由底部和上部排出，所产的沼气则从顶部排出（图 2-4）。为了使微生物和原料均匀接触，并使产生的沼气气泡及时逸出，需要设搅拌装置，定期搅拌池内的消化液，一般情况下，每隔 2~4h 搅拌一次。在出料时，通常停止搅拌，排出上清液时尽量少带走污泥。如果进行中温和高温发酵时，需要对料液进行加热。可在池内设置换热盘管进行加热或池外采用热交换器加热。完全混合式厌氧反应器也称为高速厌氧消化池，中温条件容积负荷可达 3~5kgCOD/(m^3·d)，容积产气率 1~1.2m^3/(m^3·d)；高温下，容积负荷达 6~8 kgCOD/(m^3·d)，容积产气率 1.5~2.5m^3/(m^3·d)（韩芳 & 林聪，2011）。

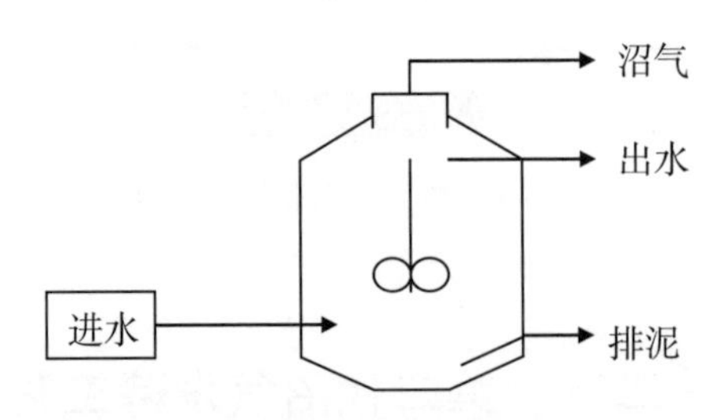

图 2-4 完全混合式厌氧反应器示意图

在我国，完全混合式厌氧反应器大多采用立式圆柱形，有效高度 6~35 m，高与直径之比宜为 0.8~1.0。罐顶采用圆锥壳，倾角 15~25°，底部采用倒圆锥壳或削球形球壳，池底坡度 8%，池顶中部设集气罩，高度与直径相同，常采用 1.0~2.0 m。集气罩通过管道与储气柜直接连通，防止产生负压。罐内正常工作液位与圆柱部分墙顶之间的距离宜为0.3~0.5 m。为了防止罐内压力（正压、负压）超过设计压力以及罐顶遭到破坏，罐顶应装设正负压保护器或罐顶下沿设保护溢流管。

搅拌混合是完全混合式厌氧反应器的关键，针对不同的原料和进料浓度，有不同的搅拌方式。

1. 水力搅拌

水力搅拌通过设在反应器外的水泵将料液从反应器中部抽出，再从底部或上部泵入消化池，有些消化池内设有导流筒或射流器，由水泵压送的混合物经射流器喷射或从导流筒流出，在喉管处或导流筒内造成真空，吸进一部分池中的消化液，形成较为强烈的搅拌。这种搅拌方法使用的设备简单、维修方便。但容易引起短流，搅拌效果较差，一般用于消化低固体原料的厌氧反应器。为了使消化液完全混合，需要较大的流量。水力搅拌需要的功率为5~8 W/m^3。

2. 沼气搅拌

沼气搅拌是将沼气从反应器内或储气柜内抽出，通过鼓风机将沼气再压回反应器内，当沼气在反应器料液中释放时，由其升腾作用造成的抽吸卷带作用带动反应器内料液循环流动。沼气搅拌的主要优点是反应器内液位变化对搅拌功能的影响很小，反应器内无活动的设备零件，故障少，搅拌力大，作用范围广。由于以上优点，国外一些大型污水处理厂污泥消化广泛采用这种搅拌方式。但是，在进料浓度较高的条件下，气体搅拌难以达到良好的混合效果，在高固体物料厌氧消化中难以采用。沼气搅拌需要的功率为5~10 W/m^3。

由于需要防爆风机以及阻火器、过滤器、安全阀等复杂的安全设施，气体搅拌在粪污、工业有机废水处理工程中几乎没有采用。

3. 机械搅拌

通过反应器内设置带桨叶的搅拌器进行搅拌，当电机带动桨叶旋转时，推动导流筒内料液垂直移动，并带动反应器内料液循环流动。机械搅拌有垂直桨式搅拌器、倾斜轴桨式搅拌器和潜水搅拌器。机械搅拌的优点是低速运行、作用半径大，搅拌效果好。缺点是搅拌轴通过装置罐顶或侧壁时需要设置气密性设施，另外，长纤维杂物容易缠绕桨叶。机械搅拌需要的功率较低，一般为2~5 W/m^3。

4. 复合搅拌

复合搅拌是气体搅拌、机械搅拌和水力搅拌的组合，在搅拌混合高浓度固形物料液的基础上，还增加了去除复浮渣的功能。沼气工程中有采用机械搅拌和水力搅拌组合的复合搅拌，以增加破除浮渣和沉渣的能力。

由于先进、高效沼气发酵反应器的出现，完全混合式厌氧反应器在溶解性废水厌氧处理中的应用越来越少。但是在酒精废水、畜禽粪污、餐厨垃圾、秸秆、污泥、混合原料，高悬浮物有机废水、难降解有机废水的沼气发酵中，仍然是主流工艺，适合处理TS浓度2%~12%的发酵原料。欧洲为80%~90%的农业废弃物处理沼气工程采用CSTR工艺（邓良伟，2007；2008）。我国北京有21.1%的农业废弃物处理沼气工程采用CSTR工艺（唐雪梦等，2012），山东有10.9%，福建有12.35%（徐庆贤等，2010），全国调研结果表明，有27.3%的农业废弃物处理沼气工程采用CSTR工艺（刘刈）。我国特大型农业废弃物处理沼气工程，如蒙牛澳亚国际示范牧场大型沼气发电工程（韩芳&林聪，2011）、北京德青源农业科技股份有限公司健康养殖生态园鸡粪处理沼气工程（蓝天等，2009），山东民和牧业股份有限公司鸡粪处理沼气工程（李倩等，2009）都是采用CSTR工艺。

完全混合式厌氧反应器（CSTR）具有以下特点。

① 设有搅拌系统，可使料液和沼气发酵微生物充分混合，提高生化反应速率。同时，搅拌也避免了进料未经发酵产气就排出池外；②沼气发酵装置立于地面，容易排出污泥（沼渣）；③ 设有加热保温装置，通过加热和保温的协同作用提升消化温度，可以改进产气效率；④ 用泵进出料和排放污泥机械化运作，方便了操作，大大减轻了工人的劳动强度；⑤ 完全混合式厌氧反应器具有完全混合的流态，反应器内繁殖起来的微生物会随出料溢流而排出，不能滞留微生物，因此，反应器中的污泥浓度低，只有5 g MLSS/L左右。特别是在短水力停留时间和低浓度投料的情况下，则会出现严重的污泥流失问题，所以完全混合式厌氧反应器必须要求较长水力停留时间（HRT）来维持反应器的稳定运行，一般HRT 15~30 d，负荷仍然较低，反应器体积大。

二、厌氧接触工艺

厌氧接触工艺是对完全混合式厌氧反应器的改进，主要措施是在消化池后增设沉淀池沉淀污泥，并将沉淀的污泥回流到消化池，保证消化池内维持较高浓度的污泥（图2-5）。厌氧接触工艺类似好氧生物工艺中的活性污泥法，因此也称为厌氧活性污泥法。厌氧接触工艺通过污泥回流提高了消化池内污泥浓度，从而可提高消化池的有机容积负荷和处理效率，缩短污水在消化池内的水力停留时间，可减少装置容积，通过出水沉淀，也提高了出水水质。

厌氧接触工艺将发酵反应与污泥沉淀两个单元过程分离。大多数情况下，在消化池与污泥沉淀单元之间还设置脱气单元。消化池排出的混合液经过脱气后，首先在沉淀池中进行泥水分离，上清液由沉淀池上部排出。污泥沉淀主要采用竖流式沉淀池或斜板沉淀池。沉淀、浓缩的污泥大部分回流至消化池，少部分作剩余污泥排出，用作其他沼气工程接种物或再进行处理或处置。污泥回流可提高消化池内污泥浓度，沉淀分离可减少出水悬浮物浓度，改善出水水质和提高回流污泥的浓度。污泥回流比通常为进料的

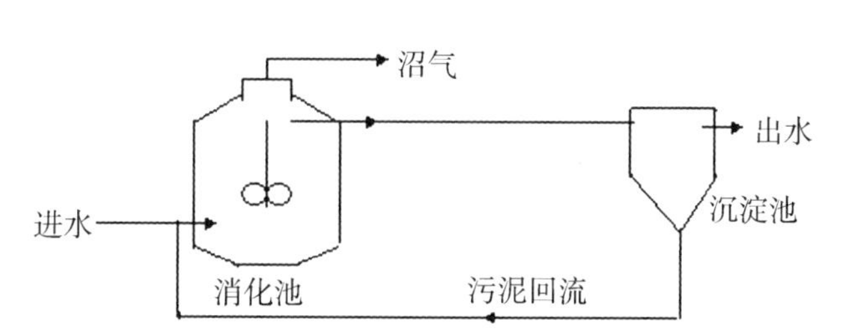

图 2-5　厌氧接触工艺示意图

80%~100%。不同厌氧接触工艺的主要区别在于消化池的搅拌、脱气单元以及污泥沉淀池的差异。

厌氧接触工艺主要用于悬浮物较高的中等浓度有机废水的沼气发酵，在我国，主要用于酒精废水（罗刚，等，2008）、猪场废水（蒲小东等，2009）、豆制品废水（毛燕芳，2011），化工废水（许劲等，2011），榨菜加工废水（许劲等，2012），生活污水（陈和平等，2008）的处理，也有将厌氧接触作为上流式污泥床（UASB）的前处理工艺（李瑞霞，2016）。在实际工程运行中，一些操作人员很少甚至不回流沉淀的厌氧污泥，这时，厌氧接触工艺实际相当于完全混合式厌氧反应器。

厌氧接触工艺的优点。

①适合处理中等浓度有机废水；② 通过污泥回流，增加了消化池污泥浓度，其挥发性悬浮物（VSS）一般为 5~10 g/L，耐冲击能力较强；③ 容积负荷比完全混合式厌氧反应器高，对 COD 浓度 2 000~20 000 mg/L 的废水，中温条件下，如果反应器中污泥浓度维持在 5~10 gVS/L，COD 容积负荷可达 2~6 kgCOD/（m^3.d），COD 浓度 20 000~80 000 mg/L 的废水，在反应器中污泥浓度 20~30 gVS/L 的条件下，COD 容积负荷可达 5~10 kgCOD/（m^3.d）。COD 去除率 70%~80%，BOD_5 去除率可到 80%~90%。

厌氧接触工艺的缺点。

① 增设沉淀池、污泥回流系统，流程较复杂；② 污泥沉降困难，影响出水水质、降低回流污泥的浓度。消化池排出的活性污泥吸附着微小的沼气气泡，仅靠重力作用很难进行固液分离，有相当一部分污泥上漂至水面，随水外流。另外，进入沉淀池的污泥仍有产甲烷菌在活动，并产生沼气，使已沉下的污泥上翻。

目前主要采用搅拌、真空脱气、加混凝剂或者超滤膜代替沉淀池等方法，提高泥水分离效果。

三、厌氧滤池

厌氧滤池是一种内部填充微生物载体（填料）的厌氧生物反应器。厌氧微生物部分附着生长在填料上，形成厌氧生物膜；部分微生物在填料空隙呈悬浮状态。厌氧滤池之所以称为高速厌氧反应器，关键在于采用了生物固定化技术，使污泥（微生物）在反应器内的停留时间（SRT）极大地延长。在保持同样处理效果时，SRT的提高可以大大缩短废水的水力停留时间（HRT），从而减少反应器容积，或在相同反应器容积时增加处理的原料量。采用生物固定化技术延长SRT，将SRT和HRT分离的研发思路推动了新一代高速厌氧反应器的发展。厌氧滤池的另一技术措施是在反应器底部设置布水装置，提高微生物与底物的传质效果。料液从底部通过布水装置均匀进入反应器，在填料表面附着的与填料截留的大量微生物的作用下，将料液中的有机物降解转化成沼气（甲烷与二氧化碳），沼气从反应器顶部排出，被收集利用，净化后的出料通过排水设备排至池外（图2-6）。反应器中的生物膜也不断新陈代谢，脱落的生物膜随出水带出，因此厌氧滤池后面需要设置沉淀分离装置。

影响厌氧生物滤池的运行的重要因素是填料。填料是附着微生物的载体，应具备比表面积大、孔隙率高、表面粗糙、化学及生物学稳定性强以及机械强度高等特性。厌氧滤池早期采用碎石、卵石等填料，由于碎石、卵石填料的比表面积较小（40~50 m^2/m^3）、孔隙率低（50%~60%），附着的生物膜较少，生物固体的浓度不高，有机负荷较低，运行中易发生堵塞。其后一般都采用塑料填料，如鲍尔环、空心球、波纹板、蜂窝填料和弹性填料等，塑料填料的比表面积和孔隙率都大，如波纹板滤料的比表面积为100~200 m^2/m^3，孔隙率达80%~90%，有机负荷高，且不容易发生堵塞现象。

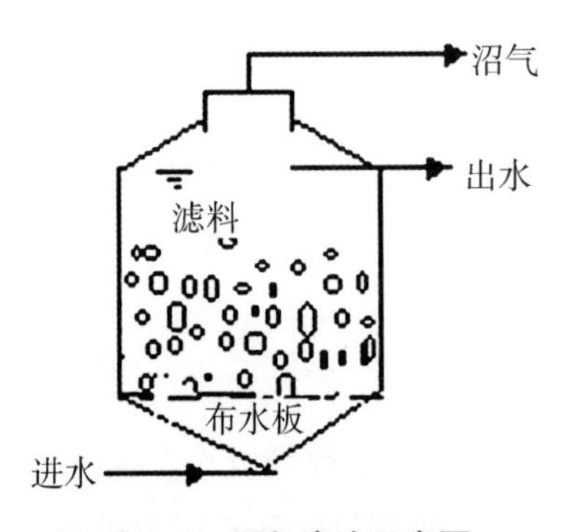

图2-6 厌氧滤池示意图

1. 厌氧生物滤池的类型

根据不同的进水方式，厌氧滤池可分为上流式和下流式。

在上流式厌氧生物滤池中，进料从底部进入，向上流动通过填料层，处理后出料从滤池顶部的旁侧流出。微生物大部分以生物膜的形式附着在填料表面，少部分以厌氧活性污泥的形式存在于填料的间隙中，它的生物总量比降流式厌氧生物滤池高，因此效率高。上流式生物滤池底部容易堵塞，污泥沿高度方向分布不均匀。通过出料回流的方法

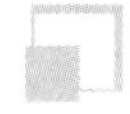

可降低进料浓度，提高水流上升速度。上流式厌氧滤池平面形状一般为圆形，直径为6~26 m，高度为3~13 m。

降流式厌氧滤池中，布水系统设于池顶，进料从顶部均匀向下直流到底部，产生的沼气向上流动可起一定的搅拌作用，降流式厌氧滤池不需要复杂的配水系统，反应器不易堵塞，但固体沉积在滤池底部会给操作带来一定的困难。

传统的厌氧生物滤池进水均采用上流式。

2. 厌氧滤池的特点

特别适合处理溶解性有机废水，和其他厌氧处理工艺相比，厌氧滤池更适合处理浓度较低的废水。

微生物固体停留时间长，一般超过100 d，厌氧污泥浓度可达10~20 gVSS/L。

对水量、水质变动抵抗能力强。

启动时间短，停止运行后再启动比较容易。

运行管理简单、容易操作。

有机负荷高，一般为0.1~15 kgCOD/（m^3·d），处理浓度低的废水，采用低负荷。当水温为25~35℃时，使用块状填料，容积负荷可达3~6 kg COD/（m^3·d），比普通消化池高2~3倍。使用塑料填料，负荷可提高至5~10 kg COD/（m^3·d）。一般情况下，COD去除率可达80%以上。

容易发生堵塞，特别是底部。当采用块状填料时，进水中SS含量一般不超过200 mg/L。

当厌氧滤池中污泥浓度过高时，易发生短流现象。

使用大量填料，增加成本。

国内对厌氧滤池的研究始于20世纪70年代末期。先后在农药废水（徐波 & 许翔，2004）、垃圾渗滤液（韩纪军 & 汪晓军，2012）、精对苯二甲酸（PTA）废水（王富兴 &王国栋，2012）、乳制品废水（赵雪莲等，2011）、植物油废水（孙春玲等，2006）、屠宰加工废水（陈星 & 刘士军，2016）、石油化工废水（王国栋，2017）、生活污水（沈泰峰，2011）处理工程中得到了大量应用。

为了避免堵塞，在滤池中上部保持一填料薄层，成为部分填充填料的UASB—AF反应器（UBF）。此后国内的注意力大多集中于部分装填填料的UASB—AF（UBF）的研究，对厌氧滤池的研究逐渐减少。

四、上流式污泥床

上流式厌氧污泥床（UASB）是一种在反应器中培养形成颗粒污泥，并在上部设置气、固、液三相分离器的厌氧生物处理反应器。反应器的底部具有浓度高、沉降性能良好的颗粒污泥，称污泥床。待处理的进料从反应器的下部进入污泥床，污泥中的微生物分解进料中的有机物，转化生成沼气。沼气以微小气泡形式不断放出，微小气泡在上升过程中，不断合并，逐渐形成较大的气泡，在进水以及产生的沼气的搅动下，反应器中上部的污泥处于悬浮状态，形成一个浓度较稀薄的污泥悬浮层。气、固、液混合液进入三相分离器的沉淀区后，料液中的污泥发生絮凝，颗粒逐渐增大，在重力作用下沉降。沉淀至三相分离器斜壁上的污泥沿着斜壁滑回厌氧反应区内，使厌氧反应区积累起大量的污泥。分离出污泥后的出料从沉淀区溢流，然后排出。在反应区内产生的沼气气泡上升，碰到三相分离器反射板时折向反射板的四周，然后穿过水层进入气室，集中在气室的沼气，通过管道导出。

1. UASB 结构

UASB 结构如图 2-7 所示，由进水配水系统、反应区、三相分离器、出水系统、排泥系统等组成。

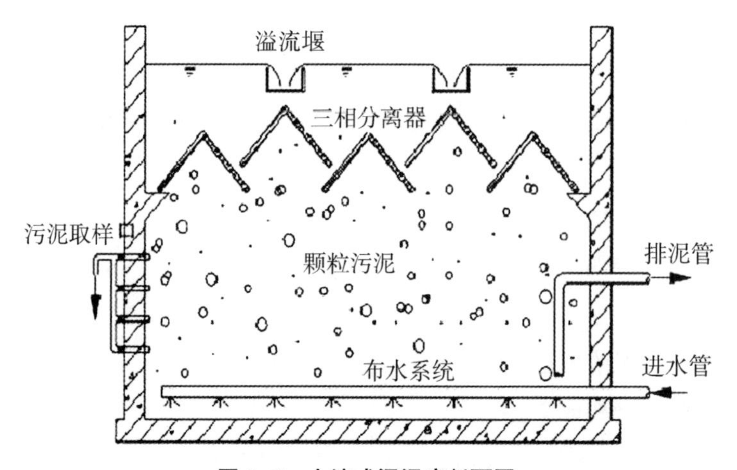

图 2-7 上流式污泥床剖面图

（1）进料配水系统，上流式厌氧污泥床进料通常采取两项措施达到均匀布水，一是通过配水设备，二是采用脉冲进水，加大瞬时流量，使各孔眼的过水量较为均匀。进料配水系统位于反应器底部，形式有树枝管、穿孔管以及多点多管三种形式，其功能是保证配水均匀，防止短流和死水区，同时对搅拌混合和颗粒污泥形成具有促进作用。

（2）反应区，包括颗粒污泥区（污泥床区）和悬浮污泥区，是 UASB 的主要部位，有机物分解、沼气生成以及微生物增殖都在该区进行。

（3）三相分离器，由沉淀区、集气室、回流缝和气体水封组成，其功能是将气体（沼气）、固体（污泥）和液体（废水）三相分离，分离效果将直接影响反应器的处理效果。

（4）出料系统，由溢流堰和集水渠组成，功能是将沉淀的上清液均匀收集，排出

反应器。

（5）污泥排出系统，由排泥管或排泥泵组成，功能是排出剩余污泥。

2. 颗粒污泥形成的因素

上流式厌氧污泥床高效处理能力的核心在于反应器内形成沉降性能良好的颗粒污泥，影响颗粒污泥形成的因素主要有以下几点。

（1）原料特性与浓度，高碳水化合物或制糖废水容易形成颗粒污泥，培养颗粒污泥的进水 COD 浓度以 1 000~5 000 mg/L 为宜。

（2）上升流速与污泥负荷，高的上升流速（大于 0. 25 m/h 与短的水力停留时间有利于颗粒污泥形成，启动时负荷不宜过高，一般以 0. 1~0. 3 kgCOD/（kgMLVSS. d）为宜，随着颗粒污泥的形成，负荷可以逐步提高。

（3）温度。不同温度所形成的颗粒污泥其菌种类型有较大的差别，高温下形成的颗粒污泥中甲烷丝菌丰度高；而中低温条件下形成的颗粒污泥中甲烷杆菌和甲烷八叠球菌丰度较高。

（4）pH。反应器内 pH 范围应控制在产甲烷菌最适 pH 范围内。

（5）金属离子。研究发现二价金属离子能挤压污泥（尤其是颗粒污泥）形成扩散状的双层结构，使细胞间的范德华力增强，有利于污泥的聚集和颗粒化。

（6）悬浮物。UASB 反应区的 HRT 很短，悬浮物（SS）基本不被分解。并且对颗粒污泥形成具有负面影响，抑制颗粒污泥形成的密度。

我国于 1981 年开始 UASB 的研究工作，在处理高浓度有机废水方面已经得到实际的推广应用，国内北京、无锡、兰州等地率先于 20 世纪 80 年代末期采用 UASB 工艺处理啤酒及酒糟污水（徐庆贤等，2006）。2000 年后，UASB 在淀粉废水、食品加工废水、制药废水、化工废水、造纸废水、畜禽养殖废水的厌氧处理中大量应用。调查显示，工业废水厌氧处理中，采用 UASB 的占 51%（王凯军，2006），接近于全世界的平均水平（55%）。虽然 UASB 工艺在畜禽养殖粪污厌氧处理中也有较多应用，因为高悬浮固体、高氨氮含量不利于颗粒污泥形成，UASB 在畜禽养殖粪污处理中难以体现其优势，已有的应用工程产气效果较差，除了难以形成颗粒污泥外，顶部敞口的 UASB 保温效果差，并且三相分离器容易被浮渣堵塞。如果做成顶部密封式的反应器，三相分离器、沼气管道堵塞后维修也比较困难。

3. 上流式厌氧污泥床的特点

反应器内污泥浓度高，平均污泥浓度为 20~40 gVSS/L。

有机负荷高，水力停留时间短，中温消化容积负荷可达 10 kgCOD/（m^3·d）左右，甚至能够高达 15~40 kg COD/（m^3·d），进料在反应器中水力停留时间短，可大大缩小反应器容积。

反应器依靠进料和沼气的上升达到混合搅拌的作用，不需要搅拌设备。

反应器的上部设置有一个气、液、固分离系统，沉淀的污泥可自动返回到厌氧反应区内，不需要污泥回流设备。

反应器内不设填料，节约造价，可以避免因填料发生堵塞问题。

进水中悬浮物不宜太高，一般控制在 1 000 mg/L 以下。

污泥床内有短流现象，影响处理能力。

对水质和负荷突然变化比较敏感，耐冲击能力稍差。

五、厌氧挡板反应器

折流式厌氧反应器（ABR）是在垂直于进料流动方向设多块挡板，以维持反应器内较高的污泥浓度。挡板将反应器分为上向流室和下向流室。上向流室较宽，便于污泥聚集，下向流室较窄。通往上向流室的挡板下部边缘处加 50°的导流板，便于将进料送至上向流室的中心，使泥水混合。上向流室都是一个相对独立的上流式污泥床（USB）系统，其中的污泥以颗粒化形式或以絮状形式存在。水流通过导流板引导，上下折流前进，逐个通过反应室内的污泥床层，进水中的底物与微生物充分接触而得以降解去除。当进水 COD 高时，出料应回流。虽然在构造上 ABR 可以看作是多个 UASB 反应器的简单串联，但工艺上与单个 UASB 有显著不同。UASB 可近似地看作是一种完全混合式反应器，而 ABR 则更接近于推流式工艺（图 2-8）。

我国有大量废水厌氧处理工程、沼气工程采用 ABR 处理中等浓度有机废水，如处理乳业废水（李海华等，2014）、制药废水（王白杨等，2010）、畜禽养殖废水（葛昕等，2014；焦明月 & 王正超，2015）、啤酒废水（左昌平，2017）、制糖废水（武贤智，2014）、屠宰废水（黄任东，2008）、生活污水（项杰等，2015）、酒糟废水（龚敏 & 赵九旭，2002）、造纸废水（王森等，2010）等。

我国的科研及工程技术人员对厌氧挡板反应进行了改进，主要在上向流室设置填料滞留污泥，在最后一级或几级上向流室设置滤料防止微生物流失并改进出料水质，这种装置通常称为污水净化沼气池，适合处理悬浮物含量不高的有机废水。

1. 厌氧挡板反应器的优点

①结构简单，折流板的阻挡和污泥自身沉降，能截流大量污泥，不需三相分离器；

②处理效率比较高，在中温条件下，COD 容积负荷可达 4~8 kgCOD/（m^3·d）；

③对冲击负荷以及进料中的有毒有害物质具有很好的缓冲适应能力；

④多次上下折流具有搅拌功能，水力条件好，不需混合搅拌装置；

⑤通常建于地下，利用高差进行进出料，不需动力；

⑥投资少、运行费用低；

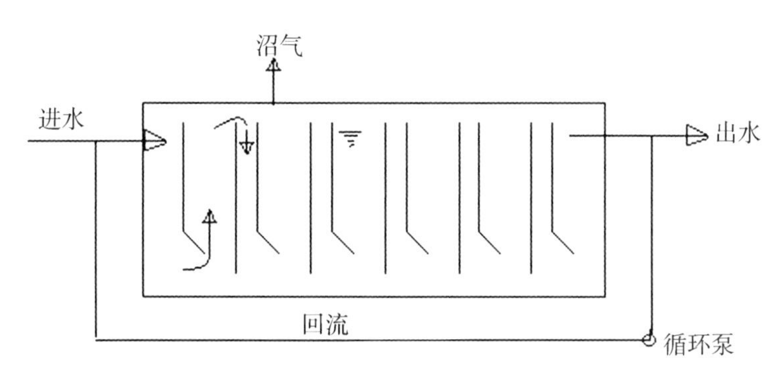

图 2-8　厌氧挡板反应器示意图

⑦操作简单管理方便。

2. 厌氧挡板反应器的缺点

①较难保证进料均匀，容易造成局部（第一室）负荷过载；

②建于地下，排泥困难。

六、升流式固体反应器

升流式固体反应器（USR）是参照上流式厌氧污泥床（UASB）原理开发的一种结构简单、适用于高悬浮固体有机物原料的反应器（图 2-9）。料液从底部进入，均匀分布在反应器的底部，然后向上通过含有高浓度固体及厌氧微生物的固体床，料液中的有机物与厌氧微生物充分接触反应，有机物降解转化，生成的沼气上升，具有搅拌混合作用，促进底物与微生物的接触。未降解的有机物固体颗粒和微生物靠自然沉降、积累在固体床下部，使反应器内保持较高的生物量，并延长固体的降解时间。通过固体床的料液从池顶的出水渠溢流出池外。在出水渠前设置挡渣板，可减少悬浮物的流失。USR 在进料时置换出去的是上部含固量较少的清液，从而在一定程度上延长了固体停留时间，改善了消化效果，减少进料的水力停留时间。

USR 适合处理没有经过固液分离的、高悬浮物浓度的畜禽粪污。实验室采用升流式固体反应器（USR）处理鸡粪废水，在温度 35℃，进水 COD 浓度 41 900~61 500 mg/L，SS 45 000~55 000 mg/L，SCOD 为 7 200 mg/L 条件下，USR 运行 67 d 后，消化器负荷达到 10. 45 g/（L · d），容积产气率为 4. 88 g/（L · d），所产沼气中平均甲烷含量 59. 75%，COD 去除率 86. 62%（周孟津等，1995）。在中温 35℃条件下，采用 USR（容积 392. 5 L）工艺处理猪场废水，进料 TS1. 6~2. 0，VS/TS 70. 1%，SS 51. 0~57. 0g/L，COD 77. 6~98. 0 g/L，SCOD 3 120 mg/L，负荷可达 6 g/（L · d）左右，产气率最高达 3. 0 L/（L · d）左右，COD 平均去除率 90%左右（刘明轩等，2007）。在中温 38℃情况下，USR 反应器（有效容积 17L）处理猪、牛粪废水，USR 最高负荷达 4. 0

kgCOD/（m3·d），处理猪粪水、牛粪水的容积产气率分别达到2.5 m^3/（m^3·d）和1.4 m^3/（m^3·d）左右。进水COD平均为83 382 mg/L，出水COD平均为35 483 mg/L，COD去除率为57.5%，甲烷含量均在60%~70%（尹晓峰，2008）。几个研究者的试验表明，USR处理鸡场粪污效果最好，猪场粪污次之，牛场粪污效果最差。USR在我国畜禽养殖粪污资源化利用方面有较多的应用，北京有68%农业废弃物处理沼气工程采用USR工艺（唐雪梦等，2012），山东有35.8%，全国调研结果表明，有7.3%的农业废弃物处理沼气工程采用USR工艺（刘刈）。实际工程中，运行的容积产气率为0.4~1.2 m^3/（m^3·d）（韩芳 & 林聪，2011）。

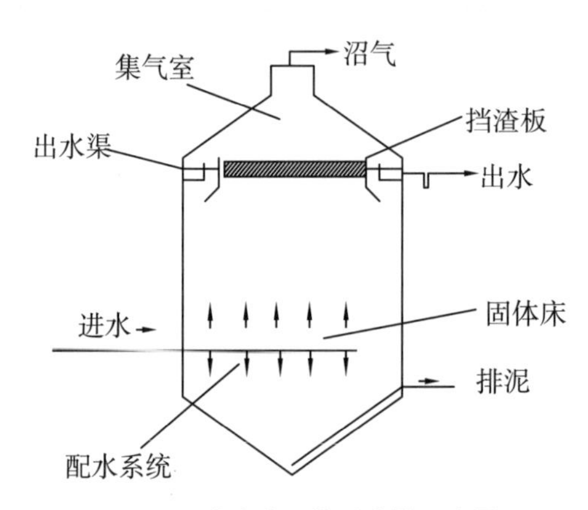

图2-9　升流式固体反应器示意图

升流式固体反应器有以下几个特点。

（1）可处理固形物含量很高的废水（液），悬浮物可达5%~6%，再提高易出现布水管堵塞等问题。

（2）原料预处理简单，不需要进行固液分离前处理。

（3）不需要三相分离器，也不需要污泥回流。

（4）上部形成浮渣，易于结壳；固形物容易沉淀到池底，底部容易形成沉渣，影响反应器的有效体积，使HRT和SRT降低。

第三节　第三代沼气发酵工艺

UASB的混合主要依赖于进料和产生沼气的扰动。但是，在低温条件下，无法采用较高水力负荷和有机负荷，只能采用低负荷，进料和沼气带来的污泥床内混合强度太小，无法抵消短流效应。在这种情况下，UASB的负荷和产气率受到限制。为了获得高的产气效果，可采用高径比更大的反应器或采用出水回流以获得更大的上升流速，使颗

粒污泥与污水充分混合，减少反应器内的死角，同时减少颗粒污泥床中絮状污泥量，对于这一问题的研究导致了第三代厌氧反应器的开发和应用。第三代厌氧反应器实际上是改进的UASB反应器，采用较高的反应器或采用出水回流维持高的上升流速（6~12 m/h），使颗粒污泥处于悬浮状态，获得高的搅拌强度，从而保证了进料与污泥颗粒的充分接触。

一、颗粒污泥膨胀床

颗粒污泥膨胀床（EGSB）实际上是改进的上流式厌氧污泥床（UASB）。两者最大区别在于反应器内液体上升流速的不同。在UASB中，水力上升流速一般小于1m/h，污泥床更像一个静止床，EGSB通过出料回流循环，其水力上升流速一般可达到5~10m/h，使颗粒污泥床运行在膨胀状态，所以整个颗粒污泥床是膨胀的（左剑恶等，2000）。

在污泥床中，悬浮固体会挤占活性微生物的有效空间，从而造成污泥床中活性污泥成分降低。高的水力上升流速能将进水中的惰性悬浮固体自下而上带出污泥床，避免了惰性SS在污泥床中过分沉积。因此，EGSB可允许含有较多SS污水进入反应器，可简化原料液的预处理过程。

高的水力上升流速还允许大流量（相对于原水而言）出水回流，以稀释和调节水质。特别是对有毒性污水，回流水对原污水的稀释可减轻化学物质对细菌的毒害作用。

EGSB的主要组成部分有进料分配系统、气—液—固三相分离器以及出料循环系统，其结构图如图2-10所示。进料分配系统的主要作用是将进水均匀地分配到整个反应器的底部，并产生一个均匀的上升流速。与UASB相比，EGSB由于高径比更大，其所需要的配水面积会较小；同时采用了出料回流循环，其配水孔口的流速会更大，因此系统更容易保证配水均匀（左剑恶等，2000）。

三相分离器仍然是EGSB最关键的部分，主要作用是将出水、沼气、污泥三相进行有效分离，最大限度地将颗粒污泥保持在反应器中，三相分离器使反应器内有较多的颗粒污泥。与UASB相比，EGSB内液体上升流速更高，因此必须对三相分离器进行特殊改进。改进可以有以下几种方法：①增加一个可以旋转的叶片，在三相分离器底部产生一股向下水流，有利于污泥的回流；②采用筛鼓或细格栅，可以截留细小颗粒污泥；③在反应器内设置搅拌器，使气泡与颗粒污泥分离；④在出水堰处设置挡板，以截留颗粒污泥，防止流出。出料回流循环系统也是EGSB不同于UASB之处，主要目的是提高反应器内液体的上升流速，使颗粒污泥床充分膨胀，进料中底物与微生物充分接触，提高传质效果，避免反应器产生死角和短流。

EGSB 能在超高有机负荷［COD 负荷达到 30 kg/（m^3・d）］下处理化工、生化和生物工程工业废水。同时，EGSB 还适合处理低温（10℃）低浓度（COD 小于 1 000 mg/L）和难处理的有毒废废水（迟文涛等，2004）。

我国颜智勇等（2004）采用 EGSB 处理木薯淀粉废水，中温（25～30℃）消化，HRT 为 38.4 h，有机容积负荷为 10 kg COD/（m^3・d），当进水 COD 浓度为 8 000～12 000 mg/L 时，厌氧段 COD 去除率大于 92%。而处理玉米淀粉废水时，COD 容积负荷达到 20kg COD/（m^3・d）以上，COD 去除率大于 90%（张振家 & 林荣忱，2001；石慧等，2009）。杨琦 & 尚海涛（2006）采用有效容积 30m^3 的 EGSB，在常温下处理生活污水，水力停留时间为 2 h，水力负荷为 36.28 m^3/（m^2・d），进水 COD 140～480 mg/L，COD 的去除率在 73%～90%，出水的 COD 值小于 70 mg/L，容积产气率 1.26 m^3/（m^3・d）。EGSB 在我国也应用于造纸废水（周焕祥等，2013）、VC 废水（王路光等，2009）、猪场废水（陈威 & 袁书保，2014）、啤酒废水、肉类加工废水、化工废水等（向心怡等，2016）的处理。

EGSB 的特点如下。

①液体上升流速大，使颗粒污泥处于悬浮状态，从而保持了进料与颗粒污泥的充分接触，有效解决了 UASB 容易短流、堵塞等问题；

②具有较高的 COD 负荷率，EGSB 承受的负荷比 UASB 高的多，一般为 15～20 kgCOD/（m^3・d），最高可达 30 kgCOD/（m^3・d）。尤其在低温下处理低浓度有机废水也能达到 8～15 kgCOD/（m^3・d）的负荷（Rebac 等，1997）；

③颗粒状污泥粒径较大，沉降性能良好，抗水力冲击；

④不需填充介质（填料）；

⑤可处理 SS 含量高的污水；

⑥可处理有毒污水；

⑦较高的高径比，空间紧凑，占地面积小。

二、内循环厌氧反应器

内循环（Internal Circulation，IC）厌氧反应器是基于污泥颗粒化和 UASB 反应器三相分离器概念而开发的新型厌氧处理工艺。IC 反应器呈细高型，高径比一般为 4～8，内有上下两个 UASB 反应区，下部为高负荷区，上部为低负荷区，如图 2-11。前处理区（第一反应区）是一个膨胀的颗粒污泥床，由于进水向上的流动、气体的搅动以及内循环作用，污泥床呈膨胀和悬浮状态。在前处理区，COD 负荷和转化率都很高，大部分 COD 在此处被转变为沼气，然后，在一级沉降分离器收集。沼气产生的上升力使泥水向上流动，通过上升管，进入顶部气体收集室，沼气排出，水和污泥经过泥水下降

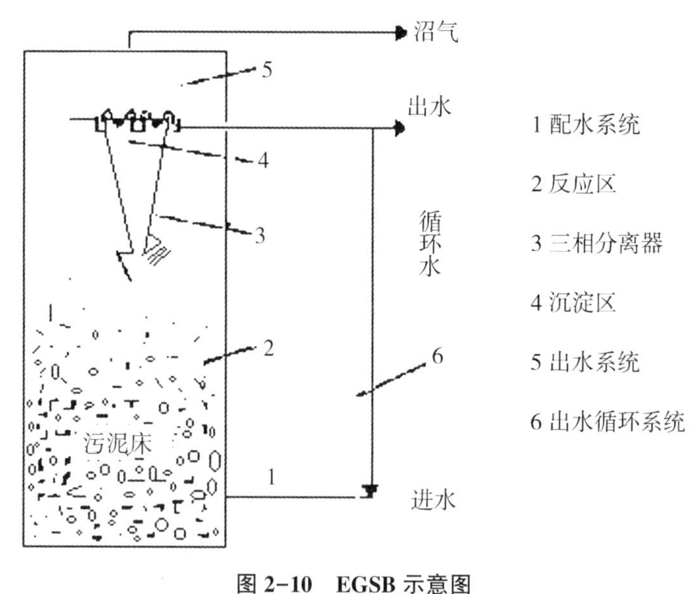

图 2-10 EGSB 示意图

管直接滑落到反应室底部，这就形成内部循环流。一级分离器分离后的混合液进入后处理区（第二反应区），后处理区作用是消化前处理区未完全消化的少量有机物，沼气产量不大。同时由于前处理区产生的沼气是沿着上升管外逸，并未进入后处理区，故后处理区产气负荷较低。此外，循环回流发生在前处理区，对后处理区影响甚微，后处理区的水力负荷仅取决于进料时的水力负荷，故后处理区的水力负荷较低，较低的水力负荷和较低的产气负荷有利于污泥的沉降和滞留。

IC 反应器由四个不同工艺单元结合而成：即混合区、膨胀床部分、精处理区和回流系统。

混合区：在反应器的底部进入的料液与颗粒污泥和内部气体循环所带回的回流液有效地混合，可以对进料起到有效的稀释和均化作用。

膨胀床部分：由高浓度颗粒污泥膨胀床构成。进料的上升流速、回流和产生的沼气造成床的膨胀或流化。料液和污泥之间有效混合提高了传质效果，可获得高的有机负荷和转化效率。

精处理区：由于低的污泥负荷率，相对长的水力停留时间和推流的流态特性，产生了有效后处理。由于沼气产生的扰动在精处理区较低，因此污泥容易沉淀。虽然与 UASB 反应器相比，反应器总的负荷率较高，但因为内部循流体不经过这一区域，因此在精处理区的上升流速也较低，这两点为固体停留提供了最佳的条件。

回流系统：内部的回流是利用气提原理，因为在上层和下层的气室间存在着压力差。回流的比例是由产气量（进水 COD 浓度）所确定的，因此可自动调节。IC 反应器也可配置附加的回流系统，产生的沼气可以由空压机在反应器的底部注入系统内，从而

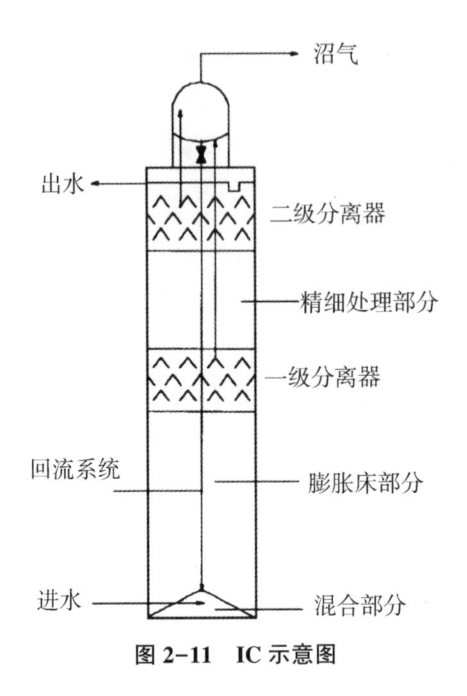

图 2-11　IC 示意图

在膨胀床部分产生附加扰动。气体的供应也会增加内部水/污泥循环。内部的循环也同时产生污泥回流，使得系统的启动过程加快，并且可在进料有毒性的情况下采用 IC 反应器。

该技术已在啤酒、淀粉等工业废水处理中成功应用，水力停留时间仅需要几小时，效率是常规厌氧处理工艺的几倍。

1996 年沈阳华润雪花啤酒有限公司从荷兰 PAQUES 引进我国第 1 套 IC 反应器。反应器高 16 m，有效容积 70 m^3，处理水量 400 m^3/d，COD 去除率稳定在 80%以上，容积负荷高达 25~30 kg/（m^3 · d）（吴允，1997）。此后，广州珠江啤酒公司采用直径 9.5 m，高 20 m 的 IC 反应器处理啤酒废水 1 000 m^3/d，容积负荷最高可达 40 kg/（m^3 · d），COD 去除率在 75%~80%（何晓娟，1997）。其后 IC 反应器在溶解性高浓度废水处理中大量应用，如处理柠檬酸废水，COD 容积负荷达到 15 ~ 20 kg/（m^3 · d），COD 去除率为 81%~90%（王江全，2000；马三剑等，2002）；处理大豆蛋白生产废水，COD 容积负荷达到 7.5 kg/（m^3 · d），COD 去除率大于 90%（曾科等，2008）；处理酒精废水，COD 容积负荷达到 12 kg/（m^3 · d），COD 去除率为 93%；处理造纸废水，COD 容积负荷达到 12 kg/（m^3 · d）（钟启俊，2014）。

内循环厌氧反应器与 UASB 反应器相比具有以下优点。

（1）有机负荷高。内循环提高了第一反应区的液相上升流速，强化了废水中有机物和颗粒污泥间的传质，使 IC 厌氧反应器的有机负荷远远高于普通 UASB 反应器。

（2）抗冲击负荷能力强，运行稳定性好。内循环的形成使得 IC 厌氧反应器第一反

应区的实际水量远大于进水水量，例如在处理与啤酒废水浓度相当的废水时，循环流量可达进水流量的2~3倍。处理土豆加工废水时，循环流量可达10~20倍。循环水稀释了进料，提高了反应器的抗冲击负荷能力和酸碱调节能力，加之有第二反应区继续处理，通常运行很稳定。

（3）容积负荷高，基建投资省。在处理相同废水时，IC厌氧反应器的容积负荷是普通UASB的4倍左右，故其所需的容积仅为UASB的1/4~1/3，节省了基建投资。

（4）节约能源。IC厌氧反应器的内循环是在沼气的提升作用下实现的，不需外加动力，节省了回流的能源。

（5）具有缓冲pH的能力，第一反应区出水回流，可利用COD转化的碱度。

（6）经过了“粗”“精”处理，出料水质稳定。

（7）IC厌氧反应器多采用高径比为4~8的瘦高型塔式外形，反应器高16~25m，所以占地面积少，尤其适合土地紧张地区废水厌氧处理。

IC反应器在工程存在的问题（郭永福 & 储金宇，2007）。

（1）三相分离器多采用两级，以钢板作为材料，重量较重，体积庞大，使得IC反应器的有效容积往往只是总容积的一半，而且三相分离器庞大的体积使得造价较高，施工困难，处理一些高浓度的工业废水如柠檬酸废水时，内部管路需要很好的防腐，导致造价过高，企业日常维护非常复杂。

（2）在三相分离器处，回流的污泥和上升的水流发生碰撞，严重影响了出水水质、污泥回流和气液固的分离。

（3）高径比过大，会使沉淀区面积过小，造成沉淀区的表面负荷过大，不利于沉淀。最终的结果是：IC反应器出水中含有更多的细微固体颗粒，这不仅使后续沉淀处理设备成为必要，还加重了后续设施的负担。

（4）由于反应器主体较高，因此会使水泵运行费用增加，而且地基处理费用高，单位反应器体积造价也高。

（5）为充分发挥反应器的高效性，以及加快调试周期，大部分的工业废水都需要对进水的pH值和温度进行适当调节，同时还必须使其进水能够尽可能均匀，以满足厌氧微生物的需要，以及为反应器内循环液的混合创造良好条件，增加了反应器以外的其他附属处理设施和工程总造价，比如可能需要增设搅拌设备、冷却塔（如柠檬酸废水源水温度一般在70℃）等。

第四节　组合式沼气发酵工艺

沼气发酵工艺是组合上述两种或几种沼气发酵工艺而成的复合沼气发酵系统，吸收了几种反应器的优点，规避了各自的缺陷。

一、厌氧复合反应器

上流式污泥床-过滤器（Upflow Blanket-Filter，简称 UBF），通常也称为厌氧复合反应器，是在厌氧滤池（AF）和上流式厌氧污泥床（UASB）的基础上开发的新型复合式厌氧反应器（图 2-12）。UBF 主要由布水器、污泥层和填料层构成，一般是将厌氧滤池置于反应器上部，填料填充在反应器上部的 1/3 体积处，取消三相分离器，减少了填料的厚度。不仅在填料表面生长微生物膜，在填料空隙还截留悬浮微生物，既利用原有的无效容积增加了生物总量，防止了生物量的洗出，而且对 COD 有 20%左右的去除率。更重要的是，由于填料的存在，夹带污泥的气泡在上升过程中与之发生碰撞，加速了污泥与气泡的分离，从而降低了污泥的流失。在池底布水器与填料层之间留出一定空间，以便悬浮状态的絮状污泥和颗粒污泥在其中生长、积累，混合液悬浮固体（MLSS）质量浓度可达每升数十克。当进料从反应器的底部进入，依次经过颗粒污泥层、絮体污泥层的厌氧微生物处理后，从污泥层出来的料液进入滤料层进一步处理，并进行气-液-固分离，处理水从溢流堰（管）排出，产生的沼气从反应器顶部引出，排出的沼气经过净化、储存后利用。由于上流式污泥床与过滤器的联合作用，使得 UBF 反应器的体积可以最大限度利用，反应器积累微生物的能力大为增强，避免了一些废水原料难以形成颗粒污泥的缺陷，反应器的有机负荷更高，因而 UBF 具有启动速度快，处理效率高，运行稳定等显著特点。

UBF 反应器所用的填料可根据废水特性及水力学特征进行选择，常用的填料有：聚氨酯泡沫填料、弹性填料、半软性纤维填料、陶瓷环、聚乙烯拉西环、塑料环、活性炭、焦碳、沸石、砾石等，其中应用最多的是聚氨酯泡沫填料，因为聚氨酯泡沫的比表面积大（2 400 m^2/m^3）、空隙度高（97%），具有网状结构，微生物能在其上密实而迅速地增殖，是厌氧优势菌落的良好基质。

厌氧复合反应器适合经过固液分离后有机废水的处理。我国在造纸黑液（熊正为等，2003）、抗生素废水（买文宁，2004）、柠檬酸生产废水（刘锋等，2006）、垃圾渗滤液（华佳 & 张林生，2013）、畜禽养殖废水（柳剑 & 叶进，2009）、化工废水（施国健等，2017）、啤酒废水（国洋 & 刘善培，2015）、生活污水（罗俊等，2017）的处理都有采用 UBF 的工程案例。

厌氧复合反应器具有以下特点。

（1）对于不易（甚至不能）驯化出颗粒污泥的废水，例如含氮高的猪场废水、含盐量高、有生物毒性的有机废水，厌氧复合反应器更具竞争优势。

（2）与上流式厌氧污泥床相比，增加填料层使得反应器积累微生物的能力大为增

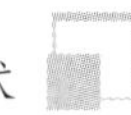

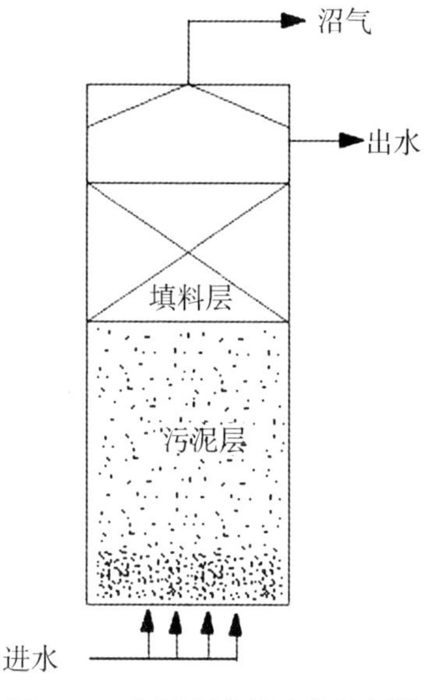

图 2-12　厌氧复合反应器示意图

加，在启动运行期间，可有效截流污泥，降低污泥流失，启动速度快。

（3）与厌氧滤池相比，减少了填料层厚度，减少了堵塞的可能性。

（4）运行稳定，对容积负荷、温度、pH 的波动有较好的承受能力。

二、生活污水净化沼气池

生活污水净化沼气池是中国沼气技术研究与推广人员吸收国际厌氧消化技术最新研究进展，在水压式沼气池、化粪池的基础上开发的生活污水分散厌氧处理装置，也称城镇净化沼气池。开发之初，生活污水净化沼气池主要用于中小城镇生活污水的处理，随着城市污水集中处理厂的新建以及排放标准的提高，生活污水净化沼气池逐步转向了村镇、农村公用设施、以及旅游景点等场所分散生活污水的处理。

生活污水净化沼气池是传统厌氧反应器、厌氧挡板反应器以及厌氧滤池等厌氧消化工艺的组合，并结合了化粪池结构特点，主要由沉砂井（池）、沉淀消化池、厌氧滤池、兼性滤池等工艺单元组成。

1. 沉砂井（池）

沉砂井（池）主要用于去除污水中的砂砾、玻璃、金属、塑料、硬质渣屑等比重较大的无机颗粒杂质，防止这些杂质在后续处理过程中沉积，造成堵塞或者占用有效处理空间。另外，一般在该单元安装格栅，以去除粗大的固体、较长纤维类物质、塑料制品等。

2. 沉淀消化池

多数地区将沉淀区与厌氧消化区合建在一起，也有地方（池型）将沉淀区与厌氧消化区分开。沉淀消化池也称厌氧Ⅰ区，其作用类似传统化粪池及农村水压式沼气池，首先将污水中的颗粒状的无机、有机物质和寄生虫卵沉淀分离，去除部分悬浮物，减少进入厌氧滤池的悬浮物浓度，并通过厌氧微生物分解沉淀的有机物。另外，通过厌氧消化还能去除部分病原微生物。

3. 厌氧滤池

厌氧滤池也称厌氧Ⅱ区，内设置填料附着微生物，其作用是去除大部分溶解性有机污染物。厌氧滤池中常用的填料有软填料、半软性填料、弹性填料、硬填料等。大多数地区采用软填料，部分经济较发达的地区采用硬质球形填料，而一些经济比较落后地区则采用碎石、碳渣等作填料。

4. 滤池

滤池也称后处理区，内设滤料，留有通气空隙，使池内处于兼氧状态。功能是截留少量漂浮物质，兼氧微生物分解去除有机污染物。滤料主要使用碎石、碳渣、棕垫、焦碳及陶瓷，部分地区使用聚氨酯泡沫滤板作为滤料。在实际应用中，上述滤料在一定程度上均会出现堵塞的情况，与填料级配、污水中悬浮物浓度及过水流速等都有关系，在设计建造时需要注意上述几个方面的影响，并且在实际运行过程中应按时清洗，以清除堵塞的现象。另外，聚氨酯泡沫滤板在运行一段时间后，常会出现堵塞较为严重的现象，若不及时处理，泡沫滤板会出现断裂，污水直接从断裂口流出，达不到预期的处理效果。

最初的生活污水净化沼气池主要仿照水压式沼气池或化粪池建设。在实施过程中，随着各地探索与经验积累，生活污水净化沼气池在工艺组合、池型结构等方面都呈现出多样化的趋势，许多地区根据当地的出水水质要求、地形条件和施工水平等进行了一些适应当地条件的改良。主要有矩形池、圆拱池、组合池等几种池型。

矩形池。是我国生活污水净化沼气池的一个基本池型，整个池体分为沉淀区、厌氧区（Ⅰ区、Ⅱ区）和后面的兼氧区。其中沉淀区占总有效体积的20%左右，两个厌氧区占50%（Ⅰ区约占40%，Ⅱ区约占10%），兼氧区占30%。该类生活污水净化沼气池以沉淀和厌氧消化为主，与化粪池结构十分相似，该池型在污水处理方面的强化主要体现在两点：一是在厌氧Ⅱ区安装了填料，以滞留更多的微生物在反应器内；二是在厌氧之后增加了兼氧区，在一定程度上增强了处理低浓度污水的性能（图2-13）。矩形的长条形结构受力条件较差，而且在一些地形较为复杂的农村地区难以应用，兼氧滤池部分主要靠自然复氧，导致在兼氧区水中的氧含量依然有限。这种池型在四川、重庆等西南地区较多采用（夏邦寿等，2008）。

圆拱池。该结构是几个水压式沼气池的串联，在后两个池设置填料和滤料。每个池池顶都采用与水压式沼气池类似的拱顶设计。一些地方还采用同心环状圆柱形式，池内

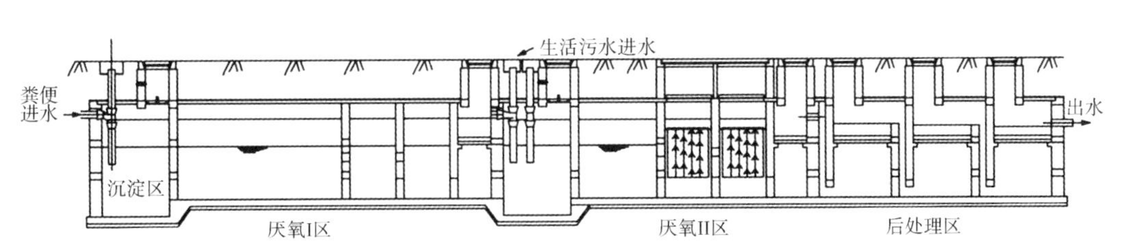

图 2-13　矩形净化沼气池剖面图

布置了一定数量的导流墙，厌氧Ⅰ区内设有同心圆回流墙和折流墙，污水直接流入同心圆小池内，在小池内折墙作用下呈“S”形流动，从小池另一端流入两同心墙之间，循环流动一周后从管口流出，延长了污水的流经路径，避免了短流。厌氧Ⅱ区分布有呈三角形的折流墙，污水流入后经折流墙分开后，进入不同的处理单元，完成有机物及悬浮物的去除之后，又汇聚在出管流出，污水经过了“合—分—合”的过程，混合充分（图 2-14）。这种圆形池及其拱顶设计与方形池相比，在力学结构上更合理，受力条件较好。同时，进料间设在沼气池拱弧之上，侧墙范围之内，有效节约了占地面积。从水流流向上来看，圆形池通过导流墙的布置，可有效地避免一些流动死角，提高了整个装置的空间利用效率。但是，这种池型容易堵塞。在工艺的选择上，其厌氧Ⅰ区、厌氧Ⅱ区和兼氧区的体积比约为 6∶3∶1，即两个厌氧区几乎占了整个装置体积的 90%左右，而兼氧区只有 10%。该池型主要靠厌氧部分处理污染物，通过隔墙、填料、滤料等方式强化厌氧区的处理效果，后面的兼氧区主要起稳定出水水质和辅助处理的作用。这种池型在四川、重庆等西南地区较多采用。

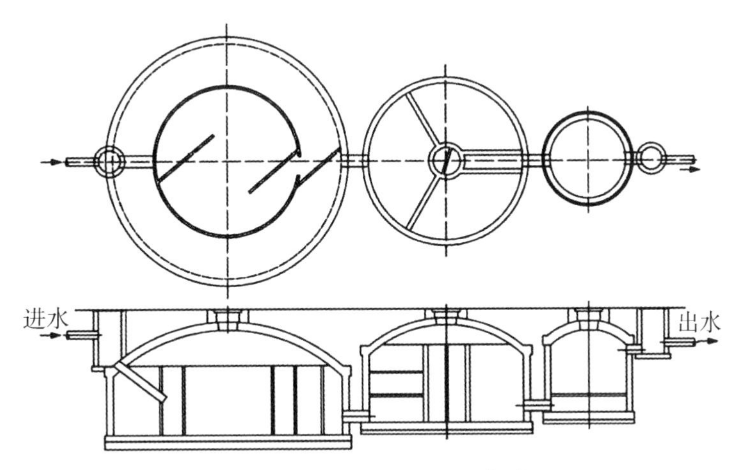

图 2-14　同心环状圆柱型净化沼气池剖面图

组合型净化沼气池。是圆拱池与矩形池相串联（图 2-15）。圆拱池主要作厌氧区，矩形池作后处理（兼氧滤池）区。

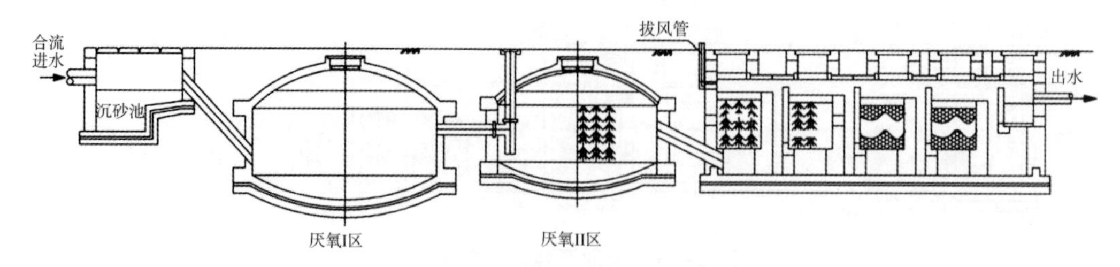

图 2-15　组合型净化沼气池剖面图

在预处理方面，该种池型仅在池体前端加入了一个简单的沉砂池，沉砂池底部有10%坡度。

厌氧处理区（厌氧 I 区和厌氧 II 区）的形状和结构与户用沼气池更为接近，且是单独的池体。厌氧 I 区不设填料，利于清渣；厌氧 Ⅱ 区预留有其他污水进水孔，内装有软填料。在后处理区，前两格采用软性填料，后两格采用滤料。

在前处理区和后处理区的分配比例上，厌氧 I 区、厌氧 II 区和兼氧区所占总有效体积分别约为 40%、25%、35%。前两级采用水压式沼气池的结构，其受力较好，并且利于沼气的储存和利用。另外，可将起不同作用的池体分开建设，在布置上更为灵活，可以满足不同农村地形的需求。但是，该池型由于各部分相对独立，其建设成本比一体化的池体要高，并且对每部分的设计和施工也提出了更高的要求。这类净化沼气池在浙江、江苏较多采用（夏邦寿等，2008）。

参考文献

陈和平，张慎，朱建林，等 . 2008. 厌氧接触氧化池/垂直流人工湿地处理农村生活污水［J］. 宁波大学学报（理工版），21（4），568-570.

陈红波 . 2012. 现代大型牧场的粪污处理模式与技术创新［C］//第三届中国奶业大会.

陈星，刘士军 . 2016. 预处理+脉冲式厌氧滤池+CASS 工艺处理屠宰及肉类加工废水工程应用［J］. 轻工科技（8）：98-99.

迟文涛，赵雪娜，江翰，等 . 2004. 厌氧反应器的发展历程与应用现状［J］. 城市管理与科技，6（1）：31-33.

邓良伟，陈子爱 . 2007. 欧洲沼气工程发展现状［J］. 中国沼气，25（5）：23-31.

邓良伟，陈子爱，龚建军 . 2008. 中德沼气工程比较［J］. 可再生能源，26（1）：110-114.

葛昕，鲍先巡，李布青，等．2014. CSTR－ABR 工艺在养殖废水处理工程中的应用—以淮南市天顺生态养殖有限公司沼气工程为例［J］. 安徽农业科学（25）：8 728－8 729.

龚敏，赵九旭．2002. ABR 工艺预处理木薯酒糟废水的工程应用［J］. 环境科学与技术，25（5）：36－37.

郭永福，储金宇．2007. 内循环厌氧反应器（IC）的应用与发展［J］. 工业安全与环保，33（5）：6－9.

国洋，刘善培．2015. UBF－CASS 组合工艺在啤酒废水处理工程中的应用［J］. 能源与环境（6）：82－83.

韩芳，林聪．2011. 畜禽养殖场沼气工程厌氧消化技术优化分析［J］. 农业工程学报，27（s1）：41－47.

韩纪军，汪晓军．2012. 两级 Fenton－厌氧滤池－曝气生物滤池深度处理垃圾渗滤液［J］. 环境工程，30（5）：9－12.

华佳，张林生．2013. UBF－MBR 工艺处理垃圾渗滤液的工程应用［J］. 环境科技，26（1）：26－29.

黄任东．2008. ABR－DAT－IAT 法处理屠宰废水的工程应用［J］. 广东化工，35（7）：97－100.

何晓娟．1997. IC－CIRCOX 工艺及其在啤酒废水处理中的应用［J］. 给水排水，23（5）：26－28 .

焦明月，王正超．2015. 固液分离－ABR－CASS 工艺处理养猪废水的应用［J］. 科技风（7）：113－113.

蓝天，蔡磊，蔡昌达．2009. 大型蛋鸡场 2MW 沼气发电工程［J］. 中国沼气，27（3）：31－33.

李海华，邢静，孟瑞静，等．2014. ABR+生物接触氧化工艺处理乳业废水工程应用［J］. 工业水处理，34（4），79－81.

李倩，蔡磊，蔡昌达．2009. 3MW 集中式热电肥联产沼气工程设计与建设［J］. 可再生能源，27（1）：97－100.

李瑞霞．2016. 采用厌氧接触法/UASB/SBR 处理木薯燃料乙醇废水［J］. 广东化工，43（11）：196－197.

刘锋，吴建华，马三剑．2006. 组合式厌氧滤池（UBF）处理柠檬酸生产废水［J］. 中国给水排水，22（8）：63－65.

刘明轩，杜启云，王旭．2007. USR 在养殖废水处理中的实验研究［J］. 天津工业大学学报，26（6）：36－38.

刘刈，宋立，邓良伟 . 2011. 我国规模化养殖场粪便污水处理利用现状及对策［J］. 猪业科学（6）：30-33.

柳剑，叶进 . 2009. UBF-SBR 工艺在畜禽养殖场废水治理中的应用［J］. 农机化研究，31（5）：221-223.

罗刚，谢丽，周琪，孙佳伟 . 2008. 木薯酒精废水资源化处理技术现状与进展［J］. 工业水处理，28（8）：1-5.

罗俊，刘金利，吴俊 . 2017. UBF 池在污水处理中的应用及发展前景［J］. 能源与环境（2）：91-92.

马三剑，吴建华，刘锋，等 . 2002. 多级内循环（IC）厌氧反应器的开发应用［J］. 中国沼气，20（4），24-27.

买文宁 . 2004. 厌氧复合床处理抗生素废水的生产性启动研究［J］环境科学研究，15（4）：42-44.

毛燕芳 . 2011. 厌氧接触-活性污泥-MBR 工艺处理豆制品废水［J］. 上海水务（4）：30-31.

蒲小东，宋立，王智勇，等 . 2009. 邛崃市金利实业有限公司固驿种猪场废水处理［J］. 休闲农业与美丽乡村（10），39-41.

石慧，薛建良，王笑冬 . 2009. EGSB—A/O 工艺处理高浓度淀粉废水的工程应用［J］. 工业水处理，29（9）：81-83.

沈泰峰 . 2011. 厌氧滤池+人工湿地污水处理工艺在农村污水治理的应用［J］. 江西建材（2）：26-28.

施国健，王晨，章双双，等 . 2017. UBF+A/O+MBR 组合工艺在化工废水处理中的实际应用［J］. 水处理技术（10），131-133.

孙春玲，崔兆杰，侯薇，等 . 2006. 气浮-厌氧滤池-Cass 工艺处理植物油废水［J］. 中国给水排水，22（18），52-54.

唐雪梦，陈理，董仁杰，等 . 2012. 北京市大中型沼气工程调研分析与建议［J］. 农机化研究，34（3），212-217.

王白杨，陈莉，龚小明，等 . 2010. 两段 ABR-A/O 工艺在高浓度硫酸盐制药废水处理中的应用［J］. 给水排水，36（4），69-71.

王富兴，王国栋 . 2012. 厌氧滤池在处理 PTA 废水中的应用［J］. 石油化工安全环保技术（2）：45-47.

王国栋 . 2017. 厌氧滤池在高浓度石油化工废水处理中的应用［J］. 石油化工安全环保技术（5）：67-70.

王江全 . 2000. 柠檬酸废水处理工艺—IC 厌氧反应器和好氧生化技术［J］. 江苏环

境科技，13（3）：21-23．

王凯军．1998．厌氧工艺的发展和新型厌氧反应器［J］．环境科学（1）：94-96．

王凯军．2006．厌氧生物技术在中国农业和工业领域的应用前景［C］//中国农业机械学会2006年学术年会．

王路光，王强，王靖飞，等．2009．EGSB工艺在VC生产废水处理中的应用［J］．中国给水排水，25（17），81-84．

王森，李新平，张安龙，等．2010．混凝沉淀-ABR-活性污泥法在造纸废水处理中的应用实例［J］．造纸科学与技术，29（2），94-97．

武贤智．2014．ABR-活性污泥法在制糖废水处理中的工程应用［J］．广东化工，41（15）：180-181．

吴允．1997．啤酒生产废水处理新技术——内循环反应器［J］．环境保护（9）：18-19．

夏邦寿，胡启春，宋立．2008．村镇生活污水净化沼气池设计图例技术分析［J］．农业工程学报，24（11），197-201．

项杰，张孟松，楼建光．2015．ABR反应器处理农村生活污水的应用研究［J］．南方农业，9（6）：113-114．

向心怡，陈小光，戴若彬，等．2016．厌氧膨胀颗粒污泥床反应器的国内研究与应用现状［J］．化工进展，35（1），18-25．

谢晶，陈理，庞昌乐，等．2012．山东省沼气工程发展调研报告［J］．中国沼气，30（4），41-44．

许劲，赵绪光，洪国强，等．2011．Fenton—水解酸化—厌氧接触—接触氧化工艺处理高盐生产废水［J］．给水排水，37（2），54-56．

许劲，齐龙，江葱，等．2012．化学除磷—水解酸化—厌氧接触—接触氧化工艺处理榨菜废水［J］．给水排水，38（8），61-64．

徐波，许翔．2004．碱解氧化-厌氧滤池-SBR工艺处理有机磷农药废水［J］．给水排水，30（2）：40-42．

熊正为，陈春宁，袁华山，等．2003．酸化水解—UBF—混凝沉淀处理工艺在造纸黑液中的应用［J］．南华大学学报：理工版，17（3），21-24．

徐庆贤，钱午巧，陈彪．2006．UASB处理污水现状及效果分析［J］．能源与环境（2）：34-38．

徐庆贤，林斌，郭祥冰，等．2010．福建省养殖场大中型沼气工程问题分析及建议［J］．中国能源，32（1），40-43．

颜智勇，胡勇有，田静，等．2004．厌氧颗粒污泥膨胀床（EGSB）-稳定塘工艺处理木薯淀粉废水［J］. 给水排水，30（1），53-55.
杨琦，尚海涛 . 2006. 厌氧颗粒污泥膨胀床（EGSB）反应器处理生活污水中试研究［J］. 中国沼气，24（4）：13-16.
尹晓峰 . 2008. 升流式固体反应器处理畜禽废水试验研究［D］. 东北大学硕士论文.
周焕祥，汪艳雯，房爱东，等 . 2013. EGSB 厌氧反应器在造纸废水处理中的应用［J］. 造纸科学与技术（2），97-100.
周孟津，杨秀山 . 1996. 升流式固体反应器处理鸡粪废水的研究［J］. 环境科学（4）：44-56.
张振家，周伟丽，林荣忱 . 2001. 膨胀颗粒污泥床处理玉米槽液的生产性试验［J］. 环境科学，22（4）：44-46.
赵雪莲，翟东会，白晓枫，等 . 2011. 厌氧滤池-MBR 工艺处理小规模乳制品废水［J］. 给水排水，37（2），63-64.
曾科，崔燕平，檀国彪，等 . 2008. 王敏璞 . 新型内循环厌氧反应器的应用研究［J］. 中国给水排水，24（17），96-98.
钟启俊 . 2014. 内循环（IC）厌氧反应器在废水处理中的应用［J］. 中国环保产业（8）：22-24.
左昌平 . 2017. ABR+活性污泥法工艺在啤酒废水中的应用［J］. 中国资源综合利用，35（8）：29-31.

第三章　材料与装置

中国沼气池（罐）的建设材料与装置，经历了20世纪60—70年代的防渗土池、20世纪90年代的砖混材料沼气池，以及现在的以钢制沼气发酵罐为主，钢筋混凝土、砖混、复合材料沼气池（罐）为辅的多种材料与结构形式。建设单位可根据当地的气候、水文地质、自身投资能力等要素，因地制宜选择建池材料与结构。沼气发酵装置（包括户用沼气池、净化沼气池、沼气工程的发酵罐）是整个沼气发酵系统的核心，对废弃物处理和沼气生产效率以及工程经济具有决定性的影响。目前沼气发酵装置建造材料包括普通钢材、特殊钢材、混凝土、钢筋、砖、石砌体、三元乙丙橡胶（EPDM）膜、高密度聚乙烯（HDPE）膜、无规共聚聚丙烯（PPR）膜，玻璃纤维增强塑料等。根据建筑材料种类，沼气发酵装置可分为砖混结构、钢筋混凝土结构、钢结构（包括钢板焊接结构、螺旋双折边咬口结构、搪瓷钢板拼装结构）、膜结构等。

第一节　防渗土沼气池

20世纪60年代末70年代初，中国掀起了建设农村户用沼气池的高潮，这个阶段的建设特点是结合农业学大寨的政治运动，农村沼气发展建设速度很快，不到10年全国就发展了700多万口沼气池。但由于土法上马，对科技重视不够，缺乏管理，以及资金、建筑材料等不足，平均寿命一般只有1~3年。

1. 建造材料

防渗土沼气池建设过程中，特别强调因地制宜，建筑材料大多采用断砖、废旧砖砌拱，10 m^3 以下的小型池将拱顶砌成6 cm厚的薄壳型，以节约用料。山区有石头的地方，用块石砌拱；有卵石的地方用卵石、“三合土”砌拱；土质好的地方，直接挖成两头浅中间深的长洞，内打“三合土”，粉刷水泥浆（有条件的地区）。池墙为挖掘土壁时，根据土质好坏做一定的坡度，如土质过于松软，除将坡度加大外，还需夯实池壁。池壁不铲光，留有耙头齿痕，以便“三合土”与土壁紧密结合。密封材料大多使用

“三合土”，即石灰、沙子、黄泥按一定比例（池顶密封时重量比为 1∶2∶3，池壁密封时重量比为 1∶3∶6）经锤碎、过筛、反复拌匀加水、再反复锤打、使之混合均匀，形成胶泥状。密封时，用铲子或锄头铲成一寸厚的薄片贴在土壁上，先用本刀或拍板侧面捶打，再用拍板正面捶平拍紧，每日捶拍数次。当“三合土”有一定硬度时（用手指用力按压有指印但不深），表面刷一至两道食盐水，在整个“三合土”捶拍过程中，要防止太阳暴晒开裂或雨水冲洗掉浆，冬季还要防止霜冻。

2. 装置特点

防渗土沼气池，从池型结构大致分为锅形沼气池和矩形沼气池 2 种。锅形沼气池主要由圆台形料池、锅形拱顶、蛋形出料口以及斜管状进料口所组成。因其形状接近球体，在池壁厚度相同的情况下，比矩形池用料少。因其所有部位都有一定的弧度具有“拱力”，所以比矩形池能承受较大的作用力。锅形池池壁根据土质特点，向内侧可有一定的倾斜度，其上打“三合土”一般不需要砌砖，因此用料少、造价低，一般土质均可建池。锅形池池容以 6~10 m^3 居多，其结构形式如图 3-1，图 3-2 所示。

四川省中江县龙台镇沼源村是四川省土法制取沼气的发源地，在 20 世纪 70 年代产生了很大影响。习近平总书记当年在延川县梁家河担任支部书记时看到《人民日报》登载的《取之不尽用之不竭的生物能源代替柴草和煤炭——四川许多社队采用土法制取和利用沼气》《煮饭不用柴和炭点灯不用油和电——四川省中江县龙台公社第五大队利用沼气的调查》两篇报道后，决定到四川学办沼气，两篇报道直接介绍了龙台公社五大队土法制取和利用沼气以及沼气发展情况。该大队由于是四川沼气发源地，1981 年农村乡镇体制改革，将五大队命名为沼源村。20 世纪 70 年代，沼源村建有 70 余口沼气池，沼气池的大量使用一直延续到 90 年代初期，结构形式均为矩形沼气池，有可供 5~6 人使用的家用沼气池，尺寸为 3.6 m 长、1.6 m 宽、3 m 深；有可供 10 人使用的家用沼气池，尺寸为 5 m 长、2 m 宽、3 m 深；生产队集中使用的则是 6 个一组的沼气池群。现存沼气池遗址如图 3-3 所示。

第二节　砖混沼气池

20 世纪 80 年代到 90 年代，我国农村户用沼气池以砖混结构为主。砖混结构沼气池，就是由普通标准砖作为池体材料，用砂浆砌筑，内表面经防渗处理而建成的沼气发酵装置。砖混结构是中国农村户用沼气池、生活污水净化沼气池的传统池体结构，通常池底为混凝土，池墙、池拱及进出料间均为砖结构。该结构的优点是材料容易获得，施工技术比较成熟。

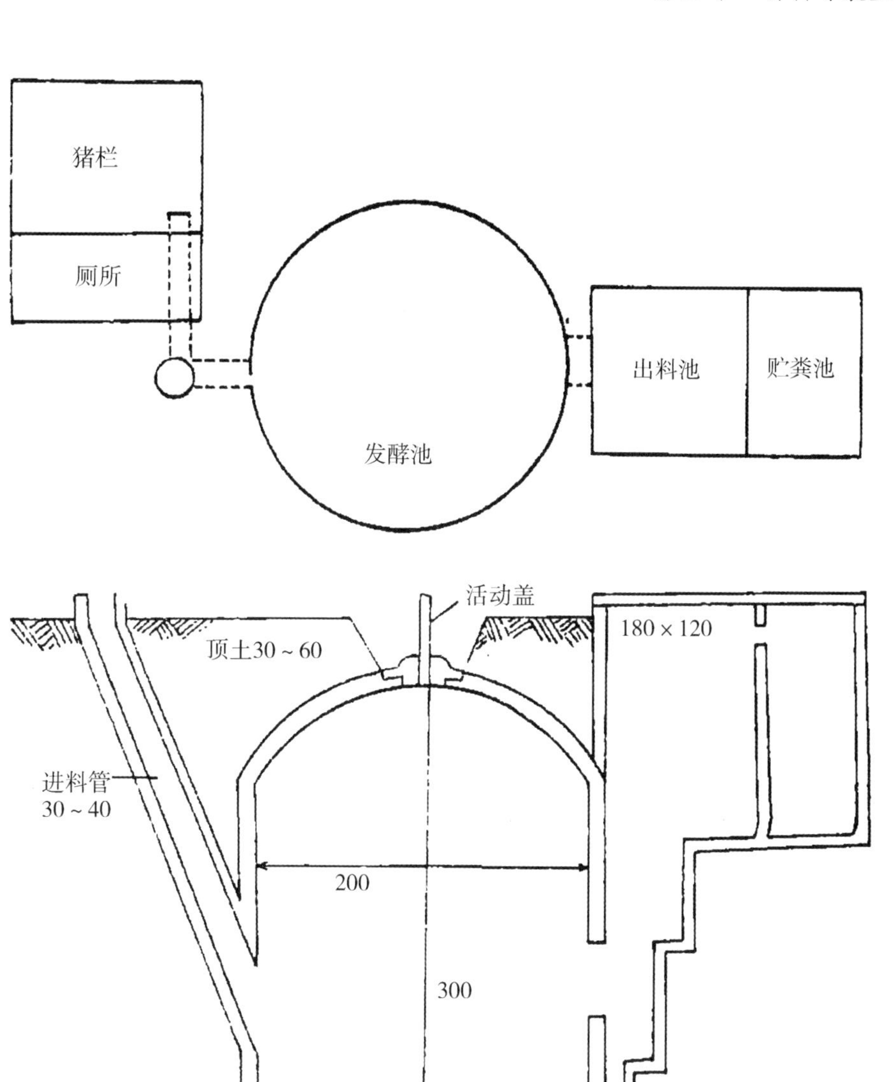

图 3-1 出料门挡粪板式锅底形防渗土沼气池

1. 建造材料

普通黏土砖 黏土砖也称为烧结砖，是建筑用的人造小型块材，黏土砖以黏土（包括页岩、煤矸石等粉料）为主要原料，经泥料处理、成型、干燥和焙烧而成，有实心和空心的差别。实心砖：无孔洞或孔洞率小于25%；多孔砖：孔洞率等于或大于25%；空心砖：孔洞率等于或大于40%。孔的尺寸小而数量多的砖，常用于承重部位，强度等级较高；孔的尺寸大而数量少的砖，常用于非承重部位，强度等级偏低。

普通砖的尺寸为 240 mm×115 mm×53 mm，按抗压强度（N/mm^2）的大小分为

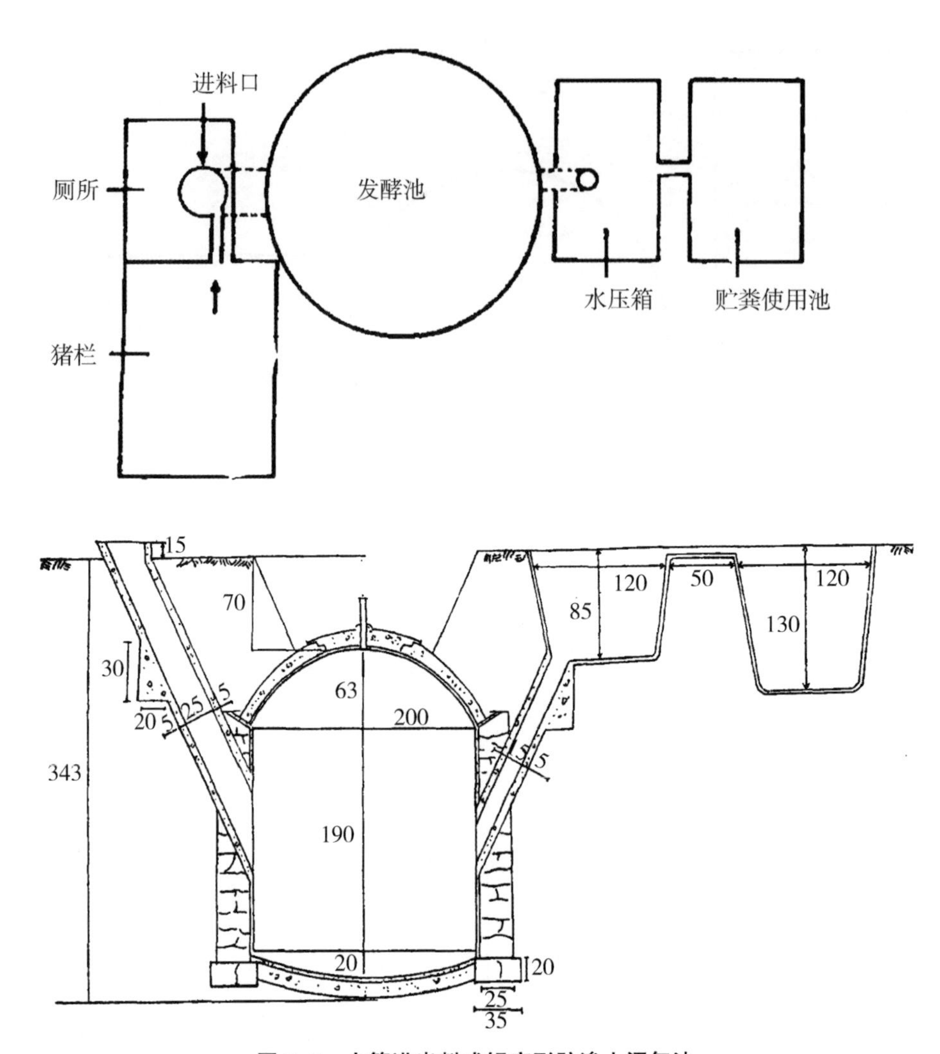

图 3-2　小管进出料式锅底形防渗土沼气池

MU30、MU25、MU20、MU15、MU10、MU7.5 这 6 个强度等级。黏土砖就地取材，价格便宜，经久耐用，还有防火、隔热、隔声、吸潮等优点。

普通黏土砖常用作户用沼气池、生活污水净化沼气池、小型沼气工程、集水池、调配池、沼液储存池以及沼气发酵装置保温层的保护层、房屋等附属设施建造，其强度等级要求不小于 MU10，容重 1 700 kg/m³，尺寸整齐、各面平整，无过大翘曲。不应使用欠火砖、酥砖及螺纹砖。1 m³ 体量砖砌体的标准砖用量为 512 块（含灰缝）。

砂浆　是由水泥、砂子加水拌和而成的胶结材料，在砌筑工程中，用于将单个砖、石、砌块等块材组合成墙体，填充砌体空隙并把砌体胶结成一体，使之达到一定的强度和密实度。砂浆按组成材料不同，可分为水泥砂浆和混合砂浆；按用途分为砌筑砂浆和抹面砂浆。

图 3-3 沼源村防渗土沼气池

砌筑砖混结构沼气池的砂浆宜选用水泥砂浆，其特点是适合砌筑潮湿环境以及强度要求较高的砌体。砂浆标号采用标准试验方法测得的平均抗压强度值（MPa）表示，砌筑沼气池的砂浆宜选用标号为 M7.5 或 M10.0 的水泥砂浆。

抹面砂浆用于平整结构表面及其保护结构体，并有密封和防水防渗作用，其配合比一般采用 1∶2、1∶2.5 和 1∶3，水灰比为 0.5~0.55。沼气池抹面砂浆可参用水玻璃、三氯化铁防水剂（3%）组成防水砂浆。

2. 砖混结构户用沼气池装置特点

砖混结构户用沼气池通常由曲面形池底、圆筒形池壁、削球形池顶以及必要的附属设施组成。池底自下而上一般由原土夯实，卵（碎）石垫层（灌注 1∶5.5 水泥砂浆），C25 级以上混凝土，振实并抹成曲面形状，池底厚度一般要求 50 mm 厚以上。圆筒形池壁一般为 120 mm 砖砌墙，并做密封处理。池墙顶部设圈梁，以便承受拱顶以上各种负荷。砖混沼气池如图 3-4 所示。

3. 生活污水处理净化沼气池装置特点

生活污水处理净化沼气池是一种主要用于生活污水净化处理的沼气发酵装置，池型包括：矩形池及其衍生池型、圆形池及其衍生池型以及圆形池与矩形池的组合池型。矩形池及其衍生池型：如拱形池、长圆拱形池等，这类池型长度与宽度之比一般大于 2，其表面积较大，力学性能较差，但工艺设备布置简单、施工方便；圆形池及其衍生池型：如上下球面壳圆形池、上下锥面壳圆形池等，这类池型径高比一般在 1 左右，其表面积较小，力学性能较好，但工艺布置较矩形池复杂，施工也较复杂。矩形池的结构类似化粪池、圆形池的结构类似水压式沼气池。砖混结构生活污水净化沼气池的池底为混凝土，池墙、池拱及进出料间均为砖结构，池墙中部、顶部以及洞口上部设圈梁，使结

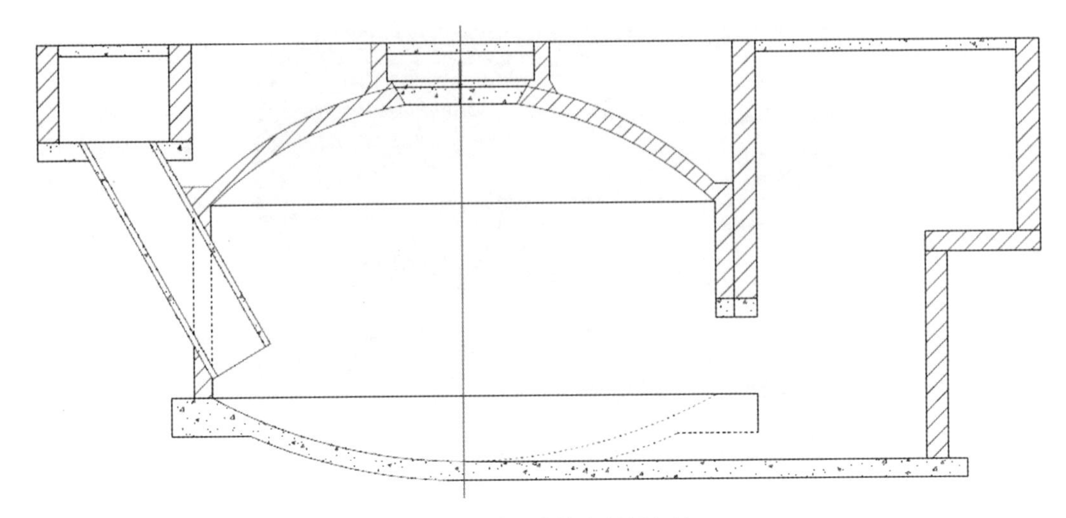

图 3-4　砖混结构户用沼气池

构更加牢固，生活污水净化沼气池典型池型结构如图 3-5 所示。

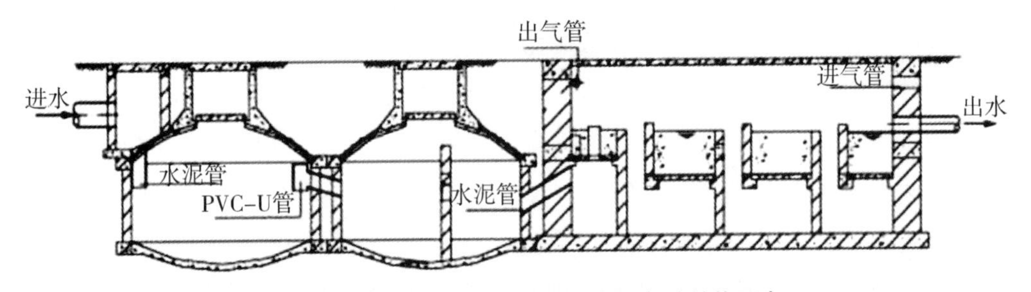

图 3-5　砖混结构生活污水处理净化沼气池结构示意

4. *单砖飘顶*

中国沼气技师通过多年的实践，总结出适宜于沼气池圆拱形池顶施工的方法—单砖飘顶法，即采用无模卷拱法砖砌筑池拱盖。其施工流程为：在池坑外沿打桩，桩上拴长绳，一端拴上砖，将砖吊入池内，可固定拱盖飘砖，或用一个标杆控制弧度。用 1：2 的水泥砂浆砌筑完成，池拱盖外壁用 1：3 的粗砂浆压实抹光，之后在顶部用铁丝网和砂浆加固，如图 3-6 所示。

第三节　钢筋混凝土沼气池

以前户用沼气池、生活污水净化沼气池、地下式小型沼气工程发酵池主要采用砖混结构，随着环境保护要求提高，防渗透要求严格，户用沼气池、生活污水净化沼气池、

图 3-6　单砖飘顶法施工

小型沼气工程地下式发酵装置、部分大中型沼气工程地上式沼气发酵装置都采用混凝土结构。钢筋混凝土结构沼气池通常使用现浇混凝土、预制件或预制混凝土件组装建成。如果地下土壤条件允许，混凝土结构沼气池可部分或全部位于地下。全部埋置于地下的混凝土沼气池，当设计达到足够强度时，其上部可建造其他构筑物，但是，必须符合相关规定。沼气池应该进行专业设计和专业施工，避免池体开裂、泄漏以及混凝土的腐蚀。

1. 建造材料

混凝土是指由胶凝材料将骨料胶结成整体的工程复合材料的统称。修建沼气池通常使用普通混凝土。普通混凝土一般指以水泥为主要胶凝材料，与水、砂、石子，必要时掺入化学外加剂和矿物掺合料，按适当比例配合，经过均匀搅拌、密实成型及养护硬化而成的坚强的整体。混凝土强度等级是以立方体抗压强度标准值划分，目前中国普通混凝土强度等级划分为 14 级：C15、C20、C25、C30、C35、C40、C45、C50、C55、C60、C65、C70、C75 及 C80。沼气池受力构件的混凝土强度等级一般大于 C30 级，垫层混凝土采用 C15。

修建沼气池的混凝土，当材料本身满足抗渗要求时，一般可不作其他抗渗处理。当不能满足抗渗要求时，可以增加隔离型保护涂层阻隔腐蚀性介质对混凝土表面的侵蚀和渗透，即在混凝土表面涂装疏水性有机涂料，可用作钢筋混凝土沼气池内表面的保护涂料有环氧树脂、聚氨酯、聚氨酯沥青、沥青等涂料。这些有机涂料还可用于沼气池气相部分，以满足沼气池气密性的要求。

混凝土材料的优点是原材料丰富，成本低，良好的可塑性，高强度，耐久性好，可用钢筋增强；缺点是自重大，是脆性材料。

钢筋混凝土用钢筋是指钢筋混凝土配筋用的直条或盘条状钢材，其外形分为光圆钢筋和变形钢筋两种，交货状态为直条和盘圆两种。

光圆钢筋实际上就是普通低碳钢的小圆钢和盘圆。变形钢筋是表面带肋的钢筋，通常带有 2 道纵肋和沿长度方向均匀分布的横肋。横肋的外形为螺旋形、人字形、月牙形 3 种。用公称直径的毫米数表示。变形钢筋的公称直径相当于横截面相等的光圆钢筋的公称直径。钢筋的公称直径为 8～50 mm。钢筋在混凝土中主要承受拉应力。变形钢筋由于肋的作用，和混凝土有较大的黏结能力，因而能更好地承受外力的作用。混凝土中使用的钢筋应清除油污、铁锈并矫直后使用。

2. 装置特点

钢筋混凝土结构沼气发酵装置根据建造位置，可分为地下式、半地下式和地上式 3 种形式，如图 3-7、图 3-8、图 3-9 所示。农村户用沼气池、生活污水净化沼气池（图 3-10）、小型沼气工程沼气发酵装置主要采用地下式，大中型沼气工程沼气发酵装置主要采用半地下式和地上式。

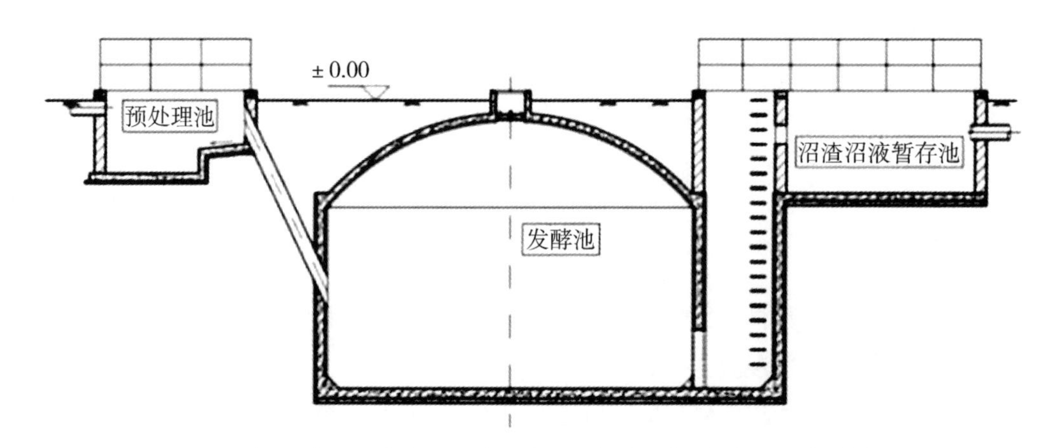

图 3-7　地下式钢筋混凝土沼气池（户用沼气池、小型沼气工程发酵装置）

混凝土结构户用沼气池又可分为现浇混凝土沼气池和预制混凝土拼装沼气池，如图 3-11 所示。德国大型沼气工程的发酵装置也有采用预制混凝土拼装。相对于砖混结构沼气池，混凝土沼气池的结构稳定性更好，使用寿命更长。混凝土结构户用沼气池的池墙、池拱、池底、上下圈梁的材料采用现浇混凝土；水压间圆形结构的采用现浇混凝土，方形结构的采用砖砌；各口盖板、中心管、布料板、塞流固菌板等采用钢筋混凝土预制板。

大中型钢筋混凝土沼气发酵装置，如图 3-12 所示。设计使用寿命宜一般大于 30 年，构筑物的安全等级一般按二级执行，结构重要性系数取 1.0。混凝土应振捣密实，不允许有蜂窝、麻面和裂纹。模板和支撑件应安装牢固且满足浇筑混凝土时的承载能力、刚度和稳定性要求，并拆装方便；模板安装位置正确，拼缝紧密不漏浆，对控螺

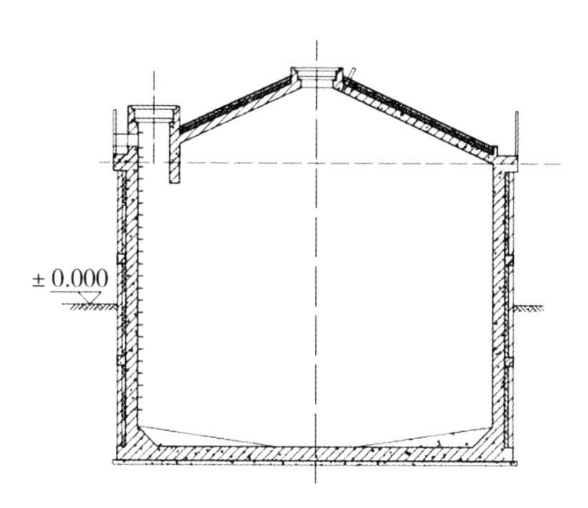

图 3-8　半地上式钢筋混凝土沼气池

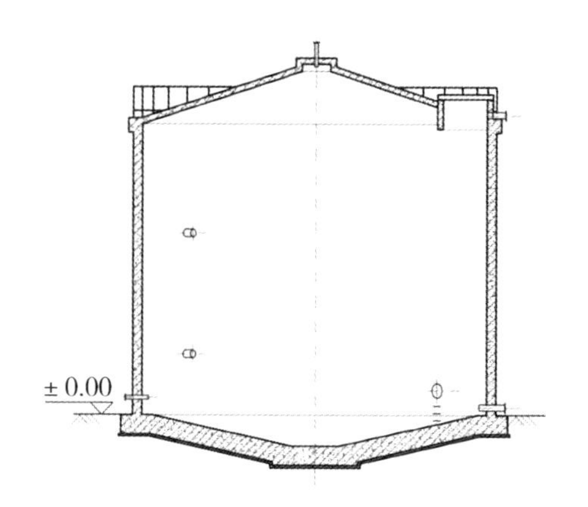

图 3-9　地上式钢筋混凝土沼气池

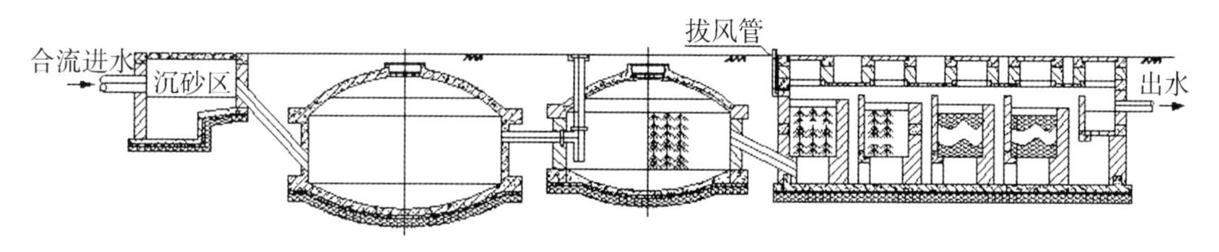

图 3-10　钢筋混凝土结构生活污水处理净化沼气池

栓、垫块等安装稳固，模板上的预留孔洞和预埋管件不得错位、遗漏，且安装牢固；模板清洁、脱模剂涂刷均匀，钢筋和混凝土接茬处无污渍。

图 3-11 预制混凝土户用沼气池

图 3-12 钢筋混凝土结构大中型沼气发酵装置

第四节 钢制沼气发酵罐

钢制沼气发酵罐是我国特大型、大型沼气工程应用最多的沼气发酵装置，主要有钢板焊接、钢板拼装和螺旋双折边咬口结构。

一、钢板焊接沼气发酵罐

钢板焊接结构沼气发酵装置就是利用市面上常见的钢板，经成型、焊接、防腐等工序加工而成的沼气发酵装置。其优点是技术成熟，可以现场制作，不需要专用的设备和工装，制作材料选择多样；缺点是防腐工艺相对复杂。

1. 罐体材料

焊接沼气发酵装置用钢板，表面不得有气泡、裂纹、结疤、拉裂和夹杂，钢板不得有分层。发酵装置壁板的材质宜为 Q235 和 Q345，角钢及附件的材质宜为 Q235，无缝钢管材质可为20#，特殊场合可使用304或316不锈钢材质。选用材料要考虑发酵罐的使用条件、材料的焊接性能、加工制造以及经济合理性。沼气发酵装置常用钢材，如图3-13所示。

图3-13　沼气发酵装置常用钢材

2. 装置特点

按发酵罐形状，钢板焊接结构沼气发酵罐可分为立式和卧式罐。根据沼气发酵工艺的设计要求，单体容积小于200m^{3}的沼气发酵罐可使用卧式罐或立式罐，单体容积大于200m^{3}的一般使用立式罐，通常都建在地上，如图3-14所示。

图3-14　立式钢板焊接结构沼气发酵装置

按罐顶的结构，立式圆筒形钢制发酵罐可分为拱顶发酵罐和锥顶发酵罐，如图3-15。拱顶发酵罐的力学性能比锥顶发酵罐好，但是锥顶发酵罐由于罐顶外保温层及保护层安装方便，在沼气工程中应用广泛，技术较为成熟。

钢板焊接结构沼气发酵罐由罐底、罐壁和罐顶组成。

罐底：由多块薄钢板拼装而成，其排列方式一般由设计给定。罐底中部钢板称为中

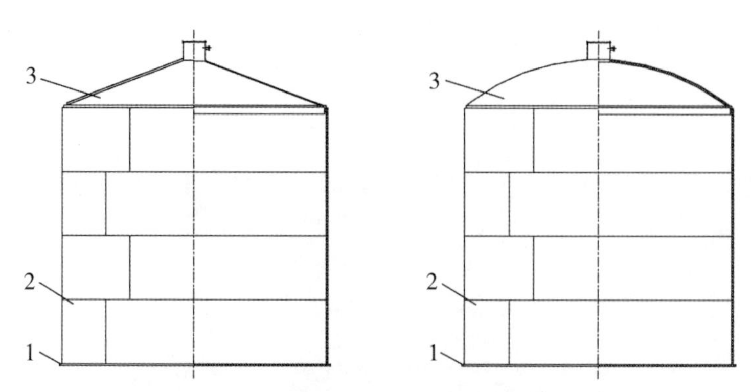

图 3-15　锥顶沼气发酵罐（左）和拱顶沼气发酵罐（右）

1—罐底；2—罐壁；3—罐顶

幅板，采用搭接焊缝形式；周边的钢板称为边缘板（边板），要采用对接焊缝形式。边缘板可采用条形板，也可采用弓形板，依发酵罐的直径、容量及与底板相焊接的第一节壁板的材质而定。罐底拼装如图 3-16 所示。一些大型钢结构沼气发酵罐可不做钢结构罐底，但罐壁与基础的结合部位，应做良好的防渗处理。

图 3-16　罐底拼装现场

罐壁：由多圈钢板组对焊接而成，钢板厚度沿罐壁的高度自下而上逐渐减少，最小厚度为 4~6mm。目前，由于安装工艺的进步，罐壁板主要采用对接焊缝形式，已很少采用搭接。罐壁焊装如图 3-17 所示。

罐顶：由多块厚度为 4~6mm 的压制薄钢板和加强筋（通常用角钢或扁钢）组成的扇形罐顶板构成，或由构架和薄钢板构成，各扇形罐顶板之间采用搭接焊缝。罐顶焊装如图 3-18 所示。

钢板焊接结构沼气发酵罐主体安装方法有正装法和倒装法两种。正装法是指以罐底

图 3-17　罐壁焊装现场

图 3-18　罐顶焊装现场

为基准平面，罐壁板从底层第一节开始，逐块逐节向上安装。倒装法是指以罐底为基准平面，先安装顶圈壁板和罐顶，然后自上而下，逐圈壁板组装焊接与顶起，交替进行，依次直到底圈壁板安装完毕。国外施工企业大都采用正装法，国内企业大都采用倒装法。实际应用的倒装法有中心柱提升、空气顶升、手动倒链起升、电动倒链群体起升、液压提升等多种倒装法。目前，采用较多的是手动倒链起升和电动倒链群体起升倒装法。

二、螺旋双折边咬口结构沼气发酵罐

螺旋双折边咬口结构沼气发酵装置，也就是俗称的“利浦罐”。该类沼气发酵罐利用金属塑性加工硬化和薄壳结构的原理，通过螺旋、双折边、咬合过程和专用滚压、咬合、压紧成型设备建造沼气发酵罐。螺旋双折边咬口技术制作罐体，施工周期短，节约钢材，罐体自重轻，使用寿命一般可达 20 年以上。

1. 罐体材料

螺旋双折边咬口结构沼气发酵装置使用的材料通常为495mm宽，2~4mm厚的镀锌钢板或不锈钢-镀锌钢板复合板，如图3-19所示。对于不锈钢-镀锌钢板复合板，镀锌钢板满足强度要求，不锈钢薄膜复合层满足防腐要求。由于螺旋咬合筋的存在，具有相当大的抗环向拉应力的强度，从强度理论上讲，罐体的钢板厚度可以比2mm更小，但从结构稳定性角度考虑，选用材料一般不小于2mm。鉴于制罐机械咬合紧密度和压紧强度的限制，选用材料一般不大于4mm，对于超高超大型罐体，可选用机械性能更好的材料以使材料厚度≤4mm。

图3-19　螺旋双折边咬口结构沼气发酵罐常用材料

2. 装置特点

特殊的罐体卷制设备：螺旋双折边咬口结构制罐设备包括：开卷机，作用是将成卷的钢板展开；成型机，作用是将开卷后的钢板弯曲并初步加工成型；折弯机，作用是将成型机加工的钢板配合好，折弯、咬口，轧制在一起，形成螺旋的筒体；承载支架，作用是承载螺旋上升的筒体；高频螺柱焊机，减少焊接时对罐体材料的破坏。常见的利浦罐体卷制机组分别由松卷机、成型机、卷边机组成，如图3-20所示。

螺旋双折边咬口制罐特点：薄钢板通过上下层之间的咬合，在罐外形式螺旋上升和连续的咬合筋，在内部形成平面的连接。制作时薄钢板通过一台成型机和一台咬合机，在成型机上薄钢板上下部被折成弯钩形，在咬合机上薄钢板上部与上一层薄钢板的下部被咬合在一起。已成型的圆形体在支架上螺旋上升，当到达所需要的高度时，将上下两端面切平即完成了螺旋双折边咬口结构沼气发酵罐的制作。虽然是薄壁结构，但是由于其相等间距的咬合筋的作用，螺旋双折边咬口结构沼气发酵罐具有相当大的环拉强度。咬合筋成型过程及截面形状见图3-21。

制罐过程：螺旋双折边咬口结构沼气发酵罐的制作顺序是先做罐顶，再自上而下卷制罐体，最后落罐生根，具体步骤如下。

图 3-20　利浦罐体卷制机组

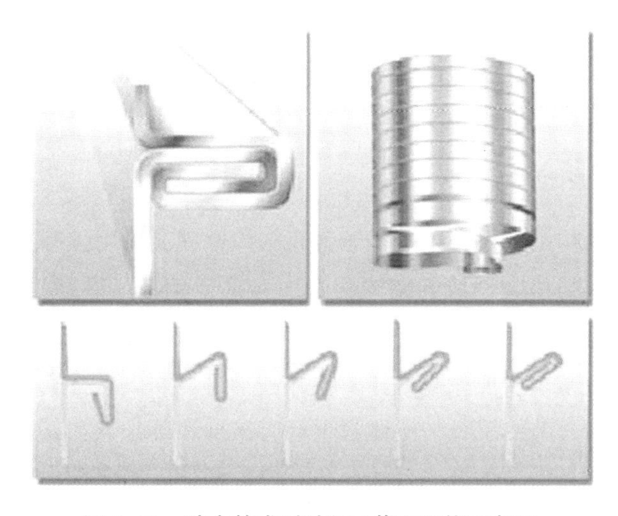

图 3-21　咬合筋成型过程及截面形状示意图

①场地准备，在罐壁内外留出 1m 左右的间隙并制作好基础平台，作为成型设备安装及操作空间；

②设备安装，安装承载支架，安装开卷机、成型机、折弯机；

③罐体制作，咬合成型；

④罐顶安装，当罐体卷制到 1m 高度时，暂停咬合卷制，将罐体上端切削平整，安装顶部檐口和罐顶；

⑤卷罐举升，罐顶安装完毕后继续卷制罐体，边卷制边举升，至要求高度；

⑥落罐生根，切平罐体底面，拉出罐体内设备，落罐，罐体与罐底预埋件通过螺栓连接固定，二次浇注密封。

制作完成的螺旋双折边咬口结构沼气发酵罐如图 3-22 所示。

图 3-22 螺旋双折边咬口结构沼气发酵罐

三、搪瓷钢板拼装沼气发酵罐

搪瓷钢板拼装结构沼气发酵罐是基于薄壳结构原理，采用预制柔性搪瓷钢板以螺栓连接方式以及橡胶密封拼装制成的罐体，简称“搪瓷钢板拼装罐”或“搪瓷拼装罐”。搪瓷钢板基板为低碳钢冷轧板，搪瓷瓷釉是多种无机化工原料共同高温烧制反应而成，搪瓷钢板通过在钢板基材表面涂敷搪瓷浆料并进行焙烧而成。搪瓷钢板拼装罐具有耐腐蚀性好，施工周期短，节约钢材，罐体自重轻，易拆卸等优点，其缺点是螺栓连接的方式带来了渗漏的可能，不方便施工现场开孔方位的调整。搪瓷钢板拼装结构沼气发酵罐如图 3-23 所示。

图 3-23 搪瓷钢板拼装结构沼气发酵罐

1. 罐体材料

制作搪瓷钢板，首先要选择好制作钢板，然后对钢板进行切割或冲压加工、打孔、表面处理，同时在处理好的钢板两面喷涂瓷釉，最后在电炉中900℃高温下进行搪烧。搪瓷涂搪方法按照瓷釉浆或瓷釉干粉涂敷可以分为湿法涂搪和干法涂搪，钢板涂搪多用湿法涂搪。按照涂搪的操作方法来分则可分为手工涂搪、机械涂搪和电泳搪等。根据各种化工原料的性质和作用，瓷釉可分为基体剂、助熔剂、乳浊剂、密着剂和着色剂等。搪瓷钢板的主要面瓷层厚度要求为200~350 μm，孔部位边缘瓷层厚度为100~150 μm。螺栓可采用标准胶帽螺栓，不低于4.8级，螺栓、螺母和垫片宜做彩镀锌防腐处理，密封胶宜采用中性耐候硅酮密封胶。搪瓷钢板的板块尺寸以长×宽=（2~2.8）m×（1~2）m最为常见，如图3-24所示。

图3-24　搪瓷钢板

2. 装置特点

搪瓷钢板拼装罐的拼装通常按自上而下顺序进行，即先装配罐体的最上层，然后装配罐顶，然后依次向下安装罐体第二层。安装时可采用专用机械也可采用普通脚手架。搪瓷钢板之间的拼装，采用钢板相互搭接并用自锁螺栓紧固的连接方式，钢板搭接面满涂密封胶，自锁螺栓表面由耐酸碱聚丙烯工程塑料保护其不受发酵料液的腐蚀，螺纹涂螺纹胶密封。罐顶安装如图3-25所示，壁板联结面及螺栓密封如图3-26所示。

搪瓷拼装罐罐壁最下层壁板与基础连接相对复杂，因为该处受到的液体静压力最大，而且是不同材质之间的连接，最容易出现渗漏。该处的处理方式是：用螺栓将罐壁最下层壁板与地脚箍筋（角钢制作）固定后，将地脚箍筋用膨胀螺栓固定在发酵罐基础上，地脚箍筋与基础接触面用油膏进行防水处理，然后在发酵罐内部制作钢筋混凝土

图 3-25　罐顶安装

图 3-26　壁板联结面及螺栓密封

护坡，外部制作钢筋混凝土圈梁，确保底部无渗漏和罐体的稳定，如图 3-27 所示。

图 3-27　搪瓷拼装沼气发酵罐罐底与基础连接

第五节　复合材料沼气池

复合材料沼气池主要包括黑膜沼气池、红泥塑料沼气池、玻璃钢沼气池等。其特点是防腐性能、密封性能优越。

一、黑膜沼气池

膜结构沼气池在国外称为覆膜式稳定塘，在中国俗称“黑膜沼气池”，是在开挖好的基坑基础上，采用优质膜材料，由底膜和顶膜密封组成，再根据沼气发酵工艺要求在池内安装进出水口、抽渣管和沼气收集管，形成的一种沼气发酵反应器。通常建于地下或半地下，集发酵、贮气于一体，防渗膜材料将整个稳定塘完全封闭，剖面如图 3-28 所示。

膜结构沼气池具有建造简单、施工周期短、造价低，工艺简单、运行维护方便，污水滞留时间长、消化充分、能利用地热增温保温等优点。防渗膜可低成本替代常规建池材料（如混凝土、钢板、砖块等），以解决建池材料紧缺、价格高等问题。同时，膜结构沼气池还能很好地解决混凝土沼气池因温度变化而产生收缩、胀裂引起的渗水、漏水、漏气问题以及钢制沼气发酵罐钢板易腐蚀、管道易堵塞、设备易损坏、运行费用高等问题。

但是，膜结构沼气池也存在诸多缺点，包括：通常建设容积大，水力滞留期达 40 天以上，造成占地面积大；不易增温，一般采用常温发酵，难以做到均衡产气，北方地区不宜采用；由于安装机械搅拌设施困难，不易处理高纤维含量、易结壳的发酵原料；固体物质易沉于底部，且底部面积较大，排渣困难；有摩擦静电引起爆炸的风险，应做好防护；面积大，容易因为建造质量低劣、人为破坏而引起泄漏。

1. 建池材料

膜结构沼气池容易泄漏，存在安全风险，因此，必须采用密封性能好，抗拉强度高、抗老化及耐腐蚀性能强、防渗效果好的膜材料。膜结构沼气池建造材料主要有：高密度聚乙烯（High Density Polyethylene，HDPE）环境膜、三元乙丙橡胶（Ethylene Propylene Diene Monomer，EPDM）环境膜、无规共聚聚丙烯（Polypropylene Random，PPR）环境膜等。根据材料的特性以及美国建池经验，建造膜结构沼气池一般选用高密度聚乙烯 HDPE 环境膜（以下简称为 HDPE 膜）。

HDPE 膜用于建造沼气池时，底部及顶部厚度均应大于或等于 1.5mm，底部宜采用糙面膜，顶部宜采用光面膜。外观检查时，切口应平直、无明显锯齿现象；不允许有穿

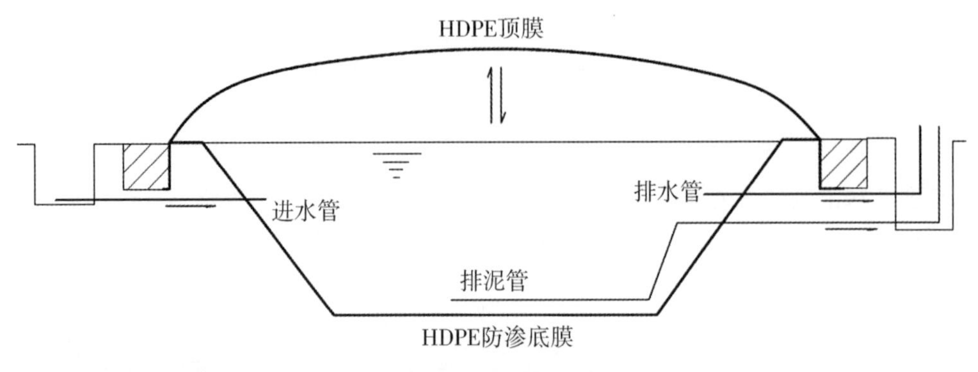

图 3-28　膜结构沼气池示意

孔修复点；无机械（加工）划痕或划痕不明显；每平方米不得有超过 10 个硬块，当厚度小于或等于 2mm 时，截面上不允许有贯穿膜厚度的硬块；不得有气泡和杂质；不得出现裂纹、分层；外观应均匀，不应有结块、缺失等现象。

2. 装置特点

膜结构沼气池基本的施工流程为：土方开挖→预埋管道→挖锚固沟→池底施工（底膜铺设）→池底试水→顶膜铺设→锚固沟回填。建设膜结构沼气池时，土建位置因拟建设场地的具体情况而定。施工前，工程技术人员应到现场放线后开挖，挖机沿着放好的尺寸进行施工，沼气池的形状最好为长方形，四周斜坡与池面应平整、均匀一致。在发酵池边挖锚固沟，用来固定底膜和顶膜，防止被风刮起。

预埋管道：沼气池池体开挖后，根据现场实际情况开挖沟槽，铺设进水管、出水管、排渣管、排气管等，底膜、顶膜铺设完成后，HDPE 膜与管道的连接处应做加强密封处理。

底膜铺设：包括以下工序：地下水收集排导系统，基础层及压实土壤保护层，池底排气系统，HDPE 防渗膜层，膜上保护层。

在安装底膜前，应检查其膜下保护层，每平方米的平整度误差不易超过 20mm；底膜宜根据建池尺寸，在厂内焊接、检测完成后现场铺设，焊接应采用热熔焊接或挤出焊接，热熔焊接搭接宽度为 100±20mm，挤出焊接搭接宽度为 75±20mm。铺设应一次展开到位，不宜展开后再拖动。需要为材料热胀冷缩导致的尺寸变化留出伸缩量。膜下保护层应采用适当的防水、排水措施。地上部分膜体需要采取措施防止膜材料受风力影响而破坏。施工人员应带防护手套，人员、工具车等不得在无防护措施的情况下直接在膜上踩踏、碾压，以保护膜不受破坏。膜上应设保护层，可采用非织造土工布。池底施工完成后，应做试水试验，确保池底无泄漏。

顶膜铺设：底膜铺设密封性检测合格后，便可进行顶膜的铺设。顶膜应采用≥1. 5mm 厚度的 HDPE 膜（性能与底膜一样），根据现场的实际地形尺寸裁剪 HDPE 防渗膜，按顺序铺设，用膜覆盖整个沼气池池体。顶膜铺设完成后，将底膜与顶膜四周焊接好，并埋在锚固沟中固定，确保锚固处不渗水和不被拔出，防止膜材料产生位移。

安全措施：严禁在雨天铺设防渗膜、进行焊接和缝合施工；焊接时基底表面应干燥，含水率宜在 15%以下，防渗膜膜面应用干纱布擦干净；不得将火种带入施工现场；不得穿钉鞋、高跟鞋及硬底鞋在防渗膜上踩踏；车辆等机械不得碾压防渗膜及其保护层；保证焊接质量，焊接操作人员应随时观察焊接质量，根据环境温度的变化调整焊接温度和行走速度。

应进行必要的排气、应急燃烧处理，如不及时排气则容易造成沼气顶膜从锚固沟内拉出，严重的可造成顶膜破裂，影响沼气池的使用寿命。如顶膜遭遇破坏沼气外泄，应立即进行简单处理即采用胶带等带有黏性的材料对损坏处进行封闭，避免沼气外泄产生安全隐患，并应及时通知施工方进行维修处理。

二、红泥塑料沼气池

红泥塑料沼气池是以红泥塑料为膜材料建设的软体沼气池，在中国也有一定的应用市场。红泥塑料就是将铝矾土提取氧化铝后的废渣——“红泥”，掺入聚氯乙烯塑料中，这样大大改善了聚氯乙烯塑料的抗紫外线、阻燃、耐低温等特点。红泥塑料沼气池最大的优点是造价低，另外红泥塑料也有抗腐蚀、抗冻、抗震等优点。但是红泥塑料的使用寿命较短，这是制约其大规模推广的主要原因，另外红泥塑料的保温性能较差，限制了该结构沼气池在寒冷地区的推广。

红泥塑料沼气池有“半塑式”和“全塑式”两种池型。“半塑式”沼气池主要由料池和气罩两大部分组成，料池一般用混凝土现浇而成，也可以预制或用砖砌筑，平底直身。截面常见的有圆形和长方形（圆角）两种。料池上方设有水封槽，用来密封料池与气罩的结合处，水封槽内设有固定挂钩，用来固定气罩。气罩采用0.6～1.0mm厚红泥塑料膜加工制成，将气罩套住料池并固定在挂钩上，再将水封槽内加满水，即能有效的将沼气池密封，如图3-29所示。“全塑式”沼气池施工与上述“膜结构沼气池施工”类似。

图3-29 红泥塑料沼气池

三、玻璃钢沼气池

玻璃钢即玻璃纤维增强塑料，是用玻璃纤维、树脂、添加剂和填料制作而成。由于玻璃钢主要成分是玻璃纤维和塑料，因此其性能远远超过塑料。玻璃钢具有质量轻、强度高的特点，虽然玻璃钢的比重只有碳钢的1/4～1/5，但其拉升强度超过碳钢。玻璃钢耐腐蚀性能好，对一般的酸、碱、盐、多种油类和溶剂都有较好的抵抗力。另外，玻璃钢也是优良的绝缘、绝热材料。

玻璃钢结构沼气池是指以玻璃纤维为增强材料，以树脂为基体的玻璃纤维增强塑料制作的沼气池，具有施工方便、工期短；密封性好，不易漏水、漏气；耐腐蚀、抗酸碱，抗冻、抗拉扭能力较强；工厂化、标准化生产，不受生产环境和施工技术限制；在地下水位较高地区和流沙区施工处理简便，施工难度小；运输方便，可以较远距离运输等优点。但是，玻璃钢断裂伸长率仅为2%左右，具有脆性；相对与砖混结构、钢混结构、钢结构沼气池，玻璃钢结构沼气池的造价略高。

玻璃钢结构沼气池包括玻璃钢户用沼气池、玻璃钢户用沼气池拱盖、玻璃钢沼气罐。玻璃钢户用沼气池、玻璃钢户用沼气池拱盖一般采用片状模塑料模压成型、手糊成型和喷射成型工艺生产，也可采用缠绕成型生产工艺。小型玻璃钢沼气罐一般采用缠绕成型工艺生产。

手糊成型：在涂好脱模剂的模具上，用手工铺放纤维布等材料并涂刷树脂胶液，直至所需厚度为止，然后进行固化的成型。

片状模塑料：树脂糊浸渍纤维或毡片所制成的片状混合料。

缠绕成型：在控制张力和预定线型的条件下，以浸渍树脂胶液的连续纤维或织物缠到芯模或模具上成型制品，又称连续纤维缠绕成型。

喷射成型：将预聚物、催化剂及短纤维同时喷到模具或芯模上成型制品。

1. 玻璃钢户用沼气池、玻璃钢拱盖

玻璃钢户用沼气池的容积一般为 4~10m^3、玻璃钢沼气池拱盖可以为不同规格的砖混、钢筋混凝土池身墙的沼气池（6~10 m^3）配套。以往一般采用手糊成型，现在大多采用模压成型工艺生产。成型的玻璃钢户用沼气池（图 3-30）、玻璃钢沼气池拱盖（图 3-31）的外观应平整、光滑，不应有明显的划痕、褶皱，外表面不得有纤维裸露，不得有针孔、中空气泡、浸渍不均匀和不完全等缺陷；内表面应光滑、均匀，不允许有明显气泡；各部件和连接部位边缘应整齐；厚度应均匀、无分层；整体结构应符合户用沼气池标准的规定，应能满足生产沼气、储存沼气、方便进料、出料和维修的要求；局部结构要求进出料管、活动盖、水压间与主池的连接部位应做加强处理。

图 3-30 玻璃钢户用沼气池

图 3-31 玻璃钢户用沼气池拱盖

产品安装时，玻璃钢沼气池现场安装使用的材料应与池体材料一致，安装程序应严格按照产品生产厂家提供的具体、详细说明执行；玻璃钢拱盖沼气池拱盖部分与其他结构部分的连接方法应严格按照生产厂家提供的具体、详细的施工说明执行。

2. 玻璃钢沼气发酵罐

玻璃钢沼气发酵罐一般采用缠绕成型（图 3-32），容积可以做到 2 000m^3。玻璃钢罐用的原材料包括玻璃纤维，玻璃毡，基体树脂和辅料（固化剂、促进剂、颜料等），以及防静电剂和防紫外线吸收剂。玻璃钢罐一般由内衬层和缠绕层组成。在内衬层选材时，为避免内衬层中玻璃纤维与树脂间因弹性模量的差异引起的应变集中，基体材料应选用韧性好、延伸率高、固化收缩率低且具有一定耐腐蚀能力的树脂，增强材料应选用与树脂具有良好浸润性、树脂固化后应变集中系数小、能保持较高树脂含量的非连续性短切纤维制品。

缠绕成型玻璃钢沼气发酵罐通常由封头、封底、筒体三大部分组成。封头一般可采用圆锥形或拱顶型，可采用法兰连接，为便于运输，上封头可以在供方工厂内分瓣预制，在需方现场组装成整体。封底一般为平底，也可以是锥形或球缺形，封底不得采用分瓣预制的方法制作，必须在罐体安装现场整体制作。

筒体的层次结构应由内表层、防渗透层、结构层和外保护层构成，内表层和防渗透层总称为衬层。

图 3-32　小型玻璃钢沼气发酵罐

内表层为厚 0. 25~0. 5 mm 的富树脂层，树脂应耐化学腐蚀，增强材料可以是耐化学腐蚀的玻璃纤维表面毡或有机纤维表面毡，内层中树脂含量应大于 90%。

防渗透层由耐化学腐蚀的树脂及无碱玻璃纤维喷射纱或短切原丝毡增强，树脂含量大于 70%，该层的主要作用是保护内表层，提高内衬的抗内压失效能力，阻止裂纹扩散。

结构层采用连续无捻粗纱增强，对于不同高度的容器，结构层的厚度应满足最小强度要求，其他增强材料，如无捻布、不定向布、短切原丝毡或短切原丝，在缠绕时也可以散布其中，提供附加强度。对于全部由无捻粗纱增强的结构层，树脂含量为 25%~40%。

外保护层应能抗紫外线老化和满足其他保护要求，罐壁外表应有一个不低于 0. 25 mm厚的富树脂层。

罐体应缠绕均匀，无明显的色差，产品内外表面不得有针孔、浸渍不良（即纤维未被树脂浸透）、伤痕（包括断裂、裂纹、擦伤）、外观粗糙（即尖的凸起或纤维外露）、气泡（由空气积聚形成的表面鼓泡）等缺陷。其他外观、结构要求同玻璃钢户用沼气池。

参考文献

蔡磊，王庆卫 . 1997. Lipp 技术及其在污水处理工程中的应用 [J]. 给水排水，23

(6)：58-61.
蔡磊 . 1997. 德国利浦制罐技术在大中型沼气工程中的应用［J］. 中国沼气，15（2）：29-32.
陈超 . 2012. 膜结构在沼气建设上的应用浅谈［J］. 中国沼气学会学术年会论文集.
陈文峰，李景方 . 2010. 大型玻璃钢罐在油田采出水处理站的应用及发展［J］. 企业与科技，5：85-86.
邓良伟，等 . 2015. 沼气工程［M］. 北京：科学出版社.
方国渊，常恩培，蔡昌达 . 1986. 红泥塑料沼气池［J］. 太阳能（1）：6-10.
郝素英 . 2006. 钢筋混凝土水池设计计算手册［M］. 北京：中国建筑工业出版社.
林伟华 . 2000. 利浦制罐技术在大中型沼气工程中的建筑设计与施工［J］. 中国沼气，18（2）：24-27.
农业部人事劳动司、农业职业技能培训教材编审委员会 . 2004. 沼气生产工［M］. 北京：中国农业出版社.
唐艳芬、王宇欣 . 2013. 大中型沼气工程设计与应用［M］. 北京：化学工业出版社.
夏邦寿，胡启春，宋立 . 2008. 村镇生活污水净化沼气池设计图例技术分析［J］. 农业工程学报，24（11），197-201.
熊章琴 . 2012. 生活污水净化沼气池的建设［J］. 农业灾害研究，2（9-10）：46-48
徐英，杨一凡，朱萍 . 2005. 球罐和大型储罐［M］. 北京：化学工业出版社.
张宏旺，黄万能，曾清华 . 2010. 红泥塑料在沼气装置中的应用［J］. 中国沼气，28（5）：24-26.
周孟津，张榕林，蔺金印 . 2009. 沼气实用技术［M］. 北京：化学工业出版社.

第四章　储存与净化

第一节　沼气储存

沼气发酵装置正常情况下全天连续产生沼气，但是在沼气使用环节，常常间歇使用，用气量与产气量很难完全匹配，因此，需要设置储气装置储存暂时没有利用完的沼气。储气装置的主要功能是解决沼气发酵系统中沼气均衡生产与沼气不均匀使用之间的矛盾，确保用气时沼气供应充足，没有用气时沼气不外排，并且维持供气管网和沼气燃具的压力稳定，满足用户要求（唐艳芬等，2013）。

我国农村沼气常用的储气方式有水压式储气箱、低压湿式储气柜、低压干式储气柜，少数情况会用到中压或次高压储气罐作为中间缓冲装置。储气方式选择需根据工程规模、工程所在地理位置、沼气使用情况和造价等综合考虑。户用沼气池、中小规模地下式沼气工程，可采用水压式储气。在寒冷季节不结冰地区，沼气工程宜采用湿式储气柜储气，压力稳定，调压方便；在寒冷季节会结冰的地区，沼气工程宜采用干式储气柜，可避免湿式储气柜水封池结冰而无法使用的问题。远距离集中供气、沼气提纯后生物天然气储存，可增设中间缓冲用中压或次高压储气罐。

沼气的用途不同，储气装置的容积大小和储存压力也不同。沼气用于发电、烧锅炉或作为生活燃料，通常采用低压储气，即储气压力小于 10kPa（表压），一般情况下可以满足用气设备对进气压力的要求。沼气用于提纯制取生物天然气，由于提纯后的生物天然气压力较大，通常采用中压或次高压储气罐进行储存，便于管道输送和提高储存能力，中压储气压力不大于 0.4MPa（表压），次高压不大于 1.6 MPa（表压）。用于民用的储气装置有效容积可按日平均供气量的 50%～60%确定；发电机组连续运行时，储气装置有效容积按发电机日用气量的 10%～30%确定；发电机组间断运行时，储气装置有效容积宜大于间断发电时间的用气总量；用于提纯压缩时，储气装置有效容量宜按日用气量的 10%～30%确定。

储气装置是沼气生产利用系统的危险源，必须符合现行国家相关标准，并应远离居民稠密区、大型公共建筑、重要物资仓库以及通信和交通枢纽等重要设施。同时，储气装置应按现行国家标准设置避雷和防雷接地设施。

一、低压储气

1. 地下式沼气池储气箱

户用沼气池、中小规模地下式沼气工程一般采用地下水压式沼气池，结构示意如图 4-1所示，通常不需要建设单独储气柜储存沼气，沼气池的顶部气箱部分就是沼气储存装置。气箱内沼气最大压力由发酵间液面与水压间沼液溢流口液面高差控制，高差越大压力越大，但通常不超过 12 kPa（表压）；气箱内沼气储存量由水压间的容积控制，水压间容积越大沼气储存量越大。

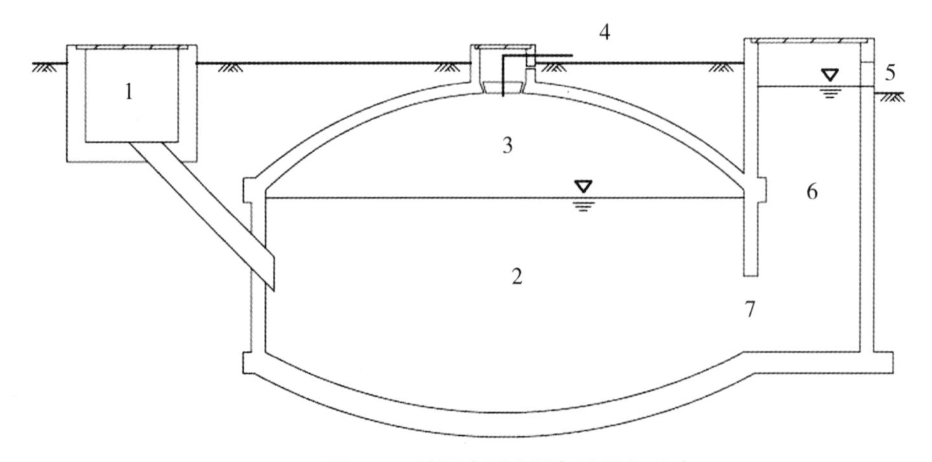

图 4-1　地下水压式沼气池结构示意

1—进料池；2—沼气池发酵部分；3—气箱部分；4—沼气输出管；5—沼液溢流口；6—水压间；7—过水口

在沼气输出管阀门关闭条件下，随着发酵间沼气的产生，气箱内沼气压力增加，发酵间内的液面随之下降，混合液（沼液）通过过水口进入水压间，当水压间的沼液装满后，沼液由水压间溢流口流出。随着沼气产量不断增加，发酵间内液面不断下降，当液面下降到过水口上端面后，再增加的沼气将从过水口进入水压间，并从水压间上液面逸出。

当使用沼气时，气箱内沼气量减少，压力下降，水压间中沼液通过过水口回补到发酵间，回流沼液量与使用的沼气体积相等，发酵间内液面上升，当水压间沼液液面和发酵间内液面达到同一平面时，气箱沼气压力为 0Pa（表压）。

2. 低压湿式储气柜

低压湿式储气柜通常称为湿式储气柜，由水封池和钟罩两部分构成，钟罩置于水封池内部。水封池内注满清水作为沼气密封介质，钟罩作为沼气储存装置，通过导向设备（导轨）在水封池内上升或下降，达到储气或供气目的。湿式储气柜属于低压储气，储气压力一般为 2 000~5 000Pa，当有特殊要求时，也可设置为 6 000~8 000Pa，压力大小由配重块调整。

湿式储气柜按导轨形式可分为：无外导架直升湿式储气柜、外导架直升湿式储气柜和螺旋上升湿式储气柜，如图 4-2、图 4-3 和图 4-4 所示。3 种类型湿式储气柜的原理和附属设施基本相同，主要区别在导轨、上导轮的安装以及钟罩的运动方式，其具体区别见表 4-1。

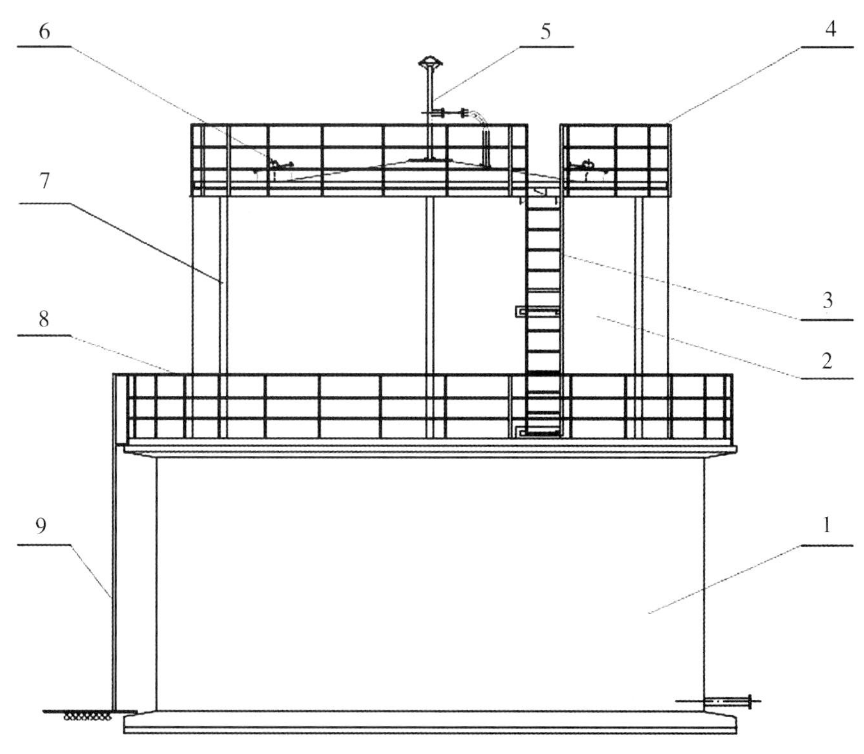

图 4-2　无外导架直升湿式储气柜

1—水封池；2—钟罩；3—钟罩爬梯；4—钟罩栏杆；5—放空管；
6—检修人孔；7—导轨；8—水封池栏杆；9—水封池爬梯

表 4-1　几种类型湿式储气柜的特点

类型	无外导架直升湿式储气柜	外导架直升湿式储气柜	螺旋上升湿式储气柜
特点	导轨直接焊接在钟罩外壁上，上导轮安装在水封池上沿口，且固定不动，导轨随钟罩运动	导轨制作成网状结构固定在水封池上沿口，上导轮焊接在钟罩上，导轨固定不动，上导轮随钟罩运动。直升储气柜的导轨为直线形，钟罩的运动是直线上升和下降	导轨直接焊接在钟罩外壁上，导轮设在水封池上，导轨为 45°螺旋形。钟罩呈螺旋式上升或下降

（续表）

类型	无外导架直升湿式储气柜	外导架直升湿式储气柜	螺旋上升湿式储气柜
优点	结构简单，导轨制作容易，钢材用量较少	外导架加强了储气柜的刚性，抗倾覆性好，导轨制作安装容易	没有外导架，钢材用量少，施工高度仅相当于水槽高度
缺点	抗倾覆性能差	外导架较高，高空作业和吊装工作量大，钢材用量大	抗倾覆性能较差，对导轨制造、安装精度要求高，加工较困难

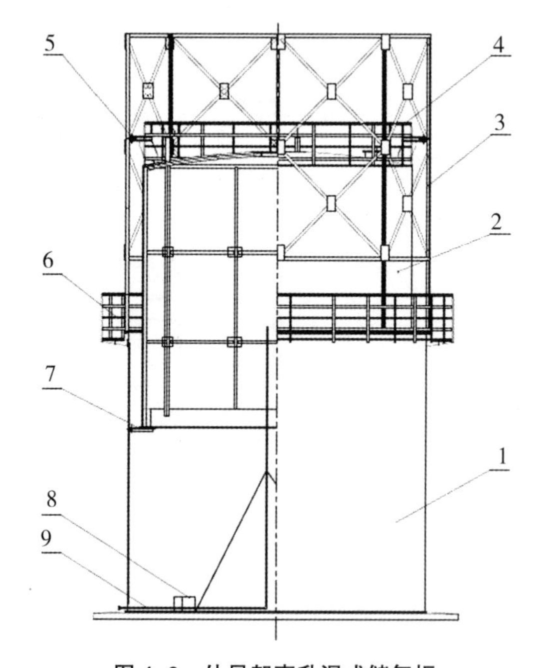

图 4-3　外导架直升湿式储气柜

1—水封池；2—钟罩；3—外导架；4—钟罩栏杆；5—上导轮；6—水封池栏杆；7—下导轮；8—钟罩支墩；9—进气管

湿式储气柜主要包括水封池，钟罩以及其他附属结构和设施。湿式储气柜容积确定后，外形尺寸取决于径高比（D∶H）。径高比是指直径和高度的比值，直径 D 是指储气柜水封池内径，高度 H 是指气柜钟罩升到最高位时储气柜的总高度。对于无外导架的直升气柜和螺旋上升气柜，D∶H＝1.0～1.65，对于有外导架的直升气柜，D∶H＝0.8～1.2。湿式储气柜水封池高度一般不大于 10 m。

湿式储气柜水封池可以采用钢结构或钢筋混凝土结构，钟罩通常采用钢结构，对容积小于 300 m^3 的低压湿式储气柜钟罩，也可采用钢筋混凝土结构。制作湿式储气柜的钢材不应采用酸性转炉钢。此外，玻璃钢材料也可用于制作湿式储气柜。

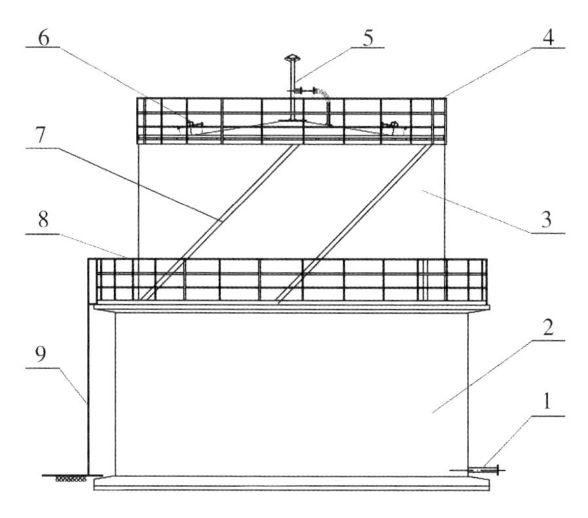

图 4-4　螺旋上升湿式储气柜

1—进气管；2—水封池；3—钟罩；4—钟罩栏杆；5—放空管；
6—检修人孔；7—导轨；8—水封池栏杆；9—水封池爬梯

（1）水封池。湿式储气柜水封池通常采用钢筋混凝土结构或钢板焊接结构。采用钢筋混凝土结构形式的水封池按照钢筋混凝土结构水池进行设计与施工。采用钢板焊接结构水封池按照钢板焊接结构储罐进行设计与施工。湿式储气柜水封池最好采用地上式，方便气管的接入和管道排水。当水封池设置在地下时，要充分考虑管道和水封池排水放空的操作安全和方便。

（2）钟罩。钟罩上装有导向装置，包括导轨和导向轮，用以保持钟罩的平稳运动。水封池内壁设置下导轨，下导轨通常用槽钢制作，水封池顶部平台设置上导轮。钟罩下部设置下导轮，外壁设置上导轨，导轨通常采用轻轨。

湿式储气柜的最大气体压力由钟罩的重量决定，当钟罩材料的重量小于钟罩内设计沼气压力对其产生的向上顶升力时，可在钟罩上添加配重来达到储气柜压力的要求。配重通常采用 C10 混凝土，整体均匀现浇在钟罩底部的配重槽内，同时，制作一定数量 20 kg 左右的混凝土块，放置于钟罩顶部的配重盘内，用于调节钟罩的平衡。

（3）附属结构和设施。湿式储气柜附属结构和设施一般包括：沼气进气管、放空管、爬梯、钟罩支墩、上水管、溢流管、栏杆、钟罩检修人孔及检查井等。

沼气进气管在湿式储气柜水封池外必须安装阀门，在管道最低处设置排水口。在水封池内沼气进气管管口高度必须高于溢流管口高度 150mm 以上，进气管安装位置不得影响钟罩的运动，也不因为钟罩的运动而遭到损坏。

湿式储气柜同时设置手动放空管和自动放空管，放空管内径通常不小于 50mm。手动放空管上装设有球阀，平时关闭，检修时打开，用于排出钟罩内的沼气。自动放空管上不得安装阀门，管口下端一般高于钟罩底部350mm以上，当钟罩上升到自动放空管管口下端脱离水封池水面时，沼气从自动放空管排出，防止钟罩被顶出水封池。

湿式储气柜水封池和钟罩都需设置爬梯和栏杆，水封池顶部须有通行平台。

湿式储气柜水封池内需设置钟罩支墩，保证钟罩下降到最低位置后不会压到沼气进气管。钟罩支墩一般均匀布置为4~8个，其上端面应保持在同一水平面上。

3. 低压干式储气柜

低压干式储气柜可以分为刚性结构、柔性结构以及刚柔结合型等几种类型。目前，沼气工程主要双膜储气柜，属于柔性结构干式储气柜。双膜储气柜使用双层高分子膜材料制作，外膜起保护和稳定的作用，用于抵抗外界风压、雪压以及稳定内膜压力，内膜用于储存沼气。双膜储气柜的主要优点是无水封结构，运行不受气候影响，并且造价低，主要缺点是需要动力，24h不停鼓风，高分子膜易破损，容易老化。

在沼气工程中，最常用的双膜储气柜是独立式双膜储气柜（俗称落地式双膜储气柜）和罐顶式双膜储气柜。相较于传统气柜而言，双膜气柜由高分子聚合物组成，许多性能比传统采用钢制气柜更好。例如，具有可折叠性，方便远距离折叠运输，可在工厂设备齐全的情况下制造加工，制作质量可以得到保证。普通湿式气柜的容积利用率只有60%~70%，双膜气柜内的容积利用率可以达到100%。在负压情况下，钢制气柜容易塌陷变形，双膜气柜的可折叠性使其不会遭到破坏。双膜气柜由于没有水封池，因此不需单独考虑防冻问题，控制系统和保护系统也采用了干式无水设计，可用于低温环境。相比低压湿式气柜，双膜气柜的结构更加简单，外形更加美观，在工厂中可以采用工业化生产，制作效率高，施工和检修简单。施工安装费时少，一般只需要1~2天。

由于受材料力学特性的限制，为延长使用寿命，双膜储气柜通常采用1kPa左右的储存压力，该压力无法满足其后端沼气使用设备的入口端压力。与湿式气柜相比较，双膜储气柜最大的缺点是必须安装相应的附属设施才能正常使用，并且在停电的时候无法正常使用。双膜储气柜的附属设施通常包含外膜恒压控制系统、内外膜压力保护系统、后增压稳压系统等。

（1）独立式双膜储气柜。独立式双膜储气柜由膜体及附属设备组成。膜体由底膜、内膜和外膜共同形成两个空间，底膜和内膜形成的空间用于储气沼气，内膜和外膜形成的空间充入空气，用于调节内膜中沼气的压力，同时支撑外膜，抵挡外部风雪压力。当内膜空间储存的沼气增多时内膜上升，将内外膜之间的空气挤压出去，为内膜腾出有效空间，使沼气能够顺利进入气柜。当内膜上升至极限位置，多余的沼气将通过内膜的安全保护器释放，不至于使内膜受到过高压力而损坏；当内膜储存的沼气减少时内膜下降，内外膜空间内则充入空气，调节内膜中沼气压力，同时稳定外膜刚度，使储存的气体能顺利排出气柜。沼气工程采用的双膜储气柜外形通常是 3/4 球体。沼气进出气管和冷凝排水管需要在混凝土基础施工时预埋，气柜安装时首先将底膜固定在混凝土基础上，之后依次安装内膜、外膜、密封圈，密封圈用预埋螺栓或化学螺栓固定在混凝土基础上。独立式双膜储气柜系统主要组成如图 4-5 所示。

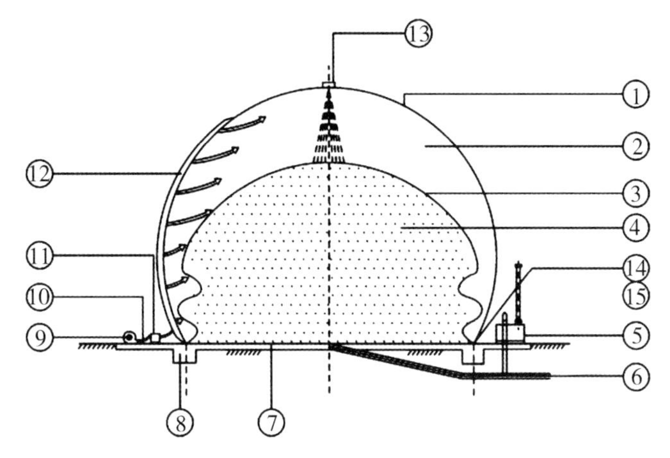

图 4-5 独立式双膜气柜组成示意

1—外膜；2—空气室；3—内膜；4—沼气储存室；5—压力保护器；6—排水管；7—基础；8—预埋件；9—鼓风机；10—空气管；11—单向阀；12—空气供气通道；13—超声波探头；14—上压板；15—压紧螺栓

（2）罐顶式双膜储气柜。罐顶式双膜储气柜是将双膜储气柜建在沼气发酵罐顶部，从结构和功能上实现了产气单元与储气单元整合，形成产气储气一体化装置（图 4-6）。相对于传统分体建设的工艺系统，减少了沼气发酵罐罐顶、储气柜基础。具有结构紧凑，节省占地，减少工程造价，运行维护费用低等优点。

罐顶式双膜储气柜的设计建造和独立式双膜储气柜没有太大区别，不同之处在于沼气发酵罐顶部壁板的包边角钢换成了压紧法兰。罐顶式双膜储气柜主要包括：沼气发酵罐顶部壁板、储气柜、支撑网架、支撑鼓风机、沼气压力保护器、充盈程度检测装置。

在罐顶式双膜储气柜施工安装时，双膜储气柜需要吊装到沼气发酵罐顶部，储气柜与发酵罐边缘的连接采用螺栓压紧的方式。沼气发酵罐顶部的压紧法兰先按设计的直径预弯成型，然后与双膜储气柜的上压板配钻，然后焊接到沼气发酵罐顶端壁板上作为包边角钢，压紧法兰钻孔边向沼气发酵罐外部支出，粘上密封条，待双膜储气柜吊装到位后，安装上压板，并压紧，然后充空气检查有无泄漏，附属设施是否正常工作。

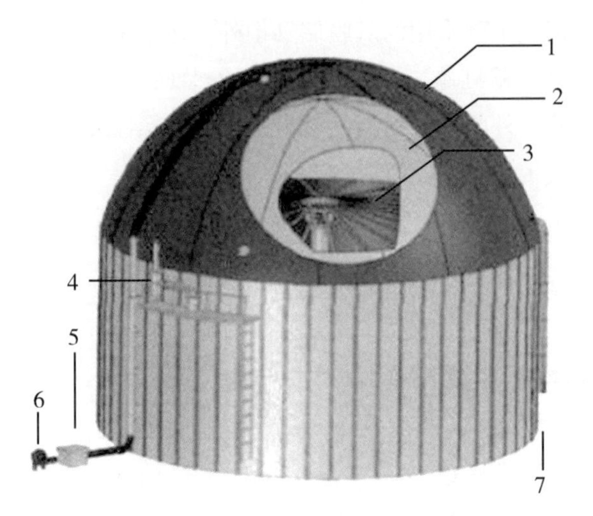

图 4-6　罐顶式双膜储气柜示意

1—外膜；2—内膜；3—支撑系统；4—沼气压力保护装置；5—空气压力保护装置；6—风机；7—充盈程度检测装置

二、中压或次高压储气罐

中压或次高压储气罐通常用于较远距离集中供气、生物天然气的储存，常见形式为固定容积球型储气罐（如图 4-7），中压储气压力不大于 0.4MPa（表压），次高压不大于 1.6 MPa（表压）。

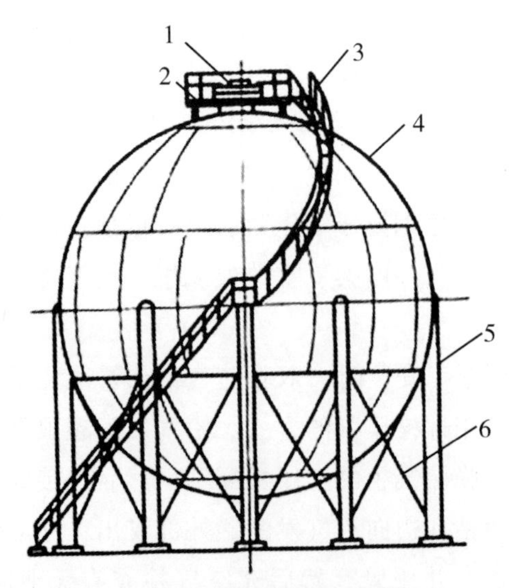

图 4-7　球形储气罐示意

1—顶盖；2—平台；3—梯子；4—球体；5—支柱；6—拉杆

球型储气罐的特点是：表面积小，在相同容积下球罐所需钢材面积最小，占地面积小，基础简单，受风面小；在相同直径、相同压力、采用相同的钢材条件下，球罐的板厚只需圆筒形储气罐板厚的一半，并且外形美观。

球型储气罐由本体、支柱和附件组成。

本体是球型储气罐的结构主体，是承受压力的构件。支柱用于承受球型储气罐本体重量和储存物料重量的结构件，支柱在满足操作和检修的条件下宜尽量矮小，以降低球型储气罐的重心。沼气工程中的球型储气罐附件通常有梯子平台、压力表、顶部安全阀、底部排水阀、检修人孔和沼气接管。

中压或次高压储气罐属于压力容器，完全不同于低压储气柜、沼气发酵罐，需要严格遵守压力容器的相关法规与技术规范，法规与技术规范对压力容器的材料、设计、制造、安装、使用管理、安全附件都做了严格规定。

第二节　沼气净化

沼气的主要成分是甲烷（CH_4）和二氧化碳（CO_2），并含有少量的氧气、氢气、氮气、硫化氢以及少许颗粒物。与其他可燃气体相比，沼气具有抗爆性良好和燃烧产物清洁等特点但是由于发酵方式、发酵原料的种类及组分相对含量不同，各沼气工程所产生的沼气成分会有所差异。一般来说，当沼气系统处于正常温度发酵阶段时，沼气主要成分甲烷为50%~70%，二氧化碳为30%~50%（曾国揆等，2005）。

沼气中杂质气体CO_2浓度较高，其他杂质浓度尽管比较低，但会对沼气利用带来负面影响，沼气中的CO_2会降低沼气的能量密度和热值，限制沼气的利用范围。H_2S则会在压缩、储存过程中腐蚀压缩机、气体储存罐和发动机。同时，燃烧后硫化氢生成二氧化硫，还会造成环境污染，影响人类身体健康。沼气中的水会与H_2S，CO_2和NH_3反应，会引起压缩机、气体储罐和发动机的腐蚀，且当沼气被加压储存时，高压下水会冷凝或结冰（韩文彪等，2017）。因此，沼气利用需要脱水脱硫。此外，沼气升级提纯为生物天然气（BNG），用于车用燃料（CNG）、热电联产（CHP）、并入天然气管网、燃料电池以及化工原料等领域，还必须去除沼气中的CO_2以及其他杂质（Arthur W. J. 等，2013；邓良伟等，2015）。

一、沼气脱水

未经处理的沼气通常含有饱和水蒸汽，即相对湿度达到100%，但是水分绝对含量与温度有关。一般来说，$1m^3$干沼气中饱和含湿量，在30℃时为35 g，而在50℃时为

111 g。因此，为保护沼气利用设备不受严重腐蚀和损坏，并达到下游净化设备的要求，必须去除沼气中的水蒸汽。

沼气脱水技术主要有：冷凝法、吸附干燥法、溶剂吸收法等。

1. 冷凝法

冷凝法是去除沼气中水蒸汽最简单的方法，任何流量的沼气都可使用该法。沼气在不同温度下的饱和蒸汽压不同，冷凝法就是利用这一性质，采用降温或加压的方法，使水蒸气从沼气中分离出来。中温发酵或高温发酵产生的沼气可进行适当降温，在热交换系统中通过冷凝器冷却而脱除冷凝水。沼气在管路输送过程中，由于降温，水蒸汽会凝结成水。因此，通常在输送沼气管路的最低点设置凝水器将管路中的冷凝水排出。除水蒸气外，其他杂质如水溶气体、气溶胶也会在冷凝中被去除。研究发现（Urban W 等，2007，2008），该法可达到 3~5℃的露点，在初始水蒸气含量 3.1%（体积比），30℃，环境压力条件下，水蒸气含量可降至 0.15%（体积比）。冷却之前压缩沼气可进一步提高效率。这种方法具有较好的脱水效果，但是并不能完全满足并入天然气管网的要求，可通过下游的吸附净化技术（变压力吸附、脱硫吸附）弥补。

目前，沼气脱水主要采用冷凝法，常用的脱水装置主要有气水分离器、沼气凝水器、冷干机。

（1）气水分离器。气水分离器是在装置内安装水平及竖直滤网，最好再填充填料，滤网或填料可选用不锈钢丝网，紫铜丝网，聚乙烯丝网，聚四氟丝网或陶瓷拉西环等。当沼气以一定的压力从装置下部以切线方式进入后，沼气在离心力作用下进行旋转，然后依次经过竖直滤网及水平滤网，沼气中的水蒸气与沼气得以分离，水蒸气冷凝后在气水分离器内形成水滴，沿内壁向下流动，积存于装置底部并定期排出。气水分离器见图 4-8。

（2）沼气凝水器。沼气管道的最低点必须设置沼气凝水器，定期或自动排放管道中的冷凝水，否则可能增大沼气管路的阻力，影响沼气输配系统工作的稳定性。凝水器排水操作必须方便，同时凝水器必须安装于防冻区域。沼气凝水器类似城市管道煤气的凝水器，其直径宜为进气管的 3~5 倍，高度宜为直径的 1.5~2.0 倍。凝水器按排水方式，可分为人工手动和自动排水两种，如图 4-9 所示。

（3）冷干机。冷干机是冷冻式干燥机的简称。沼气冷干机采用降温结露的工作原理，对压缩沼气进行干燥的一种设备，通过冷干机制冷压缩机冷却的沼气，析出沼气中的水分达到干燥沼气的目的。冷干机主要由热交换系统、制冷系统和电气控制系统三部分组成。从空压机出来的热而潮湿并含有水分的压缩沼气首先经过热交换器预冷却，预冷却的沼气，在冷干机的冷冻剂循环回路再次冷却，再与蒸发器排出的冷沼气进行热交换，使压缩沼气的温度进一步降低。之后压缩沼气进入蒸发器，与制冷剂进行热交换，

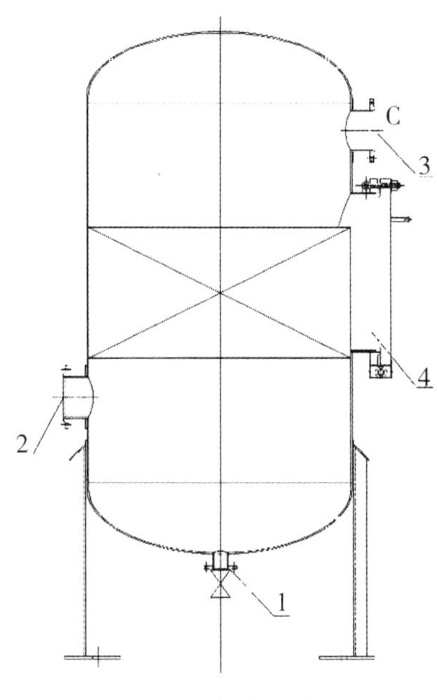

图 4-8　气水分离器

1—排水管；2—进气管；3—出气管；4—人孔

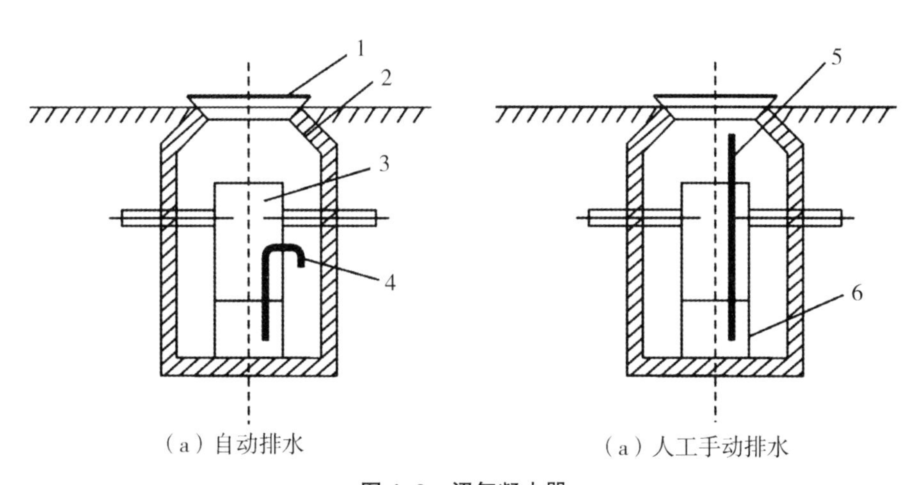

图 4-9　沼气凝水器

1—井盖；2—集水井；3—凝水器；4—自动排水管；5—排水管；6—排水阀

压缩沼气的温度降至0~8℃，沼气中的水分在此温度下析出，通过冷凝器将压缩沼气中冷凝水分离，通过自动排水器将其排出机外。而干燥的低温沼气则进入热交换器进行热交换，温度升高后输出。冷干机主要用于特大型沼气工程的脱水单元。常用冷干机按凝水器的冷却方式分为风冷型和水冷型两种；按进气温度高低分为高温进气型（80℃以下）和常温进气型（40℃左右）。按工作压力分为普通型（0.3~1.0 MPa）和中、高压型（1.2 MPa 以上）。由于冷凝法脱水相对经济，在冷干器前，一般需要设置气水分离器或凝水器将水部分脱除。

2. 吸附干燥法

吸附法是指沼气通过固体吸附剂时，在固体表面力（范德华力和色散力）作用下吸收沼气中的水分，达到干燥的目的。根据表面力的性质分为化学吸附（脱水不能再生）和物理吸附（脱水后可再生）。常用吸附材料有硅胶、活性氧化铝和分子筛及复合式干燥剂等。

该方法可以达到-90℃的露点（Ramesohl 等，2006）。吸附装置安装在固定床上，可在正常压力或600~1 000 kPa 的压力下运行，适用于小流量沼气的脱水。通常是两台装置并列运行，一台用于吸收，一台用于再生。在沼气工程脱水单元一般会将冷凝法与吸附干燥法结合来用，先用冷凝法将水部分脱除，再用吸附法进行精脱水。

吸附法的特点是吸附过程中放出的热量一般包括水蒸气的冷凝热和吸附剂由于被水润湿所释放出来的热量，整个吸附过程放热量小，通过增加温度或降低压力可对吸附材料进行再生，过程具有可逆性，且物理吸附脱水性能远远超过溶剂吸收法。该方法能获得露点极低的燃气；对温度、压力、流量变化不敏感；设备简单，便于操作；较少出现腐蚀及起泡等现象。由于干燥效果好，该方法适用于所有的沼气利用方式。

3. 溶剂吸收法

吸收法是采用脱水吸收剂与沼气逆流接触来脱除沼气中的水蒸气，脱水吸收剂一般具有亲水性。常用的脱水吸收剂有氯化钙、氯化锂和甘醇类化合物（乙二醇、二甘醇、三甘醇等）（Ryckebosch，2011）。目前应用较多的是甘醇类化合物。使用乙二醇作为吸收剂时，可将吸收剂加热到200℃，使其中杂质挥发来实现醇的再生（Weiland，2003）。文献资料显示，乙二醇脱水可达到-100℃的露点（Schonbucher，2002）。从经济性看，该方法适用于大流量（$500m^3/h$）沼气的脱水（Fachagentur 等，2006），因此吸收法可以作为沼气提纯的预处理方法。

在沼气工程脱水单元中一般会将冷凝法与吸附干燥法结合来用，先用冷凝法将水部分脱除，再用吸附法进行精脱水。

二、沼气脱硫

沼气脱硫方法一般可分为直接脱硫和间接脱硫两大类，直接脱硫就是将沼气中 H_2S 气体直接分离除去，而间接脱硫是指采用具体方法从源头减少或抑制沼气生产中 H_2S 气体的产生。根据脱硫原理不同，沼气直接脱硫可分为湿法脱硫、干法脱硫以及生物脱硫等（黎良新，2007）。湿法和干法属于传统的化学方法，是目前沼气脱硫的主要手段，但此方法的缺点是污染大、成本高、效率低；生物脱硫是目前国际上新兴的脱硫技术，

是利用微生物的代谢作用将沼气中的硫化氢转化为单质硫或硫酸盐，可实现环保和低成本脱硫。

1. 干法脱硫

当采用固体材料作为吸收剂吸附硫化氢而将其脱除时，即所谓干法脱硫。影响干法脱硫效果的因素包括气固相的组分性质、压力和接触时间。干法脱硫是一种气-固传质的工艺过程，为了达到良好的脱硫效果，需要对沼气及空气的塔内流速进行合理的设计。干法脱硫具有很大的局限性。一般适合用于沼气量流量小、硫化氢浓度低的场合。由于反应过程简单，因此相对于湿法脱硫而言，干法脱硫是一种简易、低成本的脱硫方式。常见的干式法主要有分子筛法、活性炭法、氧化铁法等（周孟津等，2009；黎良新，2007；邓良伟，2015）。

（1）分子筛法。分子筛有天然沸石和合成沸石两种。天然沸石大部分在海相或湖相环境中由火山凝灰岩和凝灰质沉积岩转变而来。常见的有斜发沸石、丝光沸石、毛沸石和菱沸石等。合成沸石依照其晶体结构等的不同，常见的有 3A 分子筛、4A 分子筛、5A 分子筛、10X 分子筛、13X 分子筛、13XAPG 分子筛等不同的分子筛类型，不同的合成分子筛适用于不同的领域。分子筛吸附法脱硫主要用于 H_2S 含量低的沼气的净化，对分子筛进行改性可以提高其脱硫效果。分子筛处理后气体硫含量可降至 0.61 mg/m^3 以下，在 200~300℃的蒸气下可以把吸附饱和的分子筛脱硫剂进行再生，高温蒸气再生分子筛脱硫剂，存在资金投入大的问题，限制了分子筛脱硫剂的应用。

（2）活性炭吸附。活性炭是一种疏水性吸附剂，本质上是一种多孔含炭介质，可由许多种含炭物质如煤及椰子壳等经高温炭化和活化制备而成。碳元素不是活性炭的唯一组分，在组成方面，80%~90%以上为碳元素，这也是活性炭为疏水性吸附剂的原因。活性炭作为常用的固体脱硫剂，其特点是吸附容量大，抗酸耐碱，化学稳定性好。解吸容易，在较高温度下解吸再生时，其晶体结构没有什么变化。热稳定性高，经多次吸附和解吸操作，仍保持原有的吸附性能。用于分离无机硫化物（H_2S）的活性炭，其微孔和大孔数量是大致相同的，平均孔径为 8~20nm。用活性炭吸附脱除硫化物时，活性炭中含有一定的水分，可提高吸附效果，因此，可用蒸汽活化活性炭。

（3）氧化铁法。氧化铁是常用的干法脱硫剂。在脱硫过程中，沼气中的硫化氢在固体氧化铁的表面进行化学反应而得以去除，沼气在脱硫器内的流速越小，接触时间越长，反应进行得越充分，脱硫效果也就越好。一般情况下，最佳反应温度为 25~50℃。当脱硫剂中的硫化铁质量分数达到 30%以上时，脱硫效果明显变差，这是由于在氧化铁的表面形成并覆盖一层单质硫。脱硫剂失效而不能继续使用时，就需要将失去活性的脱硫剂与空气接触，将 Fe_2S_3 氧化，使失效的脱硫剂再生。在经过很多次重复使用后，就需要更换氧化铁或氢氧化铁。如果将氧化铁覆盖在一层木片上，则相同质量的氧化铁有更大的比表面积和较低的密度，能够提高单位质量脱硫剂对 H_2S 吸收率，大约 100g 的氧化铁木片可以吸收 20g 的 H_2S（宋灿辉等，2007）。氧化铁资源丰富，价廉易得，是目前使用最多的沼气脱硫剂。氧化铁脱硫法的优点是去除效率高（大于 99%）、投资低、操作简单。缺点是对水敏感，脱硫成本较高，再生放热，床层有燃烧风险，反应表面随再生次数而减少，释放的粉尘有毒。

氧化铁脱硫过程反应式如下：

脱硫
$$Fe_2O_3 + H_2O + 3H_2S \rightarrow Fe_2S_3 \cdot H_2O + 3H_2O \tag{4-1}$$
$$Fe_2O_3 + H_2O + 3H_2S \rightarrow 2FeS + S + 4H_2O \tag{4-2}$$

再生
$$Fe_2S_3 \cdot H_2O + 3O_2 \rightarrow 2Fe_2O_3 \cdot H_2O + 6S \tag{4-3}$$
$$4FeS + 3O_2 \rightarrow 2Fe_2O_3 + 4S \tag{4-4}$$

脱硫装置常采用脱硫塔（图 4-10），其是一种填料塔，由塔体、封头、进出气管、检查孔、排污孔、支架及内部木格栅（篦子）等组成。为防止冷凝水沉积在塔顶部而使脱硫剂受湿，通常可在顶部脱硫剂上铺一定厚度的碎硅酸铝纤维棉或其他多孔性填料，将冷凝水阻隔。根据处理沼气量的不同，在塔内可分为单层床或双层床。一般床层高度为 1m 左右时，取单层床；若高度大于 1.5m，则取双层床（周孟津等，2009）。

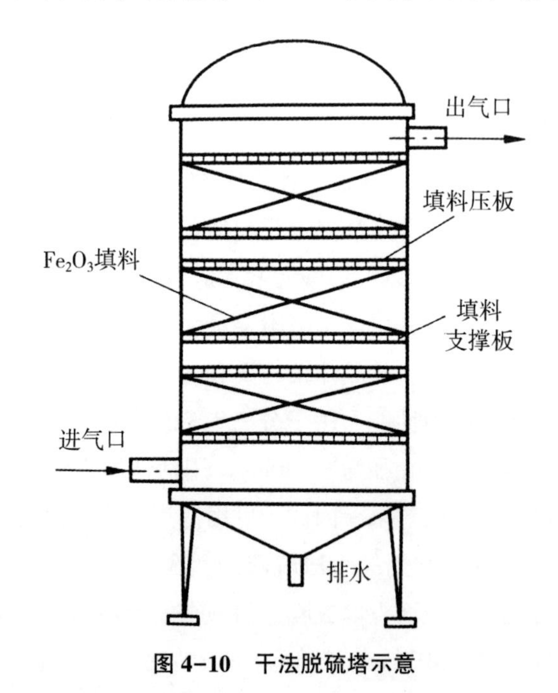

图 4-10　干法脱硫塔示意

2. 湿法脱硫

湿法脱硫技术已经有 100 多年的应用历史（Jackso Yu 等，1998）。湿法脱硫是利用特定的溶剂与气体逆流接触而脱除其中的 H_2S，溶剂通过再生后重新进行吸收，其工艺

过程大致为“吸收—脱吸”。影响脱硫效果的因素包括气液相的组分性质、温度和压力。湿式法主要有水洗法、碱性盐液法等。

(1) 水洗法。水洗法是利用水对沼气进行喷淋水洗，去除硫化氢。在温度为20℃、压力为1.013×10^5Pa（1大气压）时，$1m^3$能溶解$2.3m^3$硫化氢。当沼气中硫化氢含量高，且气量较大时，适宜采用水洗法脱硫，同时还可以去除部分二氧化碳，提高沼气中甲烷的含量。

(2) 碳酸钠吸收法。碳酸钠吸收法是常用的湿法脱硫方法，由于碳酸钠溶液在吸收酸性气体时，pH不会很快发生变化，保证了系统的操作稳定性。此外，碳酸钠溶液吸收H_2S比吸收CO_2快，可以部分地选择吸收H_2S。该法通常用于脱除气体中大量CO_2，也可以用来脱除天然气及沼气中的酸性气体（CO_2和H_2S）。

脱硫时，含H_2S的沼气与$NaCO_3$溶液在吸收塔内逆流接触，一般用2%~6%的$NaCO_3$溶液从塔顶喷淋而下，与从塔底上升的沼气中H_2S反应，生成$NaHCO_3$和NaHS。吸收H_2S后的溶液送回再生塔，在减压的条件下用蒸气加热再生，即放出H_2S气体，同时$NaCO_3$得到再生。脱硫反应与再生反应互为逆反应。

$$Na_2CO_3 + H_2S \rightarrow NaHS + NaHCO_3 \quad (4-5)$$

从再生塔流出的溶液回到吸收塔循环使用。从再生塔顶放出的气体中，H_2S的浓度可达80%以上，可用于制造硫黄或硫酸。碳酸钠吸收法流程简单，药剂便宜，适用于处理H_2S含量高的气体。缺点是脱硫效率不高，一般为80%~90%，且由于再生困难，蒸汽及动力消耗较大。

(3) 氨水法。硫化氢是酸性气体，当用碱性的氨水吸收硫化氢时，便发生中和反应（式4-6）。

$$H_2S + NH_4OH \rightarrow NH_4HS + H_2O \quad (4-6)$$

第一步是气体中硫化氢溶解于氨水，是一个物理溶解过程。第二步是溶解的硫化氢和氢氧化铵起中和反应生成硫氢化铵，是一个化学吸收过程。再生方法是往含硫氢化铵的溶液中吹入空气，以产生吸收反应的逆过程，使硫化氢气体解吸出来。解吸后的氢氧化氨溶液再补充新鲜氨水后，继续用于吸收。再生时产生的硫化氢，必须二次处理，以避免造成环境污染。

(4) 液相催化氧化法。这类方法的研究始于20世纪20年代，至今已发展到百余种，其中有工业应用价值的就有20多种。液相催化法是利用碱性溶液吸收H_2S，为了避免空气将H_2S直接氧化为硫代硫酸盐或亚硫酸盐，利用有机催化剂将溶液中的H_2S氧化为硫黄，催化剂自身转化为还原态，然后再用空气氧化催化剂，使之转化为氧化态。该法避免了化学吸收再生困难的缺陷。液相催化氧化法脱硫技术包括ADA法脱硫、栲胶法脱硫、砷碱法脱硫、PDS法脱硫和Clause法脱硫（刘卫国等，2015）。液相催化氧化法具有如下特点：脱硫效率高，可使净化后的气体含硫量低于 15.17 mg/m^3，甚至可低于 1.52~3.03 mg/m^3；可将硫化氢进一步转化为单质硫，无二次污染；既可在常温下操作，也可在加压下操作；大多数脱硫剂可以再生，运行成本低。但当原料气中含量过高时，会由于溶液 pH 值下降而使液相中 H_2S/HS^- 反应迅速减慢，从而影响吸收的传质速率和装置的经济性。

3. 生物脱硫

生物脱硫是在适宜的温度、湿度、pH、营养物和微氧条件下，利用微生物（如氧化亚铁硫杆菌、氧化硫杆菌、脱氮硫杆菌、排硫硫杆菌、光合脱硫细菌、硫杆菌、无色硫细菌等）的生命活动将 H_2S 转化为单质硫或硫酸盐，从而实现沼气脱硫（Abatzoglou N 等，2009）。生物脱硫包括有氧生物脱硫和无氧生物脱硫。

有氧生物脱硫是向沼气发酵反应器或单独的脱硫塔注入空气，硫化氢与空气中的氧在微生物作用下生成单质硫或硫酸盐（图 4-11），反应式如下式（4-7）、式（4-8）所示。

$$2H_2S + O_2 \rightarrow H_2O + 2S \quad (4-7)$$

$$2H_2S + 3O_2 \rightarrow 2H_2SO_3 \quad (4-8)$$

根据微生物的活动类型，能够将硫化氢转化为单质硫的微生物有光合细菌，无色硫细菌。光合细菌在转化过程中需要大量的辐射能，在经济技术上难以实现。因为废水中生成单质硫微颗粒后，废水将变得混浊，透光率将大大降低，从而影响脱硫效率。一些硫细菌将产生的硫积累于细胞内部，但是在无色硫细菌的微生物类群中，并非所有的硫细菌都能够用于氧化硫化氢，这些杂菌生长会造成反应器中的污泥膨胀，因此给单质硫的分离带来麻烦，如果不能及时得到分离就会存在进一步氧化的问题，从而影响脱硫效率。所以在脱硫单元运行的过程中必须严格控制反应条件以控制这类微生物的优势生长。

控制最佳的温度、反应时间和氧气含量，能够将 H_2S 含量减少 95%以上，最终质量分数低于 50×10^{-6}（李东等，2009）。有氧生物脱硫技术的优点是不需要催化剂、不要处理化学污泥，产生很少生物污泥、耗能低、可回收单质硫、去处效率高。缺点是脱硫装置投资较大，容易堵塞，另外通入氧气过多存在爆炸危险。

无氧生物脱硫是农业部沼气科学研究所开发的新型生物脱硫工艺（Deng 等，2009），该工艺以沼液好氧后处理过程的硝酸盐和亚硝酸盐为电子受体，以沼气中硫化氢为电子供体在微生物作用下而实现同步脱氮脱硫，主要反应如下：

$$5S^{2-}+2NO_3^-+12H^+ \rightarrow 5S^0+N_2+6H_2O \quad (4-9)$$

$$5S^0+6NO_3^-+2H_2O \rightarrow 5SO_4^{2-}+3N_2+4H^+ \quad (4-10)$$

$$5S^{2-}+8NO_{3-}+8H^+ \rightarrow 5SO_4^{2-}+4N_2+4H_2O \quad (4-11)$$

在进水 NO_x-N（NO_2^--N，NO_3^--N 之和）浓度 270～350mg/L、沼气中硫化氢含量 1 273～1 697 mg/m^3、水力停留时间 0. 985～3. 72 d、空塔停留时间 3. 94～15. 76 min 的条件下，NO_x-N 去除率 96. 4%～99. 9%，出水 NO_x-N 浓度 0. 114～110. 6 mg/L，硫化氢去除率 96. 4%～99. 0%，出气硫化氢浓度 100mg/m^3 左右。该工艺具有以下优点：废水中的氮与沼气中的硫同时脱除；沼液脱氮不需要外加碳源；沼气脱硫不需加氧，也不需要脱硫剂；产生很少生物污泥；运行费用低（邓良伟等，2015）。

脱硫塔可采用 Q235 或 Q235F 钢板焊接制造。塔内表面应涂环氧树脂，外表面涂 1～2 道防锈漆，所有填料、附属装置均为塑料、不锈钢 S316 等防腐材料。沼气管道材质采用 PE 管道。空气管道可采用镀锌钢管。（尹雅芳 & 张伟，2017）

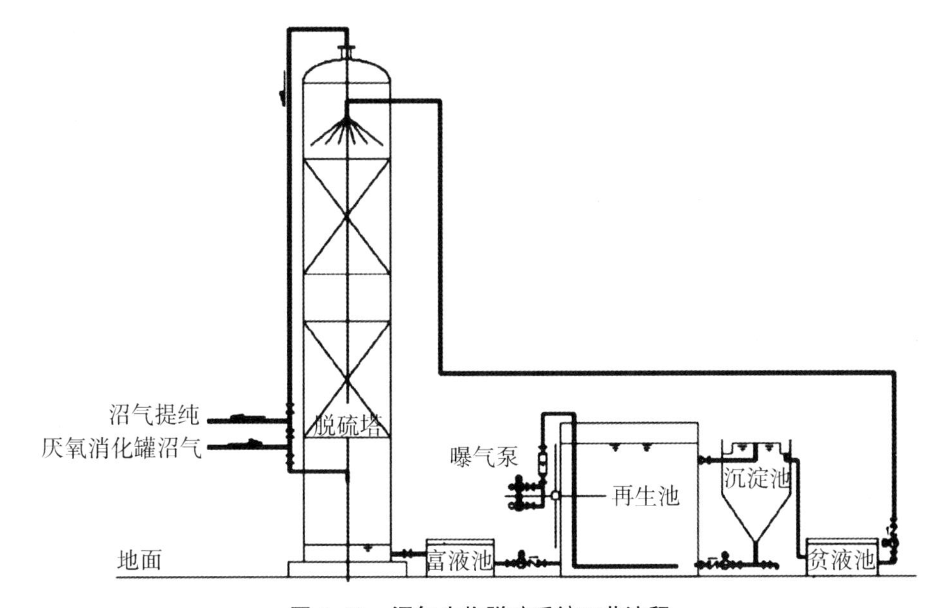

图 4-11　沼气生物脱硫系统工艺流程

4. 其他脱硫方法

硫化氢的脱除技术经过几十年的发展，已经取得了很多成果。随着环保法规的日趋严格，高效、低投入、资源化、无二次污染的技术正日益引起人们的重视，如臭氧氧化法、二氧化硫法、电化学法等。

（1）臭氧氧化法。臭氧（O_3）去除硫化氢、硫醇等臭味物质的基本原理是利用臭氧在催化剂存在或紫外线照射下快速分解出来的具有极高化学活性的原子氧的强氧化性，将硫化氢氧化，使之生成高价态硫化物。氧化过程中即使臭氧过量，也会因为催化剂（如钢、铁屑）的存在而迅速分解。另外硫化氢在氧化过程中不会生成二氧化硫，避免了二次污染。但由于目前臭氧的工业化制备比较困难，因此此法的运行成本比较高（陈凡植等，2001）。

(2) 电化学法。电化学法是利用电极氧化还原反应脱除硫化氢的一种新方法。该方法因其处理效率 高、操作简便、易实现自动化、环境兼容好、无副产物产生和二次污染等优点，所以发展前景非常广阔。其脱除 H_2S 的原理是：首先将硫化氢溶于碱性水溶液中生成硫化物溶液，电解该水溶液，在阳极可得单质硫，阴极产生氢气（俞英等，1997）。

三、沼气脱碳

沼气脱碳，即沼气提纯。经过近十年的发展，已经形成一系列成熟技术。国内外目前应用较多的脱碳的工艺有变压吸附（PSA）、水洗、有机溶剂物理吸收、有机溶剂化学吸收、高压膜分离、低温提纯等。

1. 变压吸附（PSA）

变压吸附的原理是利用气体分子直径和物理性质的不同，吸附剂对不同气体组分的吸附量、吸附速度、吸附力等方面的差异，以及吸附容量随压力的变化而变化的特性，在加压时完成混合气体的吸附分离，在降压条件下完成吸附剂的再生，从而将沼气中的 CH_4，CO_2 等气体进行分离，从而达到提纯生成生物天然气的目的（图 4-12）。组分的吸附量受压力及温度的影响，压力升高时吸附量增加，压力降低时吸附量减少。当温度升高时吸附量减小，温度降低时吸附量增加。常用吸附材料有活性炭、硅胶、分子筛、氧化铝、天然沸石等常规吸附剂。变压吸附（PSA）作为商业应用开始于 19 世纪 60 年代。除了 CO_2，其他气体分子如 H_2S，NH_3 和 H_2O 也能被吸附。实际工程中，H_2S 和 H_2O 应在沼气进入吸附塔之前去除。部分 N_2 和 O_2 也能同 CO_2 一同被吸附。从大型提纯站提供的数据来看，大约 50%的 N_2 会随废气排出。变压吸附获得生物甲烷纯度大于 96%（Beil 等，2011）。

2. 水洗

水洗是利用甲烷和二氧化碳在水中的不同溶解度而对沼气进行分离的方法，脱除 CO_2，并不发生化学反应（图 4-13）。二氧化碳在水中的溶解度均比甲烷大，故沼气通过水洗可脱去二氧化碳，水洗工艺通常有两种类型：即单程吸收和再生吸收，后者的洗涤用水循环使用，前者则不循环。水洗是一种基于范德华力的可逆吸收过程，属于物理吸收，低温和高压可以增加吸收率。水洗法的主要问题是投资大，操作费用高，微生物会在洗涤塔内的填料表面生长形成生物膜，从而造成填料堵塞，因此，需要安装自动冲洗装置，或者通过加氯杀菌的方式解决（Tynell，2005）。虽然水洗过程可以同时脱除 H_2S，但是为了避免其对脱碳阶段所使用压缩设备的腐蚀，应在脱 CO_2 之前将其脱除。此外，由于提纯后的沼气处于水分饱和状态，所以需要进行干燥处理（郑戈等，2013）。

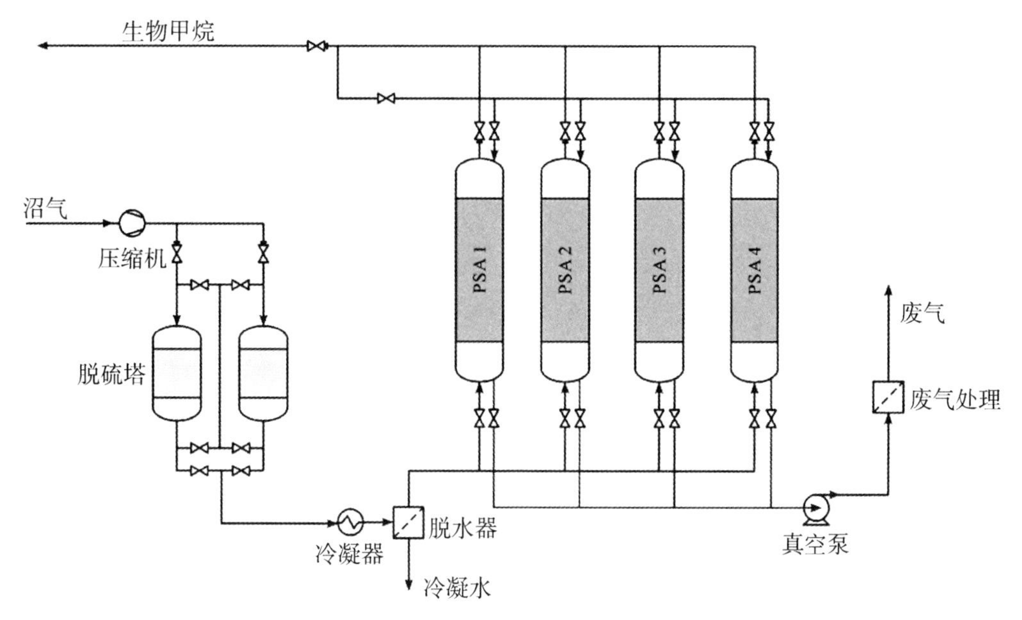

图 4-12　变压吸附工艺流程

（Copyright：Fraunhofer IWES，2012）.

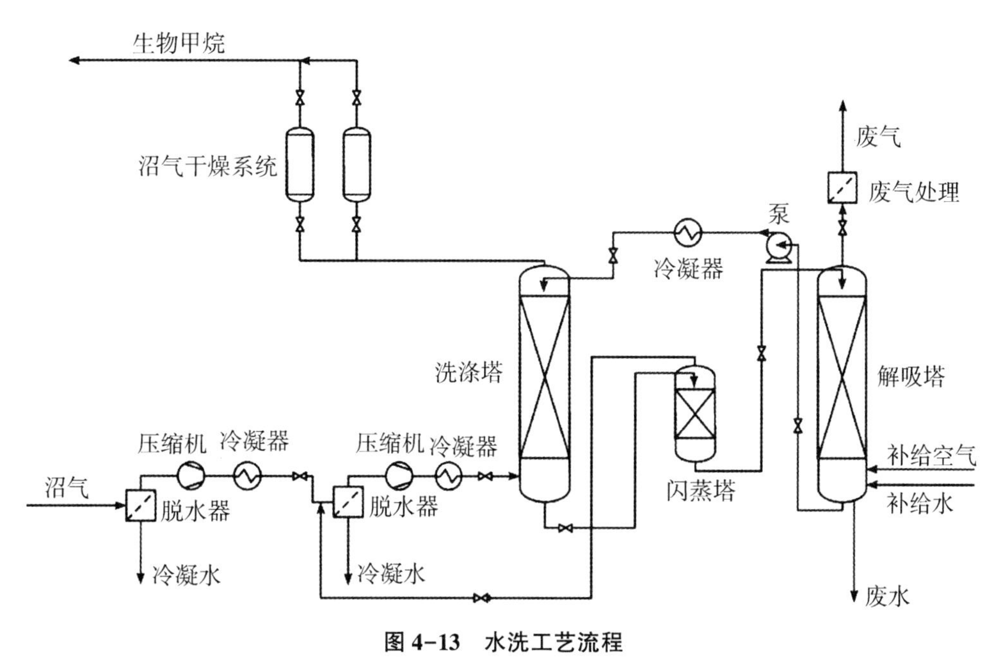

图 4-13　水洗工艺流程

（Copyright：Fraunhofer IWES，2012）.

3. 有机溶剂物理吸收

有机溶剂物理吸收法与水洗法的工艺流程相似，也是物理吸收过程，主要的不同之处在于吸收剂采用的是有机溶剂，有机溶剂物理吸收法的特点是在洗涤塔中可以同时吸收 CO_2、H_2S，且在有机溶剂中的溶解性比在水中的溶解性更强，因此，提纯等量沼气所采用的液相循环量更小，电耗小，净化纯化成本更低（图 4-14）。典型的物理吸收剂有碳酸丙烯酯（PC 法）、甲醇、乙醇、聚乙二醇二甲醚（Genosorb 法）、低温甲醇和 N-甲基-2-D 吡咯烷酮等。另外还有一种常用的物理吸收剂为 Selexol©，主要成分为二甲基聚乙烯乙二醇（DMPEG），水和卤化烃（主要来自填埋场沼气）也可以用 Selexol 吸收去除。一般使用水蒸汽或者惰性气体吹脱 Selexol©进行再生（宋灿辉等，2007）。

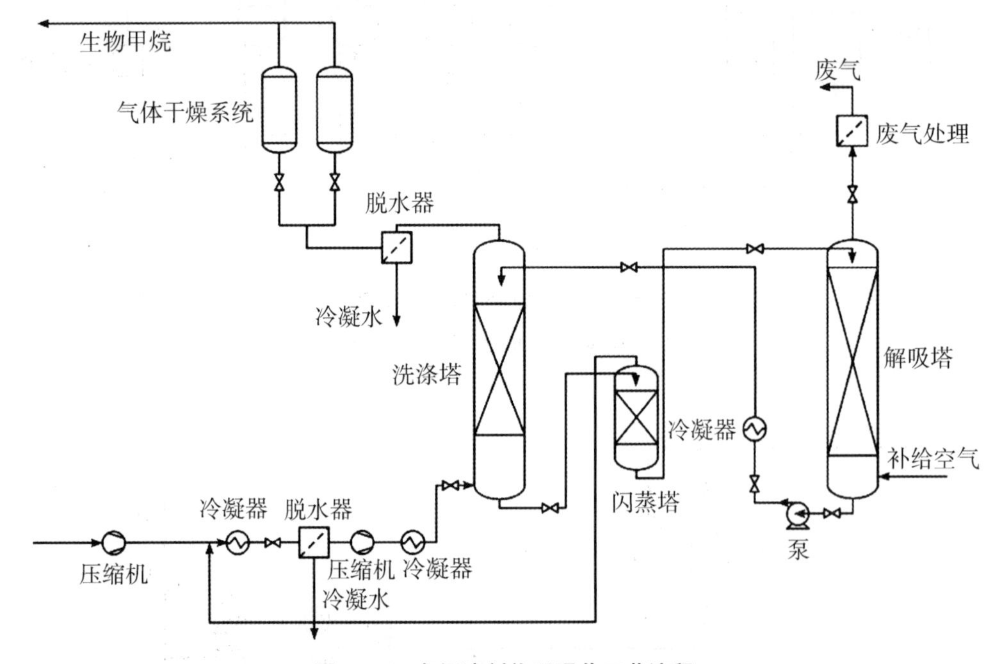

图 4-14　有机溶剂物理吸收工艺流程

（Copyright：Fraunhofer IWES，2012）.

4. 化学吸收法

化学吸收法是在吸收塔里中，吸收液与 CO_2 发生化学反应，从而对 CO_2 进行分离。吸收 CO_2 的富液进入脱吸塔中，通过加热分解出 CO_2，使吸收剂完成再生，最终实现对 CO_2 的分离。目前使用较为广泛的化学溶剂有各种醇胺类和碱溶液等。

有机溶剂化学吸收，通常被称为“胺洗”，是利用胺溶液将 CO_2 和 CH_4 分离的方法（Beil，M.，2012）（图 4-15）。不同链烷醇胺溶液可用于化学吸收过程对 CO_2 的分离，不同的设备制造商使用不同的乙醇胺-水混合物作为吸收剂。常用的胺溶液有乙醇胺（MEA）、二乙醇胺（DEA）、甲基二乙醇胺（MDEA）（Foo，2009；张京亮等，2011），其中 N-甲基二乙醇胺（MDEA）具有化学性质稳定、腐蚀性小、选择性好等特点。醇胺与 CO_2 的反应式为：

$$2RNH_2 + CO_2 \rightarrow RNHCOONH_3R \tag{4-12}$$

$$2RNH_2 + CO_2 + H_2O \rightarrow (RNH_3)_2RCO_3 \tag{4-13}$$

$$(RNH_3)_2RCO_3 + CO_2 + H_2O \rightarrow 2RNH_3HRCO_3 \tag{4-14}$$

自从20世纪70年代开始，胺溶液化学吸收就用于酸性气体中CO_2和H_2S的分离（Diez，2011）。除了CO_2，H_2S也可以在胺洗过程被吸收。但是，在大多数实际应用中，在进入吸收塔前会有一个精脱硫步骤，以减少再生过程的能量需求。获得的产品气体中，甲烷浓度达99%以上。由于N_2不能被吸收，原始沼气中的N_2会减少降低产物气体品质，但是，其他提纯方法也存在这样的问题。此外，应当避免氧气的进入，因为氧可能造成不良反应，并使胺降解（Girod，2009）。

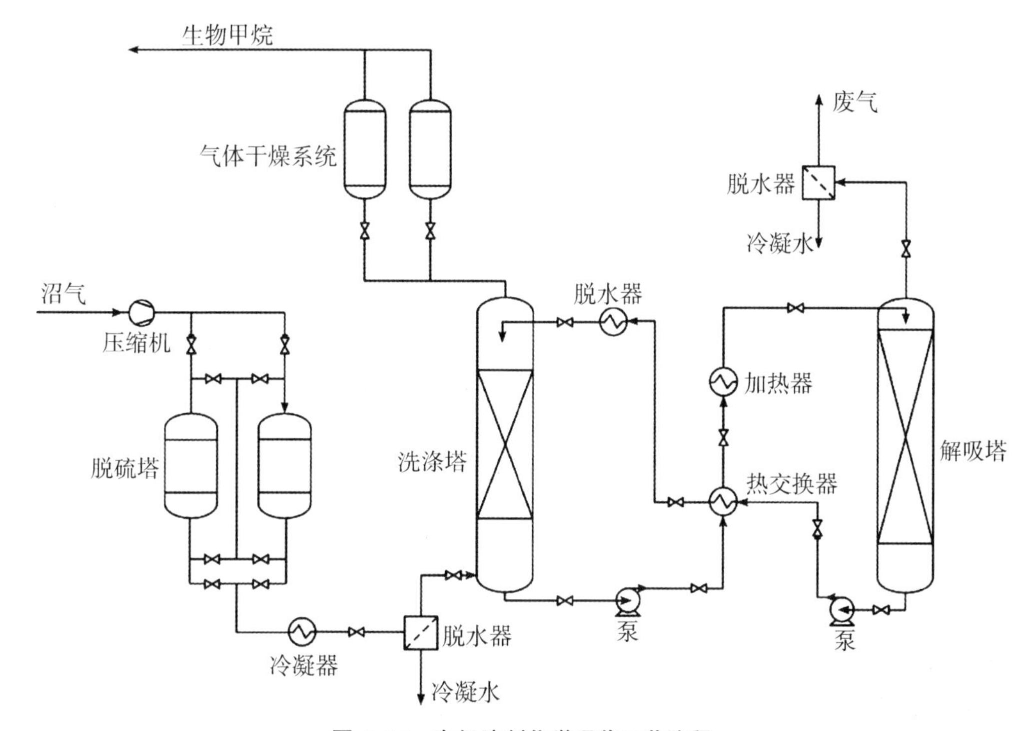

图4-15　有机溶剂化学吸收工艺流程

（Copyright：Fraunhofer IWES，2012）.

5. 膜分离法

膜分离法也称为气体渗透，是在压力驱动下，利用气体中各组分通过高分子膜的渗透速率差异（Beil，2012）而进行气体分离（图4-16）。膜分离法的主要特点是无相变，设备简单，装置规模可大可小。在膜系统中，3种不同的流体分别为：进入气体（原始沼气），渗透气体（富含CO_2气体）和滞留气体（富含CH_4气体）。在渗透膜两侧的不同分压称为系统的驱动力。增加进入侧压力和降低渗透侧压力可以获得高的通过率。目前所用的分离膜大多数是高分子膜，主要包括纤维素衍生物、聚砜类、聚酰胺类、聚酯类、聚烯烃和含硅分子膜等。膜组件通常是由膜元件和外壳组成。在一个膜组件中，有的只装一个元件，但大部分装有多个元件。气体膜组件形式主要有中空纤维式、板框式和螺旋卷式种类型（梁正贤，2015）。在美国洛杉矶的 Puente Hill 填埋场利用 LFG 制取清洁燃料的示范工程中，采用了 UEP 公司的分离膜，其净化气中 CH4 体积分数可达 96%。总的来说，膜分离技术相对可靠，操作简单，同时去除 H_2S 和水，可得到副产品纯 CO_2。但是可选择的膜有限，需平衡 CH_4 纯度和处理量，需要多步处理，CH_4 损失大。

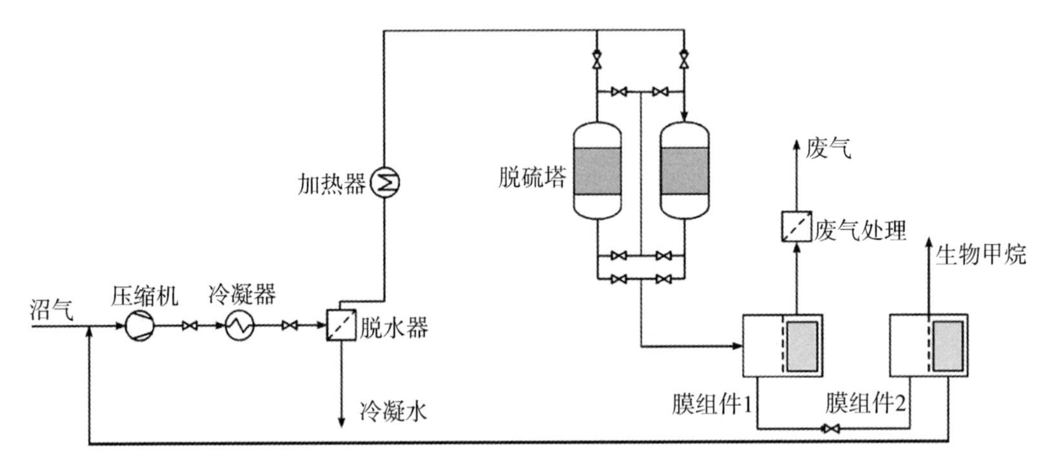

图 4–16　膜分离工艺流程

（Copyright：Fraunhofer IWES，2012）

6. 低温分离法

低温分离法是利用制冷系统将混合气降温，由于二氧化碳的凝固点比甲烷要高，先被冷凝下来，从而得以分离。低温分离首先将温度下降至 6℃，在此温度下，部分 H_2S 和硅氧烷可以通过催化吸附去掉。具体过程是，经预处理后，原料气体被加压到 $18\times10^5 \sim 25\times10^5$Pa，然后再将温度降低至 −25℃，在此温度下，气体被干燥，剩余硅氧烷也可以被冷凝，经过脱硫后温度下降至 −59 ~ −50℃，二氧化碳液化，进而将其去除。

除了上述 6 种主流方法外，还有最新出现的水合物分离工艺，水合物是指 N_2、O_2、CO_2、H_2S 和 CH_4 等小分子气体，与水在一定温度和压力下，形成的非化学计量性笼状晶体物质，故又称笼型水合物。不同气体形成水合物的温度和压力不同，不易水合的气体组分和易水合的组分分别在气相中和水合物相中富集，从而实现分离。

四、沼气脱氧脱氮

由于沼气发酵控制技术及设备相对不太完善，发酵过程中会有少量空气混入，另外加氧生物脱硫时需要通入空气，因此，沼气中含有一定量的氮气和氧气。沼气提纯制备车用燃气时，应严格控制沼气中氮、氧的含量，否则需要增加额外的脱氮和脱氧设备，不仅增加运行成本，甚至导致某些后续脱硫脱碳工艺过程发生危险。如化学吸收法（胺吸收法）中胺洗涤器会被氧化胺所损坏，变压吸附法（PSA）中 O_2 含量过高，将有可能引发爆炸，造成生产事故（孙娇等，2014）。特别是对于垃圾填埋气来说，在收集过程中不可避免地会混入空气，因此，氧和氮的脱除是沼气加工的必经步骤，沼气中的氧必须脱至一定范围内，才能确保整个工艺过程的安全性。若由沼气生产 CNG 或天然气，根据《天然气》（GB 17820—1999）与《车用压缩天然气 》（GB 18047—2000），则需将其中所含氧气含量降至 0.5%以下（孙娇等，2014）。

目前普遍使用的沼气脱氧净化方法主要有催化脱氧、吸收脱氧以及碳燃烧脱氧 3 种。

催化脱氧是在催化剂的作用下使 O_2 与 H_2、CO 等还原性组分反应脱除。其中催化加氢脱氧，即在有 H_2 条件下，使气体中 O_2 与 H_2 在催化剂作用下反应生成水而除去。而 CO 催化脱氧，是在不含氢但富含 CO 的体系里比较适用，即使气体中 O_2 与 CO 在催化剂作用下反应生成 CO_2 而除去。如在北京安定垃圾填埋场进行的填埋气净化提纯制备天然气的示范工程中，中国石油大学（北京）采用分别采用催化脱氧技术和碳酸丙烯酯（PC）物理吸收法进行脱氧和脱碳，该法适合规模较大、杂质复杂、沼气中含氧的沼气工程。化学吸收脱氧一般在没有还原性气体存在条件下，气体中 O_2 与脱氧剂发生化学反应将 O_2 吸收脱除。这类脱氧剂一般为过渡金属型，O_2 与金属单质反应生成氧化物或 O_2 与低价金属氧化物反应生成高价金属氧化物。而碳燃烧脱氧是利用活性炭与氧的反应脱氧，通常对于惰性气体脱氧比较有效，对沼气脱氧并不适用。甲烷催化燃烧脱氧是过量甲烷与少量或微量氧在催化剂作用下发生氧化反应，温度为 200~300℃，为无焰燃烧。国内外已经成功研制了多种甲烷燃烧催化剂可供选，利用沼气中主要组分甲烷与氧气在催化剂作用下反应，是较为经济有效的脱氧方法。

在一些脱硫过程或沼气提纯过程中，氧和氮也会部分去除。然而，从沼气中分离氧气和氮气还是比较困难，若沼气利用对氧气和氮气有较高要求（比如沼气并入天然气管网或者用于车用燃气）时，应尽量避免氧气、氮气混入沼气。目前来说，现有的净化工艺难以去除氧气和氮气，且去除成本较高，因此，氧、氮含量的源头控制比后期分离更为重要。

五、沼气脱除其他微量气体

沼气中的微量气体有氨、硅氧烷和苯类气体，但是很少出现在农业沼气工程的沼气中。这些微量气体经常在上述脱硫、脱水的净化过程中被去除。如氨易溶于水，通常在沼气脱水阶段被去除。硅氧烷和苯类气体可通过有机溶剂、强酸或者强碱吸收，也可通过硅胶或活性炭吸附，以及在低温条件下去除。

参考文献

Birgitte K. Ahring. 2003. 郭金玲，胡为民，龚大春，等译．生物甲烷（下册）[M]. 北京：中国水利水电出版社.

蔡卓宁，蔡磊，蔡昌达．2009. 产气、贮气一体化沼气装置——规模化沼气工程的新池型 [J]. 农业工程技术（新能源产业）(1)：31-33.

陈凡植，武秀文，谢晋巧，等．2001. 炼油厂碳酸钠干燥尾气的臭氧氧化试验 [J]. 化工科技，9 (2)：23-26.

GB18047—2000，车用压缩天然气 [S].

邓良伟，等，2015. 沼气工程 [M]. 北京：科学出版社.

董仁杰，伯恩哈特．蓝宁阁．2013. 沼气工程与技术 [M]. 北京：中国农业大学出版社.

韩文彪，王毅琪，徐霞，等．2017. 沼气提纯净化与高值利用技术研究进展 [J]. 中国沼气，35 (5)：57-61.

贺延龄．1998. 废水生物处理 [M]. 北京：中国轻工业出版社.

李东，袁振宏，孙永明，等．2009. 中国沼气资源现状及应用前景 [J]. 现代化工，29 (4)：1-5.

刘建辉，尹泉生，颜庭勇，等．生物沼气的应用与提纯 [J]. 节能技术，2013，31 (178)：180-183.

农业部环保能源司，中国沼气学会，河北省科学院能源研究所．1990. 沼气技术手册 [M]. 成都：四川省科学技术出版社.

潘良，徐晓秋，高德玉等．2015. 沼气脱碳提纯技术研究进展 [J]. 黑龙江科学，6 (12)：18-20.

R. E. 斯皮思．2001. 李亚新译．工业废水的厌氧生物处理技术 [M]. 北京：中国建筑工业出版社.

齐岳，郭宪章．2010. 沼气工程系统设计与施工运行［M］. 北京：人民邮电出版社.

宋灿辉，肖波，史晓燕，等．2007. 沼气净化技术现状［J］. 中国沼气，25（4）：23-27.

孙娇，李果，陈振斌．2014. 沼气净化提纯制备车用燃气技术［J］. 现代化工，34（4）：141-146.

唐艳芬，王宇欣．2013. 大中型沼气工程设计与应用［M］. 北京：化学工业出版社.

GB17820—1999，天然气［S］.

杨世关，李继红，李刚．2013. 气体生物燃料技术与工程［M］. 上海：上海科学技术出版社.

尹冰，陈路明，孔庆平．2009. 车用沼气提纯净化工艺技术研究［J］. 现代化工，29（11）：28-33.

俞英，王崇智，赵永丰，等．1997. 氧化—电解从硫化氢获取廉价氢气方法的研究［J］. 太阳能学报，18（4）：400-408.

曾国揆，谢建，尹芳．2005. 沼气发电技术及沼气燃料电池在我国的应用状况与前景［J］. 可再生能源（1）：38-40.

张京亮，赵杉林，赵荣祥，等．2011. 现代二氧化碳吸收工艺研究［J］. 当代化工，40（1）：88-91.

郑戈，张全国．2013. 沼气提纯生物天然气技术研究进展［J］. 农业工程学报（9）：1-8.

周孟津，张榕林，蔺金印．2009. 沼气实用技术（第二版）［M］. 北京：化学工业出版社.

Abatzoglou N，Boivin S. 2009. A review of biogas purification processes［J］. Biofuels Bioproducts and Biorefining-biofpr，3（1）：42-71.

Anneli P.，Arthur W.，2009. Biogas upgrading technologies-developments and innovations［R］. IEA Bioenery.

Arthur W. J.，Patrick M.，David B. 2013. The Biogas Handbook：Science，Production And Applications，Woodhead Publishing limited，Philadelphia.

Baumgarten，G. 2012. Gewinnung von Biomethan mit Hilfe hochselektiver Membranen. Proceedings of 2 VDI-Konferenz Biogas-Aufbereitung und Einspeisung，Frankfurt，27-28 June 2012.

Boback，R. 2012. Biogasaufbereitung mit dem aminselect - verfahren. Proceedings of 2 VDI-Konferenz Biogas-Aufbereitung und Einspeisung，Frankfurt，27-28.

Burmeister，F，Erler，R，Graf，F，et al. 2009. Stand des DVGW-Forschungsprogramms

Biogas. Energie | wasser-praxis, 06: 66-71.

Deng L W, Chen H J, Chen Z A, et al. 2009. Process of simultaneous hydrogen sulfide removal from biogas and nitrogen removal from swine wastewater. Bioresource Technology, 100 (23): 5600-5608.

Finsterwalder, Silke Volk, Rainer Janssen. 2008. Biogas, HANDBOOK, University of Southern Denmark Esbjerg, Esbjerg.

Foo K Y, Hameed B H. 2009. An overview of landfill leachate treatment via activated carbon adsorption process [J]. Journal of Hazardous Materials, 171 (1): 54-60.

Girod, K, Lohmann, H and Urban, W. 2009. Technologien und Kosten der Biogasaufbereitung und Einspeisung in das Erdgasnetz. Ergebnisse der Markterhebung 2007-2008. Fraunhofer UMSICHT, Oberhausen.

Hara K T A, Kudo A, Sakata T. 1997. Change in the product selectivity for the electrochemical CO_2 reduction by adsorption of sulfide ion on metal electrodes [J]. J Electroanal Chem, 434 (1): 239-243.

Harasek, M. and Szivacz, J. 2012 Biogas-Aufbereitung mit Membranen-5 Jahre Betriebserfahrungen mit industriellen Anlagen. Proceedings of 2 VDIKonferenz Biogas-Aufbereitung und Einspeisung, Frankfurt, 27-28.

Jackso Yu. An advanced method of hydrogen sulfide removal from biogas [J]. Science Industry Research, 1998, 16: 98-103.

Krich K, Augenstein D, Batmale J P, et al. 2005. Biomethane from Dairy Waste-A Sourcebook for the Production and Use of Renewable Natural Gas in California [R]. USDA Rural Development.

Marco S, Thomas M, Matthias W. 2013. Transforming biogas into biomethane using membrane technology [J]. Renewable and Sustainable Energy Reviews, 17 (1): 199-212.

Medard L. 1976. Gas Encyclopaedia [M]. Amsterdam: Elsevier.

Melin T. 2009. Grundlagen der Gaspermeation (GP) mit Schwerpunkt Biogasaufbereitung. Presentation at Praxisforum Membrantechnik, Frankfurt, 24 November.

Radlinger, G. 2010. Zwei Verfahren, drei Hersteller-Aufbereitungsprojekte aus der Sicht eines Betreibers. Proceedings of 1 VDI-Kongress-Biogas-Aufbereitung und Einspeisung. VDI Wissensforum GmbH, Düsseldorf.

Ramesohl S, Hofmann F, Urban Wet, et al. 2006. Analyse und bewertung der nutzungsmöglichkeiten von biomasse. Study on behalf of BGW and DVGW.

Ryckebosch E, Drouillon M, Vervaeren H. 2011. Biomass and Bioenergy, 35: 1 633-1 645.

Ryckebosch E, Drouillon M, Vervaeren H. 2011. Techniques for transformation of biogas to biomethane [J]. Biomass and Bioenergy, 35: 1633-1645.

Schomaker A H H M, Boerboom A A M, Visser A, et al. 2000. Anaerobic digestion of agro-industrial wastes: information networks-technical summary on gas treatment [R]. Nijmegen, Nederland.

Schulte - Schulze Berndt, A. and Eichenlaub, V. 2012. Effizienzsteigerung der Druckwechseladsorption-Entwicklung, Status 2012 und weitere Potentiale. Presentation at 2 VDI-Konferenz Biogas-Aufbereitung und Einspeisung, Frankfurt, 27-28 .

Schönbucher A. 2002. Thermische Verfahren - stechnik: Grundlagen und Berechnungs - methoden für Ausrüstungen und Prozesse. Springer-Verlag. Heidleberg.

Tynell. 2005. Microbial Growth on pall-rings: a problem when upgrading biogas with the technique absorption with water wash [D]. Master's Thesis, Link pings Universitet.

Urban W, Girod K, Lohmann H. Technol-ogien und kosten der biogasaufbereitung und einspeisung in das erdgasnetz. tesults of market surbey, 2007-2008.

Weiland P. 2003. Notwendigkeit der Biogasaufbereitung, Ansprüche einzelner Nutzung srouten und Stand der Technik. Presentation at FNR Workshop "Aufbereitung von BIogas".

第五章　设备与控制

要保证沼气工程长期、高效、稳定地运行，工艺技术是核心，仪器设备是保障。中国沼气从户用沼气池、大中型沼气工程发展到沼气发电上网工程和生物天然气工程，原料呈现多样化的趋势，工程运行稳定性、副产物处理和经济效益要求越来越高。沼气发酵工艺不断创新与改进，配套设备逐渐完善，自动化程度要求日益提高。

沼气工程设备包括原料收储及预处理、原料输送、沼气发酵到沼气净化、提纯、储存和利用、沼渣沼液处理利用等整个工艺过程涉及的相关设备，同时也包括电气、控制、安全、消防等公用设备。

第一节　原料收储装置

一、原料收集设备

1. 液体原料的收集

在沼气工程中，畜禽养殖场冲洗废水、高浓度有机废水等都可以作为生产沼气的发酵原料。在发酵原料质和量都稳定的条件下，可以有效进行沼气发酵。粪污、废水类原料首先应收集到养殖场、工厂的临时储存设施，如集水池中。粪污原料的收集应设置粪污收集专用通道，避免交叉感染。此外，收集期间应做好防雨雪和防渗措施，防止原料的渗漏和遗撒。

2. 固体原料的收集

固体发酵原料需要根据不同物料特性选择收集方法。畜禽粪便可临时储存在堆棚中，最好直接倒入混合调配池，避免二次转运与臭味。畜禽粪便直接混合到液体原料中，再进料到沼气发酵罐中，既便于收集又便于运输，是沼气生产的优选方案。若是运输距离较远、环境温度较低，最好将固体原料收集好临时储存后再运输到沼气站。秸秆原料的收集应根据物料性状、收集量划定收集作业区域。采用的收集设备有秸秆青贮收

割机和秸秆联合收获机。秸秆类原料收集时间往往比较集中，而原料的利用则需要全年完成，因此需要贮存时间较长，可在沼气站外分散贮存，也可在站内集中贮存。

二、原料运输设备

对于冲洗废水、流态鲜粪等液体或者类似液体的发酵原料，其输送可采用管道、泵和其他设备，并通过流量计或者是容积控制池等设施控制物料的运输流量，以确保物料的有效和精确供给。

固体物质既可以通过预处理池或混合搅拌池进行均化，也可以通过相应的装置直接供给到沼气发酵罐中。如固态物料可以通过速度快、效率高、机动性好、操作轻便的轮式装载机或前卸式装载机装入进料漏斗，再由进料漏斗进入沼气发酵罐，如图 5-1 所示。

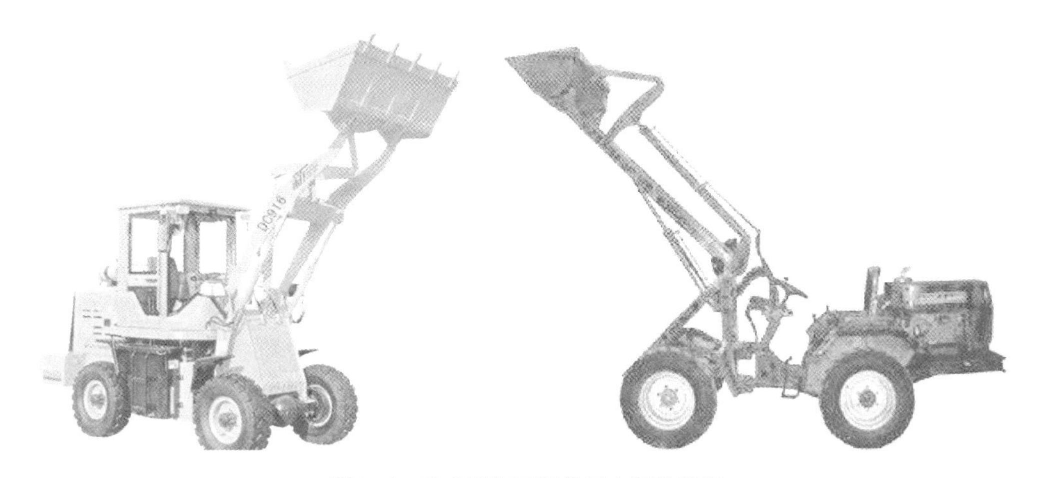

图 5-1 农业沼气工程常用小型装载机

第二节 原料预处理设备

一、切割粉碎设备

为了使沼气发酵细菌与底物（尤其是纤维类秸秆物料）具有较好的接触和反应，实现有机物料的充分、快速分解，需要在发酵前对大尺寸物料进行破碎、粉碎预处理，以提高分解速度和沼气生产效率。预处理可在加快分解速率，提高发酵有效性的同时，还能避免长纤维物质在进料过程中引起以下问题。

（1）泵送能力下降。

（2）管道堵塞。

（3）搅拌器缠绕。

（4）浮渣累积。

大尺寸物料粉碎一般采用双轴剪切式破碎机、锤片式粉碎机（如图 5-2 所示），或者在计量装置、进料泵前配置切割器、粉碎、撕裂设备等。

（a）双轴剪切式破碎机

（b）锤片式粉碎

图 5-2　大尺寸物料粉碎设备

二、除杂设备

1. 格栅机

发酵原料多元化，可有效保障沼气工程原料供给，但也造成原料杂质多，特别是含有粗纤维、毛皮、漂浮物等杂物，可采用格栅去除。格栅包括人工格栅、机械格栅两大类。格栅及其栅条间隙应根据原料种类、流量、杂物大小及水泵要求确定。以鸡粪、牛粪为主要原料的沼气工程中，应设置稳定可靠的机械格栅，以去除鸡毛、长草等杂物。

2. 除砂设备

一些沼气发酵原料，如采用砂卧床奶牛的粪便、鸡粪等，含有较多的泥砂，易堵塞管道，磨损进料与搅拌设备。泥砂也会沉积在沼气发酵罐中，影响进料，减少沼气发酵装置有效容积，降低产气效率。因此，对于含砂量较多的发酵原料，在预处理单元应尽量去除泥砂。沼气工程的除砂多采用沉砂池或直接选用除砂器。对于低浓度沼气发酵原料，常用的沉砂池形式有平流沉砂池、曝气沉砂池、旋流沉砂池等。沉淀的砂采用刮砂机或吸砂机从沉砂池池底收集，然后再用旋流式砂水分离器或水力旋流器加螺旋洗砂机将砂水分开，完成除砂、砂水分离、装车等工序。对于高浓度发酵原料，通常采用交互使用的浅沉砂渠、沉砂堰或专用的除砂器。

三、消毒设备

通常情况下，对人类、动物和环境具有高风险的动物副产品物料不得在农业沼气工程中直接使用。对于动物肠、胃内的物质、牛奶和初乳等可在133℃和3Bar条件下，灭菌20 min后进行沼气发酵。其他屠宰废弃物等可在70℃条件下，经过60 min的巴氏消毒后在沼气工程中作为发酵原料使用。在进行巴氏消毒时，应对温度、液位、压力和停留时间等进行监控并记录，完整记录整个进程。在进行消毒过程中，应采取相应的保障措施，确保消毒后的物料不会再次受到污染。消毒灭菌过程可分为批式灭菌和连续灭菌两种。

1. 批式灭菌

在进行批式巴氏灭菌时，需要使用带内部热交换器的容器（如图5-3所示）。巴氏灭菌的性能取决于进水温度、水流量和热交换器表面积。同时，巴氏灭菌容器配有搅拌器，保证巴氏灭菌过程中物料的持续混合。在目前的沼气工程中，根据不同的设备性能，每天可进料2~3次。为了提高灭菌性能，多个容器可串联使用。如果使用两个容器，功率消耗可能翻倍。最佳情况是使用3个容器，即第一个容器进满料后，开始加热；第二个容器在70℃条件下运行；而第三个容器进行冷却和清空。上述过程基本上可同时运行。通过这种近似连续运行的模式，每天可运行8~10个周期。3个容器可直接通过发酵罐进料实现清空，也可将灭菌后的物料存储到另一个容器中，再供给到发酵罐中。需要处理该类物料的沼气工程，至少需设置一个100 L到10 m^3 容量的单独容器，满足连续或近似连续运行的所有要求。

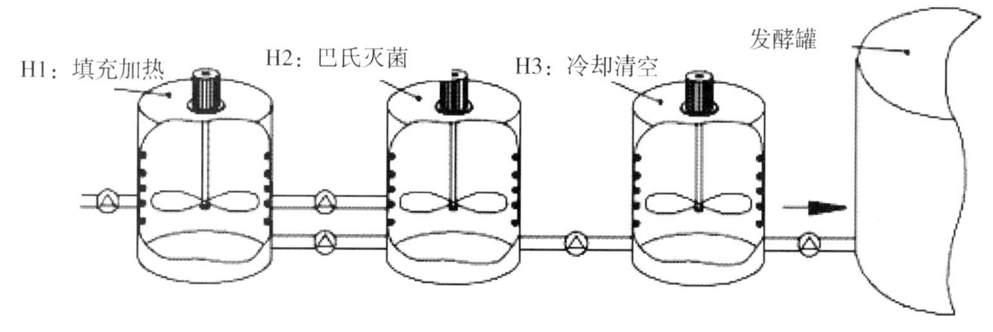

图5-3　批式或近似连续的巴氏灭菌法

2. 连续灭菌

连续灭菌过程需要在双壁管中进行巴氏灭菌过程。内管中的物料通过偏心螺杆泵供给（如图5-4所示）。在套管中循环热水，对发酵物料进行加热。该类设备可满足巴氏灭菌的全部要求，完成发酵原料灭菌与均匀混合后，再进到发酵罐中。其性能取决于泵送性能、热水温度和管道直径。在操作过程中，需要同时满足操作规程对温度、压力和停留时间的要求。

在任何情况下，生活垃圾、屠宰废弃等发酵原料均需进行巴氏灭菌。在沼气工程设

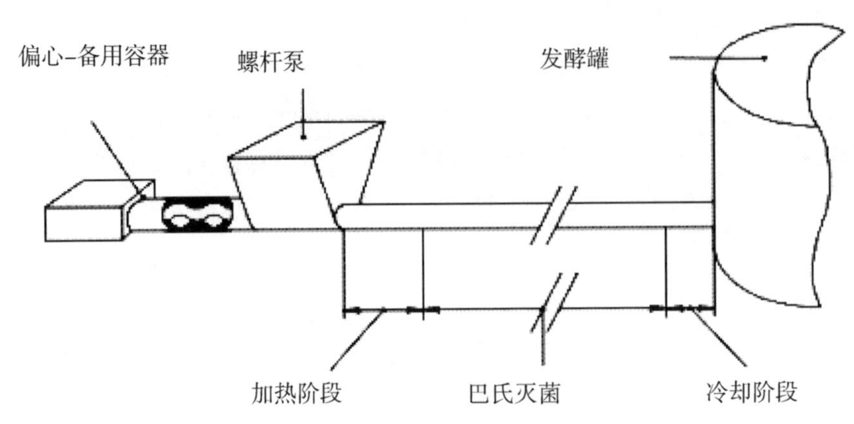

图 5-4　连续巴氏灭菌进程

计时，应将以下条件考虑在内：在冬季低温条件下，发酵罐和其他结构设备的运行可能对热量需求更高。在某些条件下，可能很难达到巴氏杀菌的温度条件。所以需要有增温保温措施，确保灭菌温度达到设计要求。

第三节　原料输送设备

一、液体原料进料设备

1. 离心泵

离心泵具有性能范围广泛、流量均匀、结构简单、运转可靠和维修方便等诸多优点，因此在工农业生产得到广泛应用。在沼气工程中，由于离心泵结构简单，适用于输送 TS 含量 8%以下的基质，所需功率在 3~15 kW。传送速度为 2~6 m^3/min，此输送速率随输送压力（或输送高度）升高而降低。根据不同功率，离心泵的最大压力可达 3~20 Bar。

按《工业泵选用手册》，离心泵根据结构分类如表 5-1 所示。

表 5-1　离心泵的结构类型

分类方式	类　型	特　点
按吸入方式	单吸泵	液体从一侧流入叶轮，存在轴向力。
	双吸泵	液体从两侧流入叶轮，不存在轴向力，泵的流量几乎比单吸泵增加一倍。

 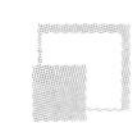

（续表）

分类方式	类　型	特　点
按级数	单级泵	泵轴上只有一个叶轮。
	多级泵	同一根泵轴上装两个或多个叶轮，液体依次流过每级叶轮，级数越多，扬程越高。
按泵轴方位	卧式泵	轴水平放置。
	立式泵	轴垂直于水平面。
按壳体型式	分段式泵	按壳体与轴垂直的平面剖分，节段与节段之间用长螺栓连接。
	中开式泵	壳体在通过轴心线的平面上剖分。
	蜗壳泵	装有螺旋形压水室的离心泵，如常用的端吸式悬臂离心泵。
	透平式泵	装有导叶式压水室的离心泵。
特色结构	潜水泵	泵和电动机制成一体浸入水中。
	液下泵	泵体浸入液体中。
	管道泵	泵作为管理一部分，安装时无须改变管路。
	屏蔽泵	叶轮与电动机子连为一体，并在同一个密封壳体内，不需采用密封结构，属于无泄漏泵。

2. 容积式泵

容积式泵通常包括往复泵、转子泵、计量泵。沼气工程通常采用转子泵作为高浓度物料的进料输送设备。转子泵由静止的泵壳和旋转的转子组成，它没有吸入阀和排出阀，靠泵体内的转子与液体接触的一侧将能量以静压力形式直接作用于液体，并借旋转转子的挤压作用排出液体，同时在另一侧留出空间，形成低压，使液体连续地吸入。

转子泵的压头较高，流量通常较小，排液均匀，适用于输送黏度高，具有润滑性的物料。转子泵的类型有齿轮泵、螺杆泵、滑片泵、挠性叶轮泵、罗茨泵、旋转活塞泵等。其中螺杆泵和旋转活塞泵是最常见的转子泵。

（1）螺杆泵。对于 TS 含量较高的发酵物料，使用自吸容积式泵，其输送速度受输送头限制较少。偏心螺杆泵自吸收深度高达 8.5m，产生高达 24 Bar 的压力（如图 5-5 所示）。但对于含有长纤维成分的物料，更容易出现堵塞，其输送速度也低于离心泵。

（2）旋转活塞泵。旋转活塞泵的转子为一对共轭凸轮，当凸轮转动时，吸入口形成真空，液体充满整个泵壳；凸轮继续旋转，把液体封闭送往排出口，因此可不设吸入阀和排出阀（如图 5-6 所示）。旋转活塞泵在 2~10 Bar 的最大压力和 7.5~55 kW 的功率消耗下达到 0.5~4 m^3/min 的流速。

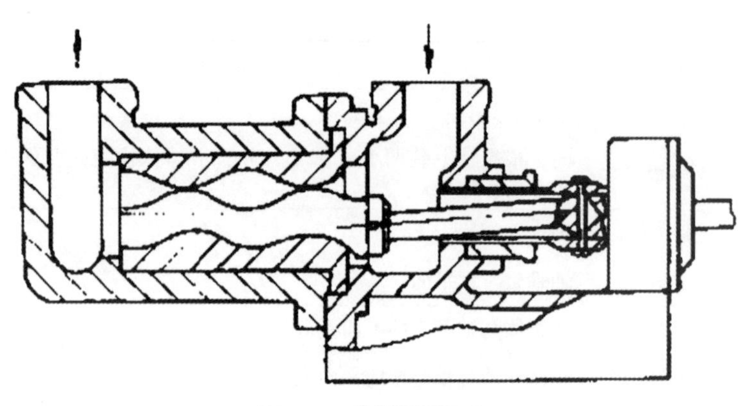

图 5-5　单螺杆泵示意

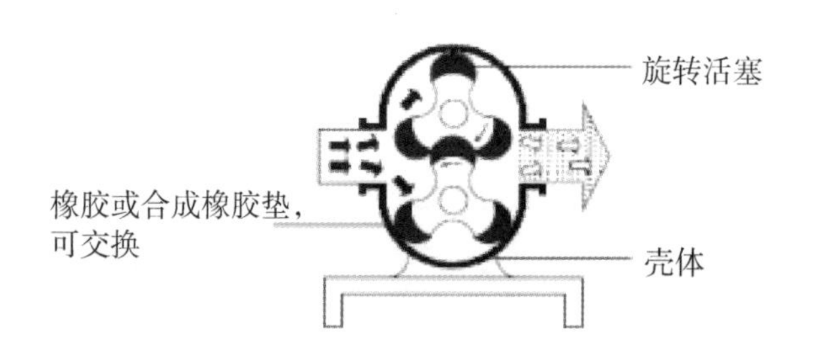

图 5-6　旋转活塞泵示意

该类泵对泵送介质中长纤维不敏感，因此可用于输送玉米秸秆、青贮饲料或固体粪便。然而，该类泵流量很大，大量的新鲜物质会在短时间内进入发酵罐。会对沼气发酵过程产生不利影响，如温度突然降低，短期负荷高等，所以必须缩短进料间隔和泵的运行时间，或者使用变速泵。

二、固体原料进料设备

固体原料进料常用螺旋输送机，螺旋输送机利用电机带动螺旋回转，推移物料前进以实现输送的目的。螺旋输送机的工作原理是旋转的螺旋叶片将物料推移而进行输送，使物料不与螺旋输送机叶片一起旋转的力是物料自身重量和螺旋输送机机壳对物料的摩擦阻力。螺旋输送机旋转轴上焊接的螺旋叶片，叶片的面型根据输送物料的不同有实体面型、带式面型、叶片面型等型式。螺旋输送机的螺旋轴在物料运动方向的终端有止推轴承以随物料给螺旋的轴向反力，在机长较长时，应加中间吊挂轴承。螺旋输送机能水平、倾斜或垂直输送物料，具有结构简单、横截面积小、密封性好、操作方便、维修容易、便于封闭运输等优点。螺旋输送机在输送形式上分为有轴螺旋输送机和无轴螺旋输送机两种，在外型上分为 U 形螺旋输送机和管式螺旋输送机（如图 5-7 所示）。

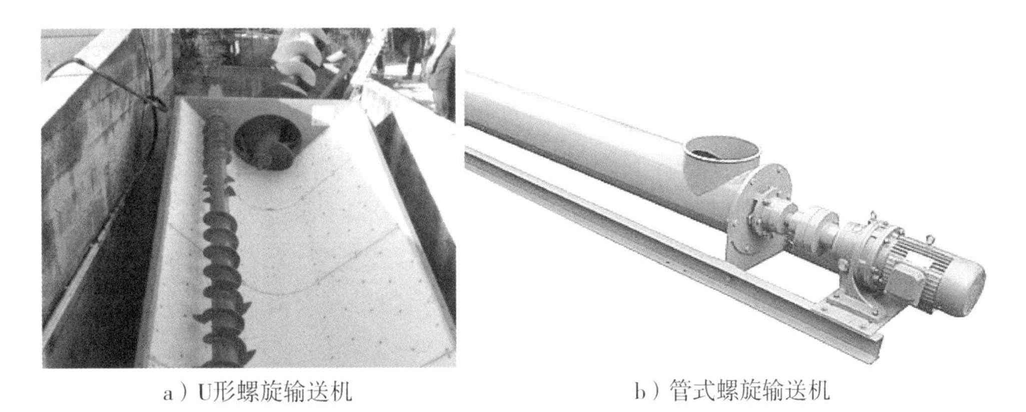

a）U形螺旋输送机　　　　b）管式螺旋输送机

图 5-7　螺旋输送机进料示意

沼气工程中一般采用无轴螺旋输送机，主要输送污泥、生物质、生活垃圾物料等黏性和易缠绕的物料。

三、混合-进料组合系统

1. 切割-转子泵系统

液体发酵原料存在的长纤维类物质，进入进料管道后必须在管道内被粉碎。德国博格公司等专门针对沼气工程研制了切割-转子泵系统（BioCut 系统），该系统在管道上游安装 RotaCut 流体切割机，纤维类物质以适合切割的方式被送入切割机中，工作示意如图 5-8 所示。

图 5-8　RotaCut 流体切割机

制成浆状的固体和液相悬浮混合液在 RotaCut 中得到处理和均质化，然后由转子泵送入沼气发酵装置。这种装置可使富含能量的固体（例如，玉米秸秆或草类、经粗切的萝卜和油菜花等）以及粪污或循环液制成糊状料液，提高沼气工程产气率。同时，石块和金属件留在重物分离器中，保护泵和设备不受破坏。

2. 混合-螺旋系统

混合-螺旋系统的混合机筒内安装有两只非对称螺旋，通过螺旋自转将物料向上提升，通过转臂慢速公转运动使螺旋外的物料进入螺柱，从而达到全方位物料的更新扩散。被提到上部的两股物料再向中心凹穴汇合，形成一股向下的物料流，补充了底部的空缺，从而达到对流循环的三重混合效果。其按搅拌形式分：立式螺带混合机，立式双螺旋混合机。沼气工程中常用的混合-螺旋系统由立式饲料搅拌机改装而成（如图 5-9 所示）。

图 5-9　混合-螺旋系统

该类混合-进料系统结构简单，可处理体积大的圆形或方形干草包。对料筒侧壁的压力小，搅拌车的磨损率大大降低。物料被绞龙搅上去再自然落下来，如此反复，搅拌较为均匀准确，效果好。

第四节　沼气发酵罐动密封装置

当沼气发酵罐设置机械动搅拌时，需要采用可靠的动密封装置，常用密封装置有物理水封、迷宫水封、机械密封、填料函密封等。对于大容积完全混合式（CSTR）沼气发酵罐，一般采用中心机械搅拌，具有轴长、转速慢、扭矩大等特点，动密封结构一般采用机械密封、填料函、物理水封等结构。机械密封、填料函密封结构一般由国外厂商或国内专业厂家生产，整套提供，价格昂贵，运行寿命较短，维护更换复杂。国内沼气工程较多采用物理水封结构，水封压力可调节，超过压力自然泄压释放，可自行制作，

无易损件，价格便宜，但需根据设计压力保持结构合理可靠，并注意保持水封水量。

第五节 传热设备

沼气发酵需要一定的温度条件，为了保证沼气发酵所需温度，需要对沼气发酵过程加温。加温热源可采用发电余热，沼气（锅炉）燃烧、太阳能（图 5-10、图 5-11、图 5-12）等。通过这些热源加热换热盘管中的循环水，循环水在盘管内流动，将热量传导到发酵原料中。

图 5-10 发电余热作为升温热源

图 5-11 太阳能作为升温热源

图 5-12 沼气（锅炉）作为升温热源

沼气工程普遍采用换热盘管进行加温，换热盘管的安装位置可以在沼气发酵罐外或罐内，以罐内居多。盘管的材料可采用钢管或 PE 地暖管。钢管耐磨、传热效果好，但制作相对复杂，地暖管耐蚀性好，安装简单，但不耐磨，换热效果不如钢管。如图 5-13、图 5-14、图5-15。

图 5-13 罐内安装的 PE 换热盘管

图 5-14　罐内安装的换热镀锌钢管

图 5-15　罐外安装的 PE 换热盘管

第六节 搅拌设备

搅拌的作用主要有以下几方面：一是使发酵原料与发酵微生物充分接触；二是使换热盘管内的热量能更快的传导到发酵料液中，并且使发酵料液的温度均匀；三是搅起底部沉渣，防止其板结、沉积在发酵罐底部而影响进出料。目前普遍采用的搅拌形式有：机械搅拌、水力搅拌和沼气搅拌，搅拌方式的选择取决于发酵原料种类和浓度。

一、机械搅拌

机械搅拌适合于发酵料液浓度较高的情况，混合效果好，特别是破除顶部结壳的作用明显。

机械搅拌根据安装位置又分为：顶搅拌、斜搅拌、侧搅拌和潜水搅拌（如图 5-16、图5-17、图 5-18 所示）。顶搅拌安装在发酵罐顶部，斜搅拌安装在中上部侧面，侧搅拌安装在下部侧面，潜水搅拌安装在发酵罐内部中下部。顶搅拌和侧搅拌的转速通常很低，10～15 rpm。侧搅拌和潜水搅拌的转速通常较高，400～600 rpm 左右。

图 5-16 顶搅拌

二、水力搅拌

水力搅拌将沼气发酵罐内上中部清液通过大流量管道泵吸入后，在沼气发酵罐底部排出，对底部沉渣进行冲击搅拌。水力搅拌通常用于发酵料液浓度较低、无顶部浮渣的情况。其优点是安装简单，投资少，易维修，通过 1～2 台管道泵就可实现整个沼气发

图 5-17　斜搅拌

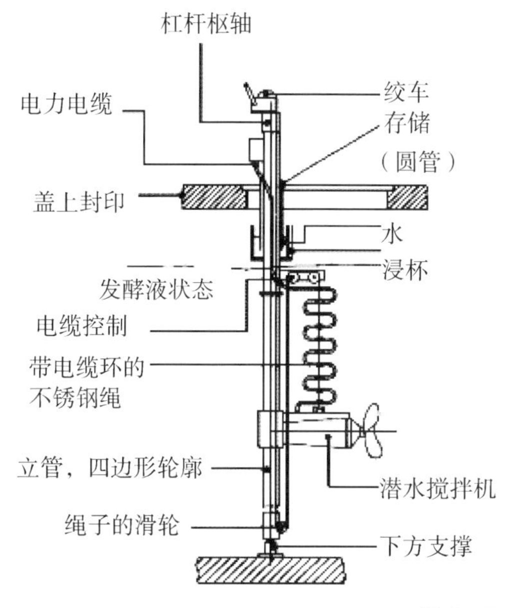

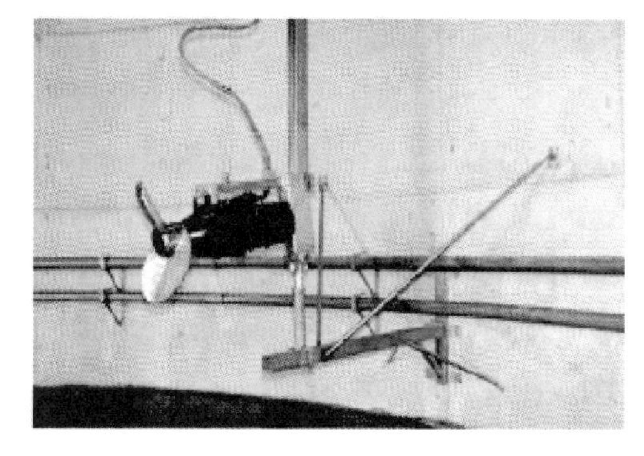

图 5-18　潜水搅拌

酵罐内料液的搅拌。

三、沼气搅拌

沼气搅拌是对沼气进行增压，然后压入发酵罐底部，当沼气从料液中释放时，由其升腾造成的抽吸卷带作用带动反应器内料液循环流动。沼气搅拌的主要优点是反应器内液位变化对搅拌功能的影响很小；反应器内无活动的设备零件，故障少；搅拌力大，作用范围广。但是，在进料浓度较高的条件下，沼气搅拌难以达到良好的混合效果，在高固体浓度物料厌氧消化中难以采用。沼气搅拌需要防爆风机以及阻火器、过滤器、安全阀等复杂的安全设施。

四、组合式搅拌系统

目前单个沼气发酵罐容积不断增大，并且原料逐渐多元化，在沼气工程中，逐渐采用水力搅拌与机械搅拌组合的搅拌系统，达到传质混合、防止浮渣沉泥的目的。可采取长时间使用水力搅拌，短时间使用机械搅拌的方式，有效延长寿命，节约能量消耗。

第七节　沼气净化设备

沼气发酵产生的沼气含有大量的二氧化碳、水蒸气和少量的硫化氢，水蒸气和硫化氢在沼气使用前需尽量去除，否则会对沼气使用设备产生很大的腐蚀，降低使用寿命。

沼气中水蒸汽通常采用重力法（气水分离器、凝水器）脱水。对于沼气产量大于 1 000 m^3/d 的也可采用冷分离法、固体吸附法等脱水工艺。

沼气工程中硫化氢的去除通常采用干法脱硫或生物脱硫（如图 5-19 所示），脱硫装置通常设置为 2 套，并联使用。脱硫剂可选择成型氧化铁脱硫剂，也可选用藻铁矿、铸铁屑或与铸铁屑等。藻铁矿中活性氧化铁含量宜大于 15%，采用铸铁屑或铁屑时，必须经过氧化处理。

生物脱硫通常是将空气鼓入脱硫塔或循环水箱内喷淋液中，再通过循环泵将喷淋液喷洒入生物脱硫塔中。如将空气直接鼓入生物脱硫塔中时，脱硫后的沼气管路应设置氧含量在线监测系统，并应与鼓风机联动，沼气中氧含量应小于 1%。

第八节　沼气发电设备

沼气中甲烷含量一般≥50%，可通过燃烧带动发动机运行，由发动机驱动交流发电机发电，产生的电能输送给用电设备或并入电网。沼气燃烧产生的热能大约 40%转化为电，其他热量通过余热回收产生热水或蒸汽，用于沼气发酵过程升温保温、周边生活供热等。沼气工程中沼气发电的最好模式是热电联产，具有增效、节能、环保等优点。沼气发电可以上网（沼气发电上网工程）或者养殖场、沼气站自用（分布式沼气发电自用工程），两种方式的主体设备基本相似（如图 5-20 所示）。

干法脱硫化学　　　　生物脱硫

图 5-19　沼气脱硫设备

沼气发电上网工程　　　　分布式沼气发电自用工程

图 5-20　沼气发电工程

沼气发电设备从属于沼气工程，工艺上一般处于沼气净化储存设备之后，处于发电并网设备之前，包含增压稳压设备、沼气发电机组、余热回收设备等，其中沼气发电机组包含沼气发电机、防震隔音及配套控制设备、仪表等。从沼气发电工程稳定运行的需要出发，一般沼气发电机组由国内外发电机厂商整体提供，宜采取交钥匙方式保证产品质量和安装质量，不宜采取部件提供、现场组装或由多个单位配套安装的方式。国内外知名沼气发电机组品牌主要包括颜巴赫、MTU/奔驰、济柴、潍柴、重庆普什等。中国沼气发电机组整体质量已得到快速发展，在系统协调控制、整机性能测试、维护方案等方面取得较大的技术进步，具有较高的性价比，适合中国沼气工程特点。但需要更好地市场培育，打破国外发电机厂商在1MW以上大型发电机组市场的垄断。

沼气发电机组的核心是发动机和发电机，热电转化效率及稳定高效运行时间主要由二者及整体协调性决定。沼气发电机组性能参数和效率值一般以甲烷含量60%作为基准进行测算，与甲烷含量高低成正相关波动。现在国际先进水平的沼气发电机组热电转化效率可达42%左右，国内先进机组也有较大提高，大功率机组热电转化效率可达40%左右。国内发电机组发动机主要采用了康明斯（中国）、潍柴、玉柴及其他柴油机进行改装，交流发电机主要采用了斯坦福、西门子、中国航天凯威思及众多国产产品。沼气发电机组还集成了空滤器、蜗轮增压系统以及控制系统等，通过自动监测沼气甲烷含量波动而进行空混比自动调节，低压并网、降噪减震等重要功能在国产机组上也广泛应用，与国外机组之间已无重大区别。国产某沼气发电机组主机主要部件如图5-21。

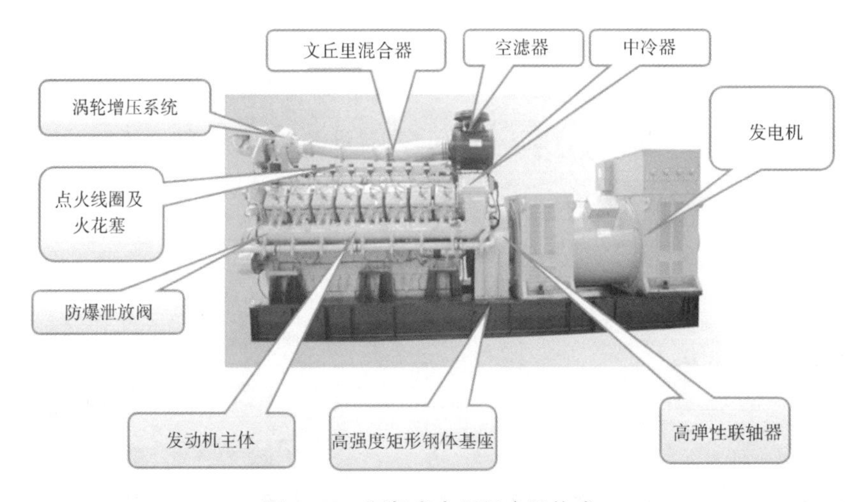

图5-21　沼气发电机组主机构成

沼气发电机组目前主要以1 500 rpm转速为主流，对甲烷含量波动具有较好的适应性，转化效率和热能综合利用率较高，稳定连续运行时间长。同时，全国往复式内燃燃气发电设备标准委员会（SAC/TC372）、全国沼气标准化技术委员会（SAC/TC515）等组织指导制定和完善国内沼气发电相关标准，与国际标准进一步接轨，使国产沼气发电机组与国外机组的差距进一步缩小。

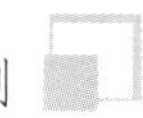

第九节　沼渣沼液利用设备

一、固液分离设备

为了使沼气生产过程中的副产物得到更好的资源化利用，宜对其进行固液分离，将液态的沼渣沼液分离成干物质含量高的固体（沼渣）和干物质含量低的液体部分（沼液）。固液分离有利于沼渣沼液的养分管理，也有利于固体部分外运和液体部分就地利用。

固液分离机包括沉降式离心机、螺旋挤压机、弓形筛、双环弓形筛、带式压滤机和转鼓式压滤机等。沉降式离心机、螺旋挤压分离机应用最广泛，特别是在需要将过剩养分输送到其他地方时。

沉降式离心机主要用在粪污联合发酵沼气工程，也用在市政工业废弃物处理工程。离心分离是基于固体颗粒和周围液体密度存在差异，在离心场中固体颗粒加速沉降的分离过程。离心分离机的优点是分离速度快、分离效率高；缺点是投资大，能耗高。沉降式离心机是一种新型的卧式螺旋卸料离心机，离心机转鼓与螺旋以一定差速同向高速旋转，悬浮液通过螺旋输送器的空心轴进入机内中部，由进料管连续引入螺旋内筒，加速后进入转鼓，在离心力场作用下，固相物沉积在转鼓壁上形成沉渣层。输送螺旋将沉积的固相物连续不断地推至转鼓锥端，经排渣口排出机外。

螺旋挤压分离机主要用在大中型能源植物沼气工程，该类沼气工程的沼渣沼液富含纤维素。沼渣沼液混合物从进料口被泵入螺旋挤压机内，安装在筛网中的挤压螺旋以一定的转速将要分离的沼渣沼液向前携进，其中的干物质与在机口形成的固态物质圆柱体相挤压而被分离处理出来，液体则通过筛网筛出。为了掌握出料的速度与含水量，可以调节主机下方的配重块，以达到满意适当的出料状态。也可更换筛网孔径调整出料状态，筛网孔径有 0.25 mm、0.5 mm、1 mm 等不同规格。经处理后的固态物含水量可降到 65%以下，螺旋挤压分离机不能分离沼渣沼液中的污泥部分。

二、沼渣生产有机肥设备

沼渣沼液固液分离后，固体部分可以直接用作土壤改良剂或者进行堆肥处理。堆肥是一种有机废弃物好氧处理方法，目的是稳定有机成分。一般分离出来的沼渣太湿、太稠，堆肥需要添加有机纤维物质（如秸秆、木屑、谷壳等）。有机肥生产过程中一般需要翻抛机、筛选机、造粒系统、粉碎机、包装机等一系列设备（图 5-22）。

翻抛机主要适用于条垛式好氧堆肥工艺，用于前期原辅料的混合以及发酵过程的定期翻堆。翻堆配合自然通风可维持堆体呈有氧状态，使物料充分混合，快速升温，腐熟更加彻底。翻抛机操作简单，具有粉碎、配料搅拌、快速除臭等功能，能部分代替粉碎机和搅拌机。

筛选机主要用于条垛式好氧发酵工艺，专为有机肥去杂、分级设计，适合高含水率的有机肥筛选，能有效去除半成品肥中的杂质。

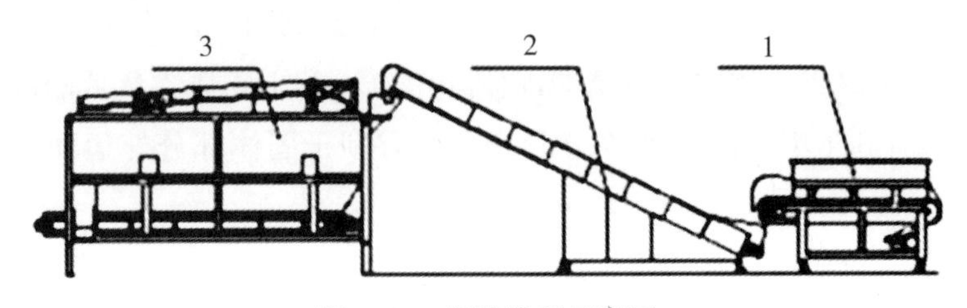

图 5-22 沼渣堆肥示意图

1—堆料机；2—输送机；3—筛选机

造粒系统根据有机肥成品需求，对有机肥进行造粒，主要包括造粒机和上料输送机。

粉碎机为有机肥专用的粉碎设备，适用于经过筛选后物料的再次粉碎（物料要求水分在 20%~40%），使物料达到粉末状，从而确保有机肥料的外观质量。

包装机采用自动包装机，主要用于后期有机肥的包装，包括上料、给料、配料、计量、装袋、放袋、封口、输送等全自动计量包装生产线。包装后产品入库贮存于阴凉干燥处，对已包装的产品，须定期抽样检测，确保有机肥品质。

第十节　过程监控设备

一、检测仪表

1. 流量检测仪表

为了控制发酵罐的有机物负荷量，应记录物料进料量。通常情况下，发酵物料应在进入沼气工程前或沼气发酵罐前称重。由于料仓或进料中物料的密度通常是未知的，因此只有固体发酵物料的容量检测是不准确的，难以与分析数据相结合。

通过在发酵罐泵送进料管中安装合适的流量计，可准确地识别液体物料的流量。但通过泵送时间预估流量具有一定的误差性。在设置有预处理池的情况下，可以通过物位测量确定其液体进料容积。

2. 温度检测仪表

农业沼气工程的发酵罐增温通常采用热水作为换热介质。在配置有沼气发电机的沼气工程中，加热回路中的水可通过沼气发电机的冷却水和废气热交换器进行加热。发酵罐温度控制和循环加热水的开闭，可直接采用建筑行业内应用的成本低廉的测量和控制系统完成，其具有足够的控制精度。为了解系统的热量消耗以及其他用途的热量，可在相应的加热回路中安装热量监测表。

3. pH 测定

pH 数值是一个非常容易测量的参数，可作为判定发酵过程是否稳定的指标之一。如 pH<6.5，那么发酵过程具有酸化风险。但是，在缓冲能力较高的发酵混合物中（牛粪作为发酵物料），pH 的变化时间会出现明显的延迟，可能导致无法及时发现酸化过程。因此，pH 并不能完全作为农业沼气工程发酵过程稳定性监控的决定性参数，只能作为发酵过程稳定性判定指标之一。

尽管废水处理技术水平已经有了很大的进步，但在沼气工厂中尚不能连续测量发酵罐中的 pH，因为发酵混合物的成分很难测量。但在实践中，采用具有良好分辨率的手持式 pH 计或 pH 试纸，可对新取的样品进行 pH 测定。

4. 沼气成分分析

沼气成分的测量一方面可以作为发酵过程稳定性判定的重要依据；同时也是沼气有效利用的依据，与沼气产量测量相结合，能够用于评估沼气利用设备（发电机等）的沼气利用效率。在一般的沼气工程中，主要检测甲烷（CH_4）、二氧化碳（CO_2）和硫化氢（H_2S）含量。

甲烷含量决定沼气的能量密度，也可作为监控发酵状态的指标。硫化氢含量可作为衡量脱硫装置脱硫效果的指标，同时对沼气利用设备（发电机等）的维护和保养也是非常重要的参考指标。二氧化碳含量（CO_2）测量结果可辅助证明沼气成分测试结果的合理性。

沼气成分分析可选用多家制造商提供的设备。为了测量甲烷和二氧化碳含量，可使用超声波、红外线或热导传感器。硫化氢的测量可用电化学传感器。尽管气体成分自动监测系统的投资成本昂贵，但是可对气体成分进行连续控制。因此在特大型沼气工程可应用于发酵过程监测与控制。

5. 阀门

在流体管道系统中，阀门是控制元件，其主要作用是隔离设备和管道系统、调节流量、防止回流、调节和排泄压力。

阀门一般有使用特性和结构特性。①属于阀门使用特性的有：阀门的类别（闭路阀门、调节阀门、安全阀门等）；产品类型（闸阀、截止阀、蝶阀、球阀等）；阀门主要零件（阀体、阀盖、阀杆、阀瓣、密封面）的材料；阀门传动方式等。②阀门结构特性决定阀门的安装、维修、保养等方法，属于结构特性的有：阀门的结构长度和总体高度、与管道的连接形式（法兰连接、螺纹连接、夹箍连接、外螺纹连接、焊接端连接等）；密封面的形式（镶圈、螺纹圈、堆焊、喷焊、阀体本体）；阀杆结构形式（旋转杆、升降杆）等。

二、控制系统

1. DCS 控制系统

过去沼气工程控制系统采用检测器在现场获取数据，然后通过电缆或仪表空气管将信号输送到控制室的控制盘。在控制盘上装有控制器/调节器，通过控制器输出控制信号到执行元件而进行控制。20 世纪 70 年代进入市场的集中分散控制系统（DCS）得到了快速发展，取代了传统的控制盘。市场上有多种不同类型的集中分散控制系统，至少含有下列的部件。

（1）控制模块。控制模块装在处理现场起控制作用，检查工厂的运行工况。控制块可以是单个环路，也可以由多个环路组成。单环控制模块用于单个环路连续控制。和单环不同，多环控制模块可以控制多个环路。控制方法是对控制环路一个一个地进行扫描，将环路工艺探头测得的数据传送到控制器，控制器对数据进行处理并输出控制信号到环路的末端执行元件，对工艺流程进行控制。完成一个环路扫描后，控制器对下一个环路进行扫描，直到最后一个环路扫描完毕，然后返回到第一个环路，继续进行扫描，依次循环。每个环路扫描和控制所需的时间只需几分之一秒，实际所需的时间是会因不同制造厂的设计而有差异的。

（2）操作站。操作站是安装在中央控制室的计算机，包括一个或几个显示屏和键盘。采集的工艺数据从控制模块通过现场总线传输到操作站，在显示屏上示出。显示的数据通常包括工艺数据、控制器数据、工艺趋势、警报和控制图。使用者可以根据其需要而设定显示什么数据和显示形式。根据得到的数据和操作需要，操作人员可以从键盘进行操作及控制，如改变控制模块的工艺或警报的设定点、开或关闭阀门、启动或停止电机、调整控制器等。除了与控制模块连接外，操作站也有计算功能，储存历史数据供以后取用和输往打印机打印。操作站的故障一般不会影响控制模块的工作，控制模块会简单地根据最后一次从操作站得到的指令进行控制。

（3）现场总线。连接控制模块和中央控制柜之间的电缆，称为现场总线。这种电缆可以是绞线、同轴电缆或者光纤电缆。

与传统的控制盘相比，集中分散控制系统有很多的优点，电缆长度减少、占地小、控制室的安装费用大大减少。过去处理信号用的开关或传感器等的硬件被软件代替。利

用软件也改变了控制屏显示的图面、报告的形式，同时使控制配置的改变更为容易。

2. 可编程序逻辑控制器（PLC）

PLC是一种联锁系统，主要用于电气开关系统。PLC由固体电路组成，用程序软件来控制动作。电气机械联锁是另一种常用联锁系统，过去被广泛应用，现在也常和可编程序控制器竞争。带继电器的联锁系统可在苛刻的环境中使用，如极高或极低温度场合，这种系统由机械部件组合而成，因此需要经常维护。联锁一旦安装完毕，无法改变结构，若要改变操作程序，则要调换零件，改变配线，甚至需要更换整个控制柜。但是，在某些情况下这也是一个优点，因为可防止随意擅自更改。与电气机械联锁相比，PLC需要的配线很少、抗震性能好、尺寸小、价格便宜，而且可以很容易地改变程序以变更联锁控制。

联锁的设计直接影响操作和安全，设计错误可以导致延迟工厂投产，甚至埋下隐患。因此联锁方案说明一定要写得很清楚，不能有遗漏、互相矛盾或令人误解之处。一个完整的联锁方案说明应包括以下各项。

①列出所有相关的工艺仪表流程图和管道仪表流程图；②对受联锁控制部分的工艺流程和有关操作作出介绍说明；③对联锁作出详细说明，说明要包括：a. 联锁的功能；b. 联锁输人信号的次序，有多少个，从何处来；c. 联锁要收到多少个和什么情况下的信号后才作出反应；d. 有多少个输出信号，往哪里去；e. 信号驱动的执行元件的动作和各元件动作先后次序；f. 是否需要警报，警报应在厂内哪些地方显示，是否需要优先警报；④联锁在什么情况下才可复位，是自动复位还是需要人工复位；⑤怎样去旁通和测试？⑥怎么防止擅自更改联锁。

3. 温度控制系统

温度控制系统由被控对象、测量装置、调节器和执行机构等部分构成。被控对象是一个装置或一个过程，它的温度是被控制量。测量装置对被控温度进行测量，并将测量值与给定值比较，若存在偏差便由调节器对偏差信号进行处理，再输送给执行机构来增加或减少供给被控对象的热量，使被控温度调节到整定值。测量装置是温度控制系统的重要部件，包括温度传感器和相应的辅助部分，如放大、变换电路等。测量装置的精度直接影响温度控制系统的精度，因此在高精度温度控制系统中必须采用高精度的温度测量装置。温度控制系统的执行机构大多采用可控热交换器。根据调节器送来的校正后的偏差信号，调节流入热交换器的热载体（液体或气体）的流量，来改变供给（或吸收）被控对象的热量，以达到调节温度的目的。在一些简单的温度控制系统中，也常采用电加热器作为执行机构，对被控对象直接加热。通过调节电压（或电流）的大小可改变供出的热量。

不同的应用部门对温度控制系统品质有不同的要求，并选用不同类型的调节器。如果精度要求不高，可采用两位调节器，一般情况下多采用PID调节器。高精度温度控制系统则常采用串级控制。串级控制系统由主回路和副回路两个回路构成，具有控制精度高、抗干扰能力强、响应快、动态偏差小等优点，常用于干扰强，且温度要求精确的生产过程，如化工生产中反应器温度的控制。

严格地说，多数温度控制系统中被控对象在进行热交换时的温度变化过程，既是一个时间过程，也是沿空间的一个传播过程，需要用偏微分方程来描述各点温度变化的规律。因此温度控制系统本质上是一个分布参数系统。分布参数系统的分析和设计理论还很不成熟，而且往往过于复杂而难于在工程实际问题中应用。解决的途径有两条：一是把温度控制系统作为时滞系统来考虑。时滞较大时采用时滞补偿调节，以保证系统的稳定性。具有时滞是多数温度控制系统的特点之一；二是采用分散控制方式，把分布参数的被控过程在空间上分段化，每一段过程可作为集中参数系统来控制，构成空间上分布的多站控制系统。采用分散控制通常可获得较好的控制精度。

4. 液位控制系统

液位控制系统主要包括三方面的内容。

（1）液位信号采集。液位信号的采集主要是选择合适的液位传感器。液位传感器的发展从最早的电极式、UQK/GSK、到现在的光电式和GKY液位传感器，形成了多种液位控制方式。电极式便宜简单，但在水中会吸附杂质，使用寿命短。传统浮子与相对滑动轨道之间只有1 mm左右的细缝，很容易被杂物卡住，可靠性较低，不能在污水中使用。光电式也不能用于污水，因为玻璃反射面黏附污物就会出现误判断。GKY液位传感器可以弥补这些缺陷，在污水和清水中都可以使用。所以液位控制的系统设计应该根据具体使用环境慎重选择传感器，因为液位传感器太小，在工程中常常被忽视。实际上，液位传感器是液位控制系统的关键，决定了控制系统的可靠性、稳定性及使用寿命。如果选择不当，将会导致控制系统故障频发，甚至瘫痪，这是导致很多液位自动控制系统使用不到一年就失灵的重要原因。

（2）液位信号的传输。液位信号的传输可以有有线和无线两种方式。有线就是通过普通电缆线或屏蔽线传输，大部分传统液位传感器通过普通的BV线传输，压力式、电容式传感器的传输信号易受干扰，需要用屏蔽线传输而且距离不能太远。在传输距离远或不方便铺设传输线路的场所，需要使用无线液位传输系统。无线液位传输系统可以有多种方式：第一种是直接采用无线收发设备传输液位信号。这种方式发射天线和接收天线之间不能有阻挡，障碍物会使传输信号大幅度衰减。现在很多场合难以满足这样的条件，所以应用较少。第二种是借助于通信网络的短信收发功能将液位信号传达到目的地。这种应用在传输数据量较小的场合可以使用。

（3）液位系统的控制。液位系统的控制可以分为独立系统控制和网络中心集中控

制。独立系统控制就是传统的控制方式，即传感器从水池水箱将液位信号传到电气控制箱，再由控制箱控制水泵的开关。网络中心集中控制就是在传统控制系统的基础上组建网络，在中央控制中心对整个控制系统进行监控。组建这样的系统需要液位控制系统有网络通信接口。

5. 流量控制系统

流量控制系统由流量计、调节器和流量调节装置组成。流量计用来测量被控流量，并把它变换成可直接与给定量比较的物理量（一般是电压）。当流量计的输出与给定量之间存在偏差时，调节器对偏差信号进行处理并输送给流量调节装置。流量调节装置据此调节阀门的开启程度，以改变管道中的流量，使之趋于期望值并保持在期望值附近。流量调节装置依流体的传输方式不同有多种形式。

第十一节　安全设施

一、正负压保护器

沼气发酵罐、双膜储气柜应设计超压保护和负压保护装置（如图 5-23 所示）。当压力超过设计预定值时，会自动动作保护沼气发酵罐和气柜。沼气工程中沼气储存设备多采用低压湿式气柜或低压膜气柜，工作压力一般在 1~4 kPa，发酵罐设计压力一般在 5~7 kPa。发酵罐与储存设备通过管道直连，正常工作状态，二者压力保持均衡。当系统出现异常导致压力上升时，储存设备的压力保护装置首先动作泄压，发酵罐压力一般不会超过设定值。但是当二者间的连通管道被关闭或堵塞时，发酵罐内气体压力会不断上升，需要正压保护装置及时泄放压力。发酵罐设计一般不作为外压容器进行稳定性设计，当发酵罐进料管止回阀损坏、底部排渣速度过快时易产生负压，或者当沼气需求速度过大，增压设备持续大量抽取沼气时，发酵罐也容易被抽成负压，此时应有可靠的负压保护装置及时动作，使大气与罐体连通，避免出现负压失稳罐体被抽瘪等危险。负压保护一般可取 -300 Pa左右。

二、阻火器

沼气与一定比例的空气混合，遇明火或达到燃点温度后即开始燃烧。如果沼气系统存在负压将使部分空气进入沼气系统，空气与沼气组成的混合气体通过燃烧后将在沼气管道中产生回火。同火会使温度升高，产生气体膨胀，从而破坏管道和设备，严重时会导致沼气泄漏并产生爆炸。因此，沼气系统应在锅炉、燃烧器等用气设备之前的管路上

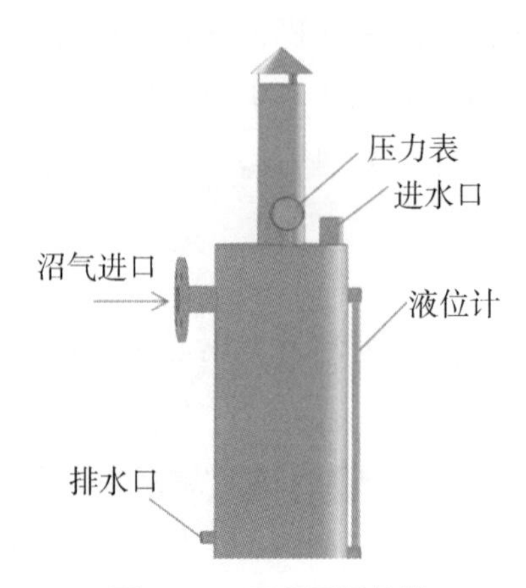

图 5-23　正负压保护器

安装阻火装置。

常用的沼气阻火器分为干式与湿式两种，二者均安装在沼气管道中。

（1）湿式阻火器。利用水封阻火，沼气经过罐内水层而被阻火。其缺点是增大了管路的阻力损失，并有可能增加沼气中的含水量，同时在运行管理中要时刻注意罐内的水位，水位太高则增加了管道阻力，水位太低则可能会失去阻火的作用。在冬季，阻火器内的水有可能会冰冻而阻塞沼气输送管道。因此，在大型沼气工程中一般采用干式阻火器。

（2）干式阻火器。也称为消焰器（如图 5-24 所示），是一种中间带有铜网或铝网层的装置，其阻火原理是铜丝或铝丝能迅速吸收和消耗热量，使正在燃烧气体的温度低

图 5-24　干式阻火器

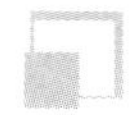

于其燃点，将火焰熄火，从而达到阻火的目的。当沼气中混入的空气量较多时，火焰会将铜丝或铝丝熔化，形成一个封堵，将火焰完全封住。阻火器属防爆安全设备，用户应向有资质的专业厂家订购。

三、消防设备

沼气工程消防设施与设备主要包括消火栓、消防水泵及自动喷水灭火系统等。

（1）消火栓。消火栓是一种固定式消防设施，主要作用是控制可燃物、隔绝助燃物、消除着火源。消火栓套装一般由消防箱+消防水带+水枪+接扣+栓+卡子等组合而成。消火栓主要供消防车从市政给水管网或室外消防给水管网取水实施灭火，也可以直接连接水带、水枪出水灭火。

消火栓分室内消火栓和室外消火栓（图 5-25）。

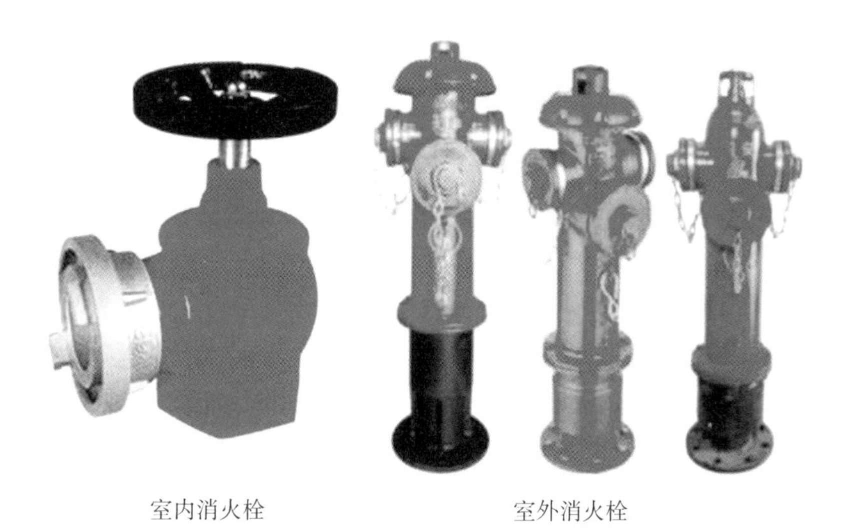

室内消火栓　　　　室外消火栓

图 5-25　消火栓

室内消火栓是室内管网向火场供水，带有阀门的接口，为工厂、仓库、高层建筑、公共建筑及船舶等室内固定消防设施，通常安装在消火栓箱内，与消防水带和水枪等器材配套使用。减压稳压型型消防栓为其中一种。室外消火栓是设置在建筑物外面消防给水管网上的供水设施，主要供消防车从市政给水管网或室外消防给水管网取水实施灭火，也可以直接连接水带、水枪出水灭火。

消防栓应该放置于走廊或厅堂等公共的共享空间中，一般会在上述空间的墙体内，不能对其做何种装饰，要求有醒目的标注（写明“消火栓”），并不得在其前方设置障碍物，避免影响消火栓门的开启。消防栓一般不设在房间（如包厢）内，不符合消防的规定，也不利于消防人员的及时救援。消火栓布置应遵守以下规范要求。

① 室外消火栓数量应根据室外消火栓设计流量和保护半径确定，宜沿构（建）筑

物、工艺装置周围均匀布置。保护半径应小于150 m，每个消火栓流量按10~15 L/s计算；②室外消火栓宜采用湿式室外消火栓。冬季结冰地区应采取防冻措施，并宜采取干式室外消火栓；③室内消火栓宜采用湿式室内消火栓。当室内环境温度低于4℃时，宜采用干式室内消火栓。

（2）消防水泵。消防水泵是指专用消防水泵或达到国家标准《消防泵性能要求和试验方法》GB 6245的普通清水泵。大多数消防水源提供的消防用水，都需要消防水泵进行加压，以满足灭火时对水压和水量的要求。消防水泵与生活水泵和生产水泵相比性能上应有较高的要求。

消防水泵宜根据可靠性、安装位置、消防水源、设计流量和扬程等综合因素确定型号，单台消防水泵的最小额定流量不应小于10 L/s。消防水泵应设置备用泵，性能保持一致。

（3）自动喷水灭火系统。自动喷水灭火系统是由洒水喷头、报警阀组、水流报警装置（水流指示器或压力开关）等组件，以及管道、供水设施组成，并能在发生火灾时喷水的自动灭火系统。系统的管道内充满有加压水，一旦发生火灾，喷头动作后立即喷水。依照采用的喷头分为两类：采用闭式洒水喷头的为闭式系统、采用开式洒水喷头的为开式系统。

闭式系统的类型较多，基本类型包括湿式、干式、预作用及重复启闭预作用系统等。用量最多的是湿式系统。在已安装的自动喷水灭火系统中，有70%以上为湿式系统。

湿式系统由湿式报警阀组、闭式喷头、水流指示器、控制阀门、末端试水装置、管道和供水设施等组成。系统的管道内充满有压水，一旦发生火灾，喷头动作后立即喷水。适用于环境温度不低于4℃、不高于70℃的建筑物和场所（不能用水扑救的建筑物和场所除外）。该系统局部应用时，适用于室内最大净空高度不超过8m、总建筑面积不超过1 000m^{2}的民用建筑中的轻危险级或中危险级Ⅰ级需要局部保护的区域。

干式系统是在准工作状态时配水管道内充满用于启动系统的有压气体的闭式系统。干式系统适用于环境温度低于4℃和高于70℃的建筑物和场所，如不采暖的地下车库、冷库等。

采用开式洒水喷头的自动喷水灭火系统，包括：雨淋系统、水幕系统。

雨淋系统由火灾自动报警系统或传动管控制，自动开启雨淋报警阀和启动供水泵后，向开式洒水喷头供水的自动喷水灭火系统。

水幕系统由开式洒水喷头或水幕喷头、雨淋报警阀组或感温雨淋阀，以及水流报警装置（水流指示器或压力开关）等组成，用于挡烟阻火和冷却分隔物的喷水系统。

四、防雷接地设施与设备

防雷系统是对某一空间进行雷电效应防护的整套装置，它由外部雷电防护系统和内部雷电防护系统两部分组成，在特定的情况下，雷电防护系统可以仅由外部防雷装置或内部防雷装置组成。

1. 外部防雷装置

外部防雷装置由接闪器，引下线，完善的接地系统构成，主要防护直击雷，即防止雷闪直接击在建筑物、构筑物、电气网络或电气装置上，是防雷体系的第一部分。

（1）接闪器。接闪器安装位置高于被保护物体，它将接引来的雷电流，通过引下线和接地装置向大地泄放，使被保护物体免受直击雷危害。常用的接闪器有接闪杆、接闪线、接闪带和接闪网。

接闪杆适用于保护沼气工程地面上比较集中的构筑物、工艺设施以及它们顶上的突出装置，这些被保护对象应处于接闪杆保护范围内。接闪杆保护范围由单根接闪杆安装位置或多根接闪杆分布情况来确定。接闪杆宜采用圆钢或焊接圆管制成，其直径不得小于规定值，顶端应有较大尖度，且应光滑。

接闪线是水平悬挂的导线，通过引下线与接地体连接，故也常称架空地线。可用于保护沼气工程中不便用接闪杆保护的沿地面延伸的架空管路，但当这些管线自身是与接地装置作了电气连接的导体，可不用接闪线保护。

沼气工程的平顶构筑物也可沿顶部四周明设金属带来作防雷接闪器，这种接闪器称接闪带。接闪带用圆钢或扁钢制成，一般要高出构筑物顶面 0. 2 m，两条平行接闪带之间的距离不应大于 10 m。采用接闪带对构筑物保护时，若遇构筑物顶上有突出物，还需另设接闪杆或接闪带对其保护。

接闪网实际上是纵横叠加的接闪带，在构筑物或工艺设施上设置接闪网，可实现全面的防雷保护。构筑物顶面混凝土内部的钢筋如果能做到可靠的“电气”连接，这些钢筋其实就是一张暗装的接闪网，可不另设闪接器。但暗装的接闪网每次承受雷击后，构筑物上雷击点处表层会被击出小洞而遭受破坏，故沼气工程宜明设接闪网。

（2）引下线。引下线是用于将雷电流从接闪器传送给接地装置的导体，可采用圆钢或扁钢制作。引下线应明敷，在易受机械损坏处，以及地上 1. 7 m 至地下 0. 3 m 易被人身接触处，可暗敷或用塑料管或橡胶管保护。

构筑物或工艺装备的金属爬梯可作引下线，但其各部分均应连成电气通路。利用构筑物混凝土内钢筋作引下线时应在构筑物外表面适当位置设若干连接板，供测试、接人工接地体或作等电位连接用。

（3）接地装置。接地装置用于传导雷电流并将其散入大地。接地装置由埋入土壤或混凝土基层中的接地体，以及将接地体与引下线连接起来的导体组合而成。接地体若在土壤中水平安置，可采用扁钢或圆钢；若垂直安置，可采用角钢、钢管或圆钢。接地体的尺寸、埋入深度及间距都应符合有关规定。

为防止跨步电压造成人员伤害，防直击雷的接地体距离人行通道的距离不得小于3 m,若不能大于3 m，则应通过局部深埋、局部包裹绝缘物或铺设宽度超过接地体2 m的50~80 mm厚的沥青碎石地面。

若土壤腐蚀性强，接地体可采用镀锌防腐或加大截面。若土壤电阻率高，应采用换土、加降阻剂、深埋于下层低电阻率土壤等降阻措施。

可利用构筑物基础内的钢筋作为接地装置，这需要与土建配合，及时将基础内的钢筋作电气焊接。在沼气工程中，发酵罐的基础往往又深又大，将其基础圈梁内的主筋全部焊接起来，再将其他钢筋绑扎，就如同敷设了均压网，整个基础形成一个接地良好、性能稳定的接地装置。

2. 内部防雷装置

内部防雷装置主要防止雷击电磁脉冲在线路中引起的过电流和过电压对电气、电子设备的危害。接闪杆及其引下线、供电线路、网络线、接地不良造成的雷电反击等，都是雷击电磁脉冲的入侵途径，因此应采取多种措施来防止雷击电磁脉冲，这些措施包括接地、屏蔽、安装电涌保护器等电位联结等。

（1）接地装置。内部防雷接地装置一般借用外部防雷接地装置。防雷接地、保护接地及各弱电设备接地利用同一接地体。

（2）屏蔽装置。屏蔽主要是减少电磁干扰，可用金属壳或金属网来屏蔽，沼气工程现场的弱电控制箱、中央控制柜等重要电子设备需采取屏蔽措施。

（3）等电位联结装置。等电位联结可消除雷电传输梯度引起的相邻金属节点的高电位差、绝缘导体表面可能积累的危险静电荷、雷击电脉冲对金属物的电磁感应、接地故障等带来的危害。应将电源进线配电箱的接地母排、接地极引来的接地干线、构筑物钢筋网、金属罐体，外露金属管道等用电缆连成一体作总等电位联结，还应将室内相邻的金属管道，用电设备外壳及其他金属物体用导线连通，作局部或辅助等电位联结。

（4）电涌保护器。电涌保护器用于限制瞬态过电压和分流电涌电流，它在电涌来临后动作，钳压、泄流以及暂态均压。电涌保护器可分为电源保护和信号保护两种。可对下列设备配置适当的电涌保护器。①在总电源、分电源等处安装电源电涌保护器。②在计算机网络引入线处设置计算机信号电涌保护器。③在通信设备、程控交换机、用户电话等处加装电话信号电涌保护器。④在电视、监控摄像机等处加设通信电涌保护器。

参考文献

陈行川，周韬，张凯 . 2015. 气体涡轮流量计流场仿真及计量误差分析 [J]. 中国计量学院学报，26（4）：406-410.

陈永生 . 2010. 欧洲沼气工程原料预处理装备技术 [J]. 中国沼气，28（5）：18-23.

邓良伟，等 . 2015. 沼气工程 [M]. 北京：科学技术出版社.

李明俊，孙鸿燕 . 2005. 环保机械与设备 [M]. 北京：中国环境科学出版社.

罗涛，梅自力，龙涛 . 2015. 进料对沼气发酵温度场和产气的影响分析 [J]. 中国沼气，33（1）：3-6.

全国化工设备设计技术中心站机泵技术委员会 . 2011. 工业泵选用手册 [M]. 北京：化学工业出版社.

王久臣，杨世关，万小春 . 2016. 沼气工程安全生产管理手册 [M]. 北京：中国农业出版社.

王学文 . 2015. 三料在筒仓中的静储与流动状态及其力学行为 [M]. 北京：科学出版社.

严海鹰，李卓飞，周富拉，等 . 2009. 超声波流量计测量误差不确定度的评定方法 [J]. 中州煤炭（9）：30-31.

杨琦 . 2003. 我国自动喷水灭火系统技术的现状与发展 [J]. 消防技术与产品信息（11）：22-24.

Ashare E，Augenstein D，Yeung J，et al. 1978. Evaluation of systems for purification of fuel gas from anaerobic digestion. Engineering report [R]. Dynatech R/D Co.，Cambridge，MA（USA）.

Bjerkholt J，Cumby T，Scotford I. 2005. Pipeline design procedures for cattle and pig slurries using a large-scale pipeline apparatus [J]. Biosystems engineering，91（2）：201-217.

Chen X，Zhang Y，Gu Y，et al. 2014. Enhancing methane production from rice straw by extrusion pretreatment [J]. Appl Energy，122（1）：34-41.

Hashimoto A，Chen Y，Varel V. 1981. Anaerobic fermentation of beef cattle manure [R]. NASA STI/Recon Technical Report N.

Perrigault T，Weatherford V，Mart-herrrero J，et al. 2012. Towards thermal design optimization of tubular digesters in cold climates：A heat transfer model [J]. Bioresource

Technology, 124 (2): 59-68.

Spinosa L, Lotito V. 2003. A simple method for evaluating sludge yield stress [J]. Advances in Environmental Research, 7 (3): 655-659.